智慧城市综合管廊技术理论与应用

张　涛　戴文涛　丁　宁　编著

机械工业出版社
CHINA MACHINE PRESS

随着新一代信息技术的发展，智能巡检机器人、物联网等技术逐渐发展成熟并开始在城市综合管廊中得到应用，由于缺乏系统性的理论基础，尚未充分考虑机器人与人工智能技术对传统面向现场人员运维业务和管理的影响，局限在局部的智能化和体系架构研究上，无法支撑智慧城市综合管廊的可持续发展。在总结和分析了综合管廊发展现状及相关理论与技术的基础上，并根据作者多年复杂系统设计与研发的工作经验编写了本书，全书共分7章，介绍了智慧城市综合管廊的基础理论、综合监控与智能分析、全寿命周期安全与经济分析、智慧城市综合管廊技术应用研究等内容，确保本书能为管理者提供参考，为设计者提供建议，为运营者提供思路。

图书在版编目（CIP）数据

智慧城市综合管廊技术理论与应用/张涛，戴文涛，丁宁编著.
—北京:机械工业出版社，2021.9
ISBN 978-7-111-68869-3

Ⅰ.①智… Ⅱ.①张… ②戴… ③丁… Ⅲ.①现代化城市－城市建设－地下管道－管道工程－研究 Ⅳ.①C912.81②TU990.3

中国版本图书馆CIP数据核字（2021）第153829号

机械工业出版社（北京市百万庄大街22号 邮政编码100037）
策划编辑：刘志刚 责任编辑：何文军 刘志刚
责任校对：刘时光 封面设计：张 静
责任印制：李 昂
北京中科印刷有限公司印刷
2021年8月第1版第1次印刷
169mm×239mm·14印张·255千字
标准书号：ISBN 978-7-111-68869-3
定价：85.00元

电话服务 网络服务
客服电话：010-88361066 机 工 官 网：www.cmpbook.com
010-88379833 机 工 官 博：weibo.com/cmp1952
010-68326294 金 书 网：www.golden-book.com
 机工教育服务网：www.cmpedu.com

前言
FOREWORD

为了解决城市发展中面临的管线事故频发、道路反复开挖、土地资源紧张等一系列“城市病”，提高城市经济与可持续发展水平，我国开始大力发展城市综合管廊，并以每年2000km左右的速度快速规划、建造与运营。随着大量城市综合管廊进入运营阶段，如何保障城市“生命线”的安全、高效运营逐渐成为城市综合管廊研究领域的重要方向。

城市综合管廊是一个典型的复杂系统，属于地下有限空间，管线众多，风险源多样且涉及专业广，采用传统的人工监管方式难以满足大量城市综合管廊运维的需要。随着新一代信息技术的发展，智能巡检机器人、物联网等技术逐渐发展成熟并开始在城市综合管廊中得到应用。由于缺乏系统性的理论基础，尚未充分考虑机器人与人工智能技术对传统面向现场人员运维业务和管理的影响，局限在局部的智能化和体系架构研究上，无法支撑智慧城市综合管廊的可持续发展。

为了建立智慧城市综合管廊理论框架，全面梳理和分析智慧城市综合管廊相关技术体系，并为城市综合管廊运营及科研人员提供技术参考，在总结和分析了综合管廊发展现状及相关理论与技术的基础上，并根据作者多年复杂系统设计与研发的工作经验编写了本书，介绍了智慧城市综合管廊的基础理论、综合监控与智能分析、全寿命周期安全与经济分析等内容，并结合智慧城市建设思路开展智慧综合管廊技术应用研究，确保本书能为管理者提供参考，为设计者提供建议，为运营者提供思路。

在本书的撰写过程中，深圳市市政设计研究院有限公司的蔡晓坚、深圳中冶管廊建设投资有限公司的付正耀总工等参与了部分调研和研究工作，提出了宝贵的修改意见，对各位的付出，深表谢意。本书的研究工作得到了住房和城乡建设部科学技术项目计划“基于智能巡检机器人的城市综合管廊智慧运维技术研究”（2018-K8-034）项目资助，在此表示衷心的感谢。

限于作者的经验、知识以及时间与精力，书中难免会有不妥甚至错误之处，恳请广大读者、专家批评、指正。

编　者

目录 CONTENTS

第1章 概 述

“十三五”期间，我国人工智能与智慧城市技术发展迅速，智能巡检机器人开始应用在城市综合管廊的日常巡检中，并逐渐被广泛使用。目前，在城市综合管廊智慧运维技术的研究中，还未充分考虑智能巡检机器人以及智能分析技术对传统面向现场人员运维业务和管理的影响，局限在局部的智能化和体系架构研究上，尚未系统性地从智能分析技术、智能巡检机器人和综合管廊与管线单位运维业务角度深入进行研究，形成事故前的实时智能监测、事故中的快速响应和事故后的分析提升“三位一体”的开放式、跨领域与智能协同调度的智能运维平台。

随着机器学习、云计算、物联网、大数据等人工智能相关技术的发展，采用机器学习的大数据分析方法，利用智慧城市的信息基础设施对综合管廊设施病害和潜在隐患进行识别和预测，实现对综合管廊全寿命周期的精准维修，形成各方实时共享、跨领域协同调度的综合管廊智慧运维平台，从而将综合管廊从数字化或智能化发展到智慧化。这将极大提升城市综合管廊的运维和安全管理水平，保障城市“生命线”的安全。研究基于智能巡检机器人的城市综合管廊智能运维技术，可以推动我国城市综合管廊从信息化、智能化到智慧化的跨越式发展，利用人工智能的大数据分析和智能巡检机器人技术实现城市综合管廊设施病害和潜在隐患的智能识别和预测，基于智能巡检机器人技术构建城市综合管廊数据规范和异构跨领域数据的共享与处理，结合综合管廊和管线单位的运维业务建立可视化的智能分析管控平台，并利用智能技术“辅人律”原理提升综合管廊的运维和安全管理水平，实现智能巡检机器人与人共生，全面保障城市综合管廊的安全运维，实现城市综合管廊的少人或无人值守，从而降低城市综合管廊全寿命周期运维作业风险和成本，建立智慧城市综合管廊的可持续发展模式。

1.1 国内外发展现状

1.1.1 国外发展现状

由于国外发达国家城市化进程较早，城市综合管廊建造历史悠久，且早期建造的城市综合管廊标准、结构、环境各异，使得城市综合管廊运维技术的发展呈现渐进特点。由于建设标准的不同，管廊运维环境的差异性使得开发低成本的机器人技术非常困难，机器人的应用主要集中在管道和地铁、公路隧道中，其中一个主要的原因是管道相对标准化，可以简化机器人的开发和应用成本，而地铁、公路隧道空间大，可以利用一些路面或轨道工具实现低成本的检测作业。例如，Seet G，Yeo S H，Law W C 等人，针对地下排污管道，研制了一种轮式管道机器人，对新加坡大量排污管道进行检查，如图 1-1 所示；Montero R，Menendez E 等人开发了一种地面轮式机器人 ROBO-SPECT，它可以搭载 3D 视觉系统、激光、超声检测等多种检测设备，并且不影响交通，如图 1-2 所示；Jenkins M. D，Buggy T，Morison G 等人则利用轨道式巡检车对伦敦地铁隧道进行了检测，如图 1-3 所示。

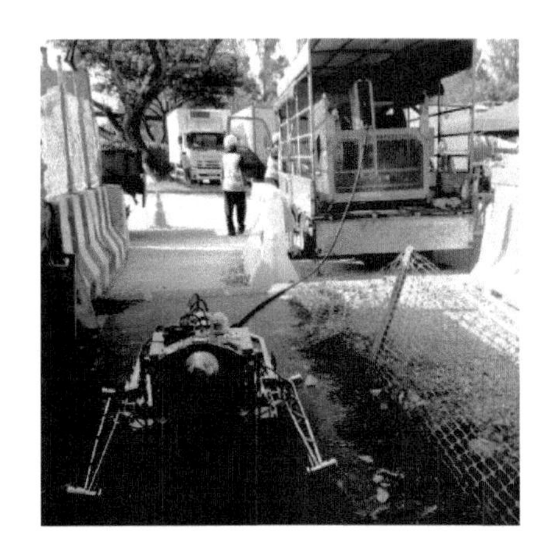

图 1-1　用于大型排污管道中的轮式机器人

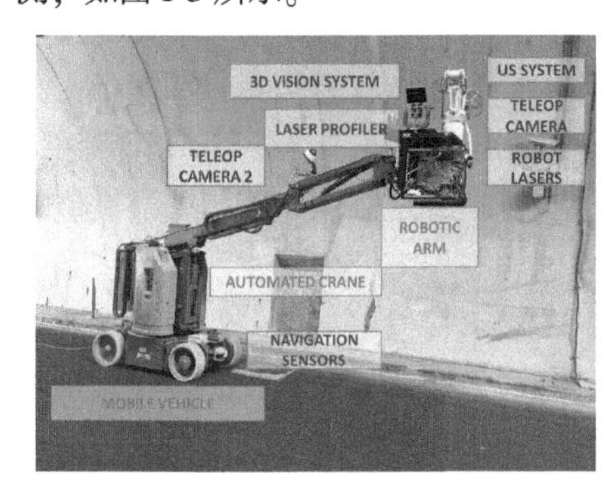

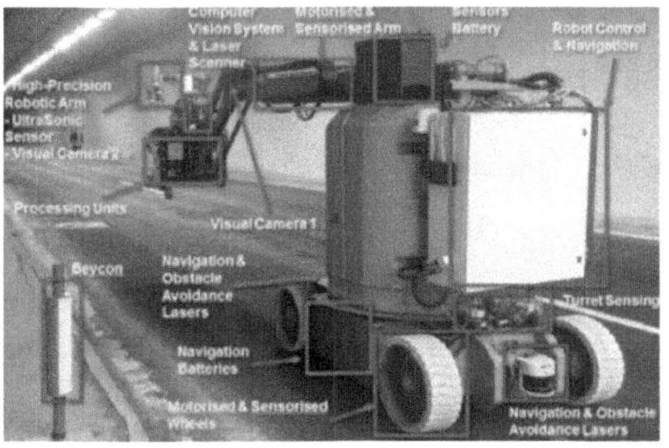

图 1-2　公路隧道检测的地面轮式机器人 ROBO-SPEC

图 1-3　用于伦敦地铁隧道的轨道式巡检车

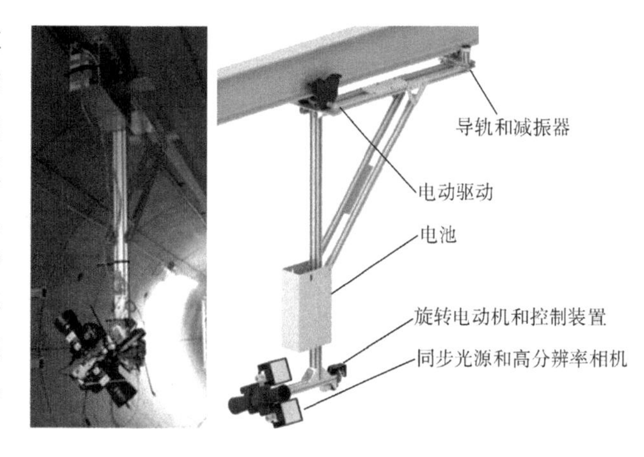

图1-4 一种低成本的吊轨式巡检机器人

随着机器人技术的发展，以及管廊建造水平和城市管线的发展，国外的城市管廊由单一类型、复杂的管网，逐渐向多种类、大类型综合管廊发展，为各种信息化的监控和机器人技术发展应用奠定了基础。目前，国外城市综合管廊比较重视信息化和自动化技术应用，重点围绕设施监测评估、人员安全防范等方面，采用了一些自动监控系统和一些辅助工具与低成本巡检机器人，并逐渐向智能化方向发展。例如，2015年，Stent S A I，Girerd C，Long P J G等人利用轨道，研制了一种低成本的吊轨式机器人，如图1-4所示；Kang Jin A等人提出通过安装监控设备和处理闭路电视（Closed Circuit Television，CCTV）图像对综合管廊进行实时监控，以应对综合管廊中的突发情况；Hossam A. Gabbar提供了一种管道完整性管理框架，有助于使用自动化工具实现管道完整性管理。Pill-Jae Kwak等人介绍了一种基于物联网的地下水管风险评估系统，可以对地下水管进行监测，预测由于水管泄漏而引起的地下灾害，如图1-5所示。

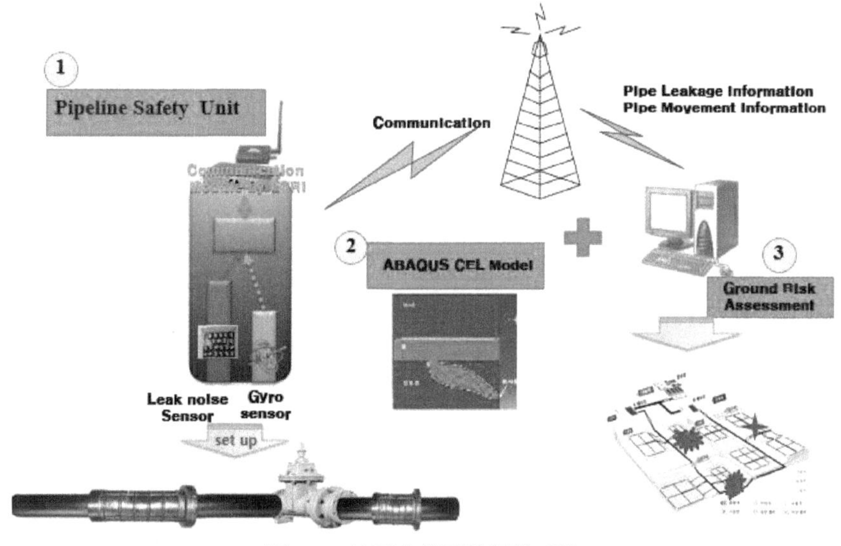

图1-5 地下水管风险评估系统

综上，由于国外综合管廊发展历史较长，相对缓慢，造成环境、运维模式、标准差异较大，增加了智能运维技术开发难度和应用成本，制约了机器人与信息化技术的应用，机器人技术的应用还处于探索阶段。在城市综合管廊运维技术方面，则主要是利用各种自动监测和传感技术对设施进行安全评估和人员安全防范，并开始利用物联网技术对管道等进行数据自动检测和融合分析，尚未能构建跨系统和平台的智慧运维平台和技术。

1.1.2 国内发展现状

2015 年前后，国务院等相关部门密集出台了指导城市综合管廊建设相关的文件。财政部 2014 年底发布《关于开展中央财政支持地下综合管廊试点工作的通知》（财建〔2014〕839 号）规定，国家将对地下综合管廊试点城市给予专项资金补助。2015 年，国务院办公厅发布了《关于推进城市地下综合管廊建设的指导意见》（国办发〔2015〕61 号），提出要把地下综合管廊建设作为履行政府职能、完善城市基础设施的重要内容，在继续做好试点工程的基础上，总结国内外先进经验和有效做法，逐步提高城市道路配建地下综合管廊的比例，全面推动地下综合管廊建设。我国城市综合管廊实现了爆发式增长，目前正在规划建设综合管廊的城市有数百个，规划综合管廊建设长度超过 1 万 km。

在中国知网上以“综合管廊”为关键词进行搜索，总共搜索到 5382 篇文献（截至 2020 年 5 月）。对这些文献进行发表年度趋势分析，可以看到 2015 年之后出现了大量综合管廊相关的研究文献（图 1-6），而在此之前研究文献寥寥无几，进一步说明我国城市综合管廊正在经历一次快速爆发式发展，并得到学术研究的关注。

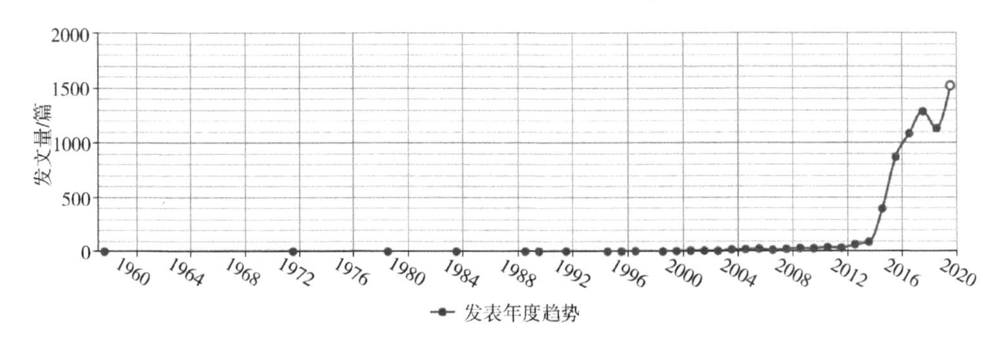

图 1-6 “综合管廊”文献发表年度趋势

2015 年之后，综合管廊巡检机器人及智慧运维相关的研究相继开始被人们关注，其中综合管廊巡检机器人文献 30 篇，智慧运维文献 21 篇，相关文献呈逐年快速增加趋势，但是还处于初级阶段，机器人及智慧运维方面文献数量尚不及综合管廊文献数量的0.9%，大部分研究依然关注综合管廊建设和运营相关的技术和理论问题，然而随着智慧城市技术发展以及城市综合管廊建设逐渐进入平缓期，运营的综合管廊数量和时间逐渐增长，城市综合管廊运维相关的技术问题会逐渐成为行业和研究单位研究和关注重点。

由于我国综合管廊建设历史较短（图1-7），且近几年呈现爆发式发展态势，综合管廊智慧运维技术还处于研究和示范建设阶段，缺乏系统性的分析和理论，主要集中在局部智能技术和面向人员作业的运维管理方面，尤其是在巡检机器人的应用方面，大量集中建设的综合管廊建设条件和标准相对统一，大大降低了机器人应用的难度。

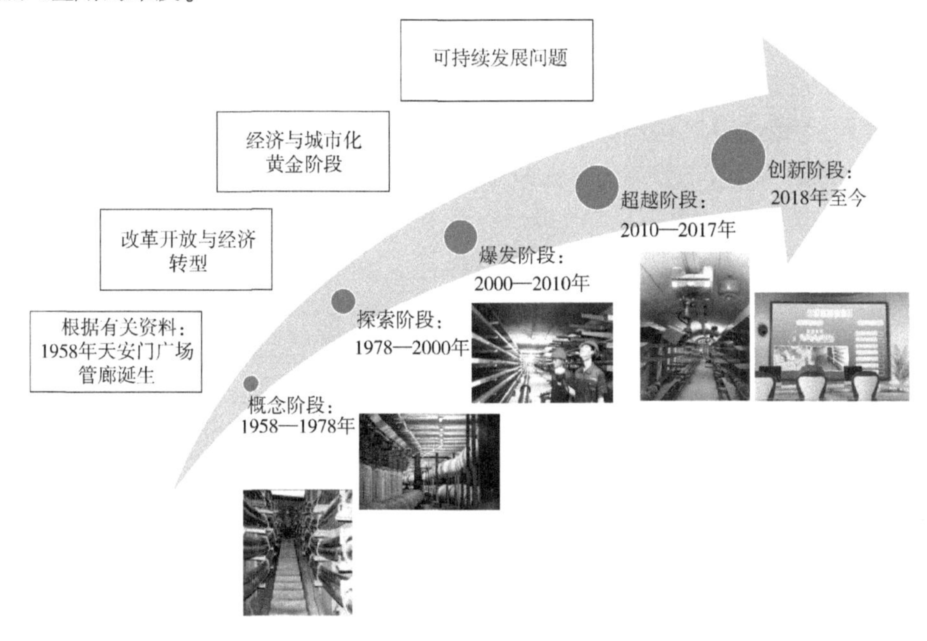

图1-7 我国城市综合管廊发展历程

在机器人应用方面，Fu Zhuang，Chen Zupan，Zheng Chao等人研制了一种履带式的巡检机器人，对电力管廊内部的环境和设施进行检测，如图1-8所示。刘学功、王霞、吴培敏等人则利用轨道式机器人实现了综合管廊应急消防和日常巡检功能，并在我国广东的某个电力管廊进行了应用，巡检平均速度可以达到1m/s，如图1-9所示。

图1-8 一种电力管廊履带式巡检机器人

图 1-9　轨道式巡检与消防机器人

针对综合管廊智能化运营管理，中建地下空间有限公司田强等人提出了以计算机技术、网络技术、电气控制技术及传感器技术为硬件基础，结合数据分析建立综合管廊运营管理的智能化系统，由综合监控系统和数据分级及评估系统两方面构成，如图 1-10 所示。

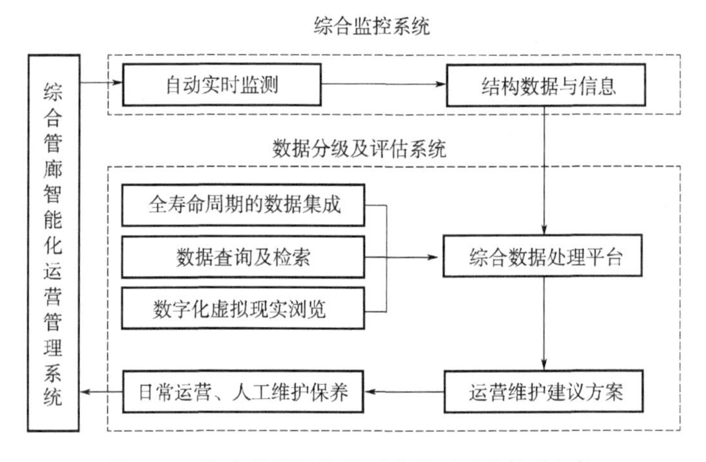

图 1-10　综合管廊智能化运营管理系统体系架构

厦门精图信息技术有限公司黄秀等人针对不同城市的综合管廊发展特征，将管廊信息化管理分为数字化和智慧化两个层次。数字化管廊是以数字化信息和网络为基础，通过计算机和网络技术实现对管廊内部信息的收集、处理、整合、存储、传输和应用，适用于管廊建设起步阶段，如图 1-11 所示。智慧化管廊建立在数字化管廊的基础之上，通过将云存储、GIS、物联传感、通信定位、视频监控等多种技术综合集成，将传统人与人交互技术，提升到人与物、物与物信息互通互联的智能化管理，偏重于智能网络建构的设计。

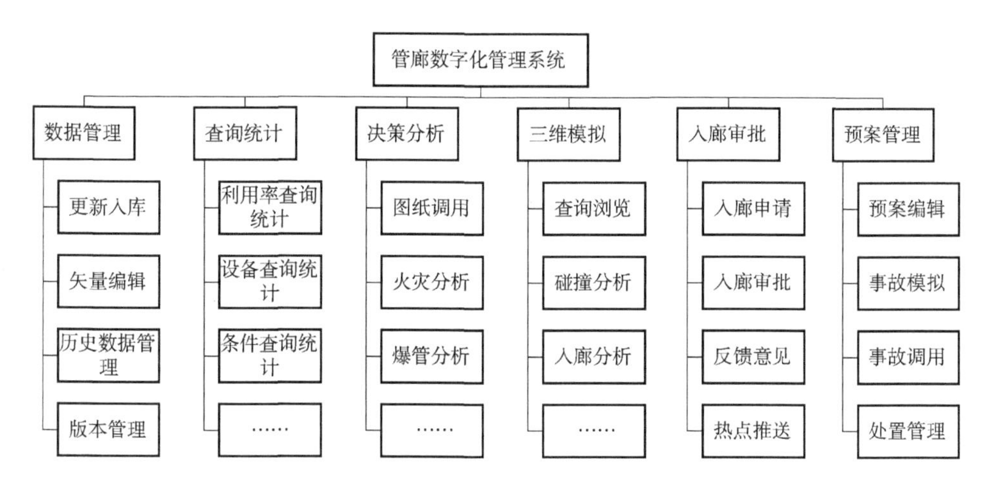

图 1-11　管廊数字化管理系统功能

北京城建勘测设计研究院有限责任公司唐超等人本着保障综合管廊安全，提高综合管廊运维水平、应急能力和经营管理水平的目的，利用云计算、大数据、物联网、GIS、BIM 等高新技术将全寿命周期管理思想应用于城市综合管廊运维管理中，集成管理各个阶段的管廊竣工模型数据，基于我国管廊运维管理现状与特点，对基于 GIS-BIM 的综合管廊智能运维管理平台架构和功能模块展开研究与设计，为城市综合管廊的运维和构建统一的信息化管理平台提供理论依据和技术参考。

针对城市地下综合管廊的巡检、监控问题，中信重工裴文良等人设计了一种实用的、可以代替人工进入管廊中进行巡检、数据采集和灾害报警的机器人装置，利用该巡检机器人系统可以实现对综合管廊的自动巡检，实现综合管廊的现场灾害处置，为城市工程管线的可靠运行提供全面的技术保障。刘学功等人从综合管廊运行安全角度出发，分析影响安全因素的内因和外因，利用机器人技术、图像识别技术、网络技术等多种技术集成，通过大数据分析，实现资源共享和信息互通，提出模型主动预测控制方法，建立综合管廊中机器人等各子系统的联动和快速反应机制，达到综合管廊的安全运行、节省人力资源的目的。

综上所述，国内外城市综合管廊基本实现了信息化，还尚未真正形成智慧化的城市综合管廊运维平台，城市综合管廊智慧运维技术的研究已逐渐成了热点。目前，城市综合管廊的智能化运维研究主要考虑现场作业人员干预情况下的智能运维，还未充分考虑智能巡检机器人对城市综合管廊智能运维业务和管理的影响，偏重局部智能化和智能网络平台架构与体系的研究，在智能预测、分析技术和基于智能巡检机器人的可视化智能业务管理方面研究较少。

1.2 存在的主要问题

2015年前后，我国城市综合管廊实现了爆发式增长，并且建立了城市综合管廊建设与运维相关的国家标准与规范，吊轨式机器人也在许多城市综合管廊得到了应用。目前，我国城市综合管廊还面临如下的一些问题和挑战：

1. 如何有效地加强城市综合管廊的安全生产

城市综合管廊是保障城市运行的重要基础设施和“生命线”，代表了城市基础设施发展的方向和全新模式。布满管线的综合管廊一旦在运维阶段发生故障和灾害事故就会产生连锁效应和衍生灾害，直接威胁整个城市的公共安全，给人民的生活造成重大影响。同时，城市综合管廊属于地下有限空间，传统的人工巡检方式存在漏检和发现问题实时性差等问题，并且容易引发人员窒息、中毒、触电等工业安全事故。

由于管线及隧道设施布置带来视觉遮挡、缺陷演变的缓慢性与随机性、专业无损检测设备复杂性等因素使得开发综合管廊内部管线以及结构健康检测功能的机器人相对困难，导致现有综合管廊巡检机器人的功能主要集中在日常视觉和环境的检测，仅能部分代替人工目视检测的功能，且自主水平较低，难以替代人工巡检。研究能够在综合管廊环境中对管线以及管廊结构健康进行定期专业自主巡检的机器人应是未来综合管廊巡检机器人的一个主要发展方向。随着人工智能及机器人技术的发展，智能巡检机器人将逐渐在城市综合管廊运维巡检中广泛应用。随着城市综合管廊智慧运维技术的发展，采用智能巡检机器人替代人员实现综合管廊的少人或无人值守也将是未来的一种发展趋势。

2. 如何有效地加强城市综合管廊的统一管理，消除信息孤岛

早期规划设计与建设的综合管廊信息化与智能化水平低，普遍采用传统的人工巡检方式，难以全面检测到管线设备设施的实时状态。各监控子系统相互独立，缺乏联动和统一管理。运营管理依赖纸质报表，难以实现数据归集，缺乏信息化辅助工具，无法满足大规模综合管廊投运后安全高效运营管理目标要求。此外，数据分散在不同主体和系统中，难以支撑全寿命周期设施管理的要求，管廊建设、运营以及管线运营主体之间信息孤立，缺乏信息化联动机制，而且不同综合管廊之间的信息也缺乏共享，导致形成信息孤岛，难以将不同来源、不同专题的数据进行结构化整理和归类，无法利用大数据技术发现各类数据之间的联系和规律，形成跨平台、跨区域的应用，构建数据驱动的全寿命周期设施运维管理方式。

随着人工智能、云存储等技术的发展，采用大数据分析方法对综合管廊设施病害和潜在风险进行识别和预测，实现对综合管廊全寿命周期的精准维修，形成各方实时共享、跨领域协同调度综合管廊智慧运维平台，从而将综合管廊从信息化发展到智能化，这是未来城市综合管廊运维技术发展的趋势。

3. 如何更好地发挥城市综合管廊的经济和社会效益，促进城市综合管廊协调发展

综合管廊是城市社会化分工的产物，城市分工的进步对城市综合管廊服务方式的转变要求高。传统服务方式依靠人工处理复杂数据与服务，增加了管理和协调的接口和复杂度，且服务缺乏信息化的管理手段，使得城市综合管廊服务治理困难，难以降低管理成本改善生产关系，导致收费难成为制约城市综合管廊可持续发展的关键因素。此外，由于主体和系统之间缺少联动服务机制，在应对突发事件和严重事故时，信息化的联动机制与服务的缺失将严重影响城市综合管廊的应急处置与防灾减灾能力，使得城市综合管廊面临巨大的经济与社会风险。

随着大数据、机器学习等人工智能技术的发展，如何利用数据和服务的融合治理，确保设施的安全，并降低城市综合管廊全寿命周期成本，提升城市综合管廊的安全和经济性水平，从而保障公众和投资者的利益，实现城市综合管廊的可持续发展，是城市综合管廊智慧运维需要重点解决的问题。

1.3 相关法规与标准

1.3.1 政策法规

建设城市综合管廊是国家推进生态文明和新型城镇化建设的主要抓手，是继高速公路、高铁、棚户区改造后第四个大的战略建设行动。从 2013 年开始，国务院先后下发了 4 个有关城市综合管廊建设的政策性指导文件，在此基础上，各部委也下发了多个具体实施办法和建设标准，这些政策与法规文件有效地推动了我国城市综合管廊的快速发展，具体文件如下：

1）《国务院关于加强城市基础设施建设的意见》（国发〔2013〕36 号）。

2）《国务院办公厅关于加强城市地下管线建设管理的指导意见》（国办发〔2014〕27 号）。

3）《国务院办公厅关于推进城市地下综合管廊建设的指导意见》（国办发〔2015〕61 号）。

4）《国务院关于深入推进新型城镇化建设的若干意见》（国发〔2016〕8 号）。

5）《关于开展中央财政支持地下综合管廊试点工作的通知》（财建〔2014〕839号）。

6）《关于城市地下综合管廊实行有偿使用制度的指导意见》（发改价格〔2015〕2754号）。

7）《中共中央国务院关于进一步加强城市规划建设管理工作的若干意见》（2016年2月6日）。

8）《关于印发〈城市地下综合管廊工程规划编制指引〉的通知》（建城〔2015〕70号）。

9）《关于印发城市综合管廊和海绵城市建设国家建筑标准设计体系的通知》（建质函〔2016〕18号）。

10）《关于推进电力管线纳入城市地下综合管廊的意见》（建城〔2016〕98号）。

11）《关于提高城市排水防涝能力推进城市地下综合管廊建设的通知》（建城〔2016〕174号）。

此外，地方各级政府也制定了相应的政策来推动城市综合管廊的建设，并出台配套机制，大力推进城市综合管廊的建设。广东省和深圳市就出台了如下的政策：

1）《广东省住房和城乡建设厅印发关于加强我省城市地下管线综合管廊建设的指导意见的通知》（粤建城〔2012〕148号）。

2）《广东省人民政府办公厅关于加强城市地下管线建设管理的实施意见》（粤府办〔2014〕64号）。

3）《广东省人民政府关于加快推进城市基础设施建设的实施意见》（粤府〔2015〕56号）。

4）《广东省住房和城乡建设厅转发住房城乡建设部办公厅关于印发2016年城市地下管线综合管廊建设任务的通知》（粤建城函〔2016〕1643号）。

5）《广东省住房和城乡建设厅转发住房城乡建设部陈政高部长关于地下综合管廊建设讲话的通知》（粤建函〔2016〕1832号）。

6）《关于加快地下综合管廊规划建设工作的通知》（深圳市地下综合管廊建设管理领导小组2016年8月24日）。

7）《深圳市地下综合管廊建设领导小组办公室关于印发〈“地下综合管廊工程建设任务落实（各区政府和新区管委会）”指标考评标准操作规程〉的通知》（深建管廊〔2016〕3号）。

8）《深圳市地下综合管廊建设管理领导小组关于印发〈深圳市地下综合管

廊建设“十三五”实施方案〉的通知》（深建管廊〔2016〕6号）。

9）《深圳市人民政府办公厅关于印发深圳市城市管理治理年重点工作分工实施方案的通知》（深府办函〔2016〕96号）。

10）《深圳市机构编制委员会关于市住房建设局有关机构编制事项的批复》（深编〔2016〕101号）。

深圳市高度重视地下综合管廊的配套政策和体制机制的建设，成立了“深圳市地下综合管廊建设管理领导小组”，并在2017年在市住房和建设局增设市政管廊综合处，主要承担管廊领导小组的日常工作，出台了相应的管理实施办法和监察、绩效考核机制。主要包括：

1）《深圳市地下综合管廊管理办法（试行）》。

2）《深圳市地下综合管廊有偿使用收费参考标准》（2017年1月19日）。

3）《深圳市地下综合管廊补贴标准（试行）》。

4）《深圳市地下综合管廊建设管理和绩效考核办法（试行）》。

5）《深圳市地下综合管廊安全管理制度（试行）》。

6）《光明新区共同沟管理暂行办法》（2012年8月6日）。

7）《深圳市前海深港现代服务业合作区共同沟管理暂行办法》（2015年）。

8）《深圳市地下管线管理暂行办法》（2014年4月16日）。

1.3.2 设计规范与标准

目前，智慧城市综合管廊可以遵守、参考或引用的相关设计规范和标准如下，标准未标注日期，均为现行的标准。

1）《城市综合管廊工程技术规范》GB 50838。

2）《城市地下综合管廊运行维护及安全技术标准》GB 51354。

3）《燃气系统运行安全评价标准》GB/T 50811。

4）《城镇综合管廊监控与报警系统工程技术标准》GB/T 51274。

5）《建筑消防设施的维护管理》GB 25201。

6）《消防控制室通用技术要求》GB 25506。

7）《密闭空间作业职业危害防护规范》GBZ/T 205。

8）《城镇燃气设施运行、维护和抢修安全技术规程》CJJ 51。

9）《城镇排水管渠与泵站运行、维护及安全技术规程》CJJ 68。

10）《城镇供热系统运行维护技术规程》CJJ 88。

11）《城镇供热系统抢修技术规程》CJJ 203。

12）《城镇供水管网运行、维护及安全技术规程》CJJ 207。

13）《城镇燃气管网泄漏检测技术规程》CJJ/T 215。
14）《城镇供水管网抢修技术规程》CJJ/T 226。
15）《城市综合地下管线信息系统技术规范》CJJ/T 269。
16）《电力电缆线路运行规程》DL/T 1253。
17）《深圳市地下综合管廊工程技术规程》SJG 32。
18）《视频安防监控系统工程设计术规范》GB 50395。
19）《城市市政综合监管信息系统技术规范》CJJ/T 106。
20）《电力电缆及通道运维规程》Q/GDW 1512。
21）《电缆隧道机器人巡检技术导则》DL/T 1636。
22）《智慧城市 数据融合 第5部分：市政基础设施数据元素》GB/T 36625.5。
23）《智慧城市 数据融合 第1部分：概念模型》GB/T 36625.1。
24）《智慧城市 数据融合 第2部分：数据编码规范》GB/T 36625.2。
25）《智慧城市 领域知识模型：核心概念模型》GB/T 36332。
26）《智慧城市 信息技术运营指南》GB/T 36621。
27）《智慧城市 公共信息与服务支撑平台 第1部分：总体要求》GB/T 36622.1。
28）《智慧城市 顶层设计指南》GB/T 36333。
29）《面向智慧城市的物联网技术应用指南》GB/T 36620。
30）《智慧城市 SOA标准应用指南》GB/T 36445。
31）《智慧城市 技术参考模型》GB/T 34678。
32）《智慧城市时空基础设施 基本规定》GB/T 35776。

第2章 智慧运维技术理论研究

2.1 城市综合管廊智慧运维理论概述

根据服务对象和地域范围，可以把基础设施分为国民经济基础设施、城市基础设施和农村基础设施，前者服务对象是整个国民经济，后两者服务对象是城市和农村的生产和生活，两者相互衔接，相辅相成。城市基础设施只包括市政公用设施及城市供电、交通、货运、邮政电信、防灾等分布于城市并直接为城市生产与生活服务的基础设施，它是既为物质生产又为人民生活提供一般条件的公共设施，也是城市赖以生存和发展的基础。城市综合管廊包括市政公用设施、城市供电、电信等基础设施，它是城市基础设施重要的组成部分。因此，城市基础设施管理理论构成了城市综合管廊智慧运维理论的基础。

城市基础设施管理理论包括城市基础设施的概念、内容、特点、性质、作用、管理原则与方法、金融及经营体制等，涉及城市基础设施与城市经济、社会发展之间的关系。城市综合管廊关系到“城市生命线”安全，因而，可靠与安全是城市综合管廊运维的主要目标。信息技术的进步，带来了智能机器人、人工智能、大数据等先进的技术手段，使得设施管理向着更加省力、高效和安全的方向发展，这引发了设施管理领域的技术革命，也带来了城市综合管廊运维技术的进步，构成了城市综合管廊智慧运维技术理论的重要基础。

2.1.1 城市综合管廊概念和主要内容

城市综合管廊的概念在很长一段时间存在混乱，特别是不同国家对综合管廊的称呼不一，尚无统一的名称。美国、加拿大称为 pipe gallery 或 public utility conduit，英国称为 mixed services subways，法国称为 technical gallery，德国称为 collecting channels，日本称为共同沟（英译为 common conduit）。在 20 世纪 90 年代至 21 世纪初，国内也将城市综合管廊称作多功能隧道（multi-purpose tunnel）、综合管道、地下管线、综合廊道（utility tunnel）等，通常是指埋设于道路下，用于容纳两种以上公用设施管线的构筑物及其附属设备。目前的称呼主要有城市综合管廊、城市地下综合管廊、综合管廊、地下管廊等，地下共同沟的名称也依然在使用，但以综合管廊称谓为主，这主要得益于综合管廊相关国家标准的出台。《城市综合管廊工程技术规范》（GB 50838—2015）给出的综合管廊术语定义为“建于城市地下用于容纳两类及以上城市工程管线的构筑物及附属设施”。

从基础设施的角度来说，城市综合管廊显然属于城市基础设施。它包括市政公用设施、城市供电、城市通信等为城市生产与生活服务的基础设施，也是为社会生产和再生产提供一般条件的公共设施。因此，从这个角度来看，城市综合管廊关系到城市各行各业与千家万户，它涵盖了城市人民生产生活密切相关的水、电、气等城市“生命线”，是城市基础设施重要组成部分。从“狭义”的角度来定义城市综合管廊，城市综合管廊就是一种建于城市地下用于容纳城市工程管线的城市基础设施，这与目前相关国家标准中综合管廊的术语定义基本一致。从“广义”的角度来说，城市综合管廊不仅包括实体的构筑物及附属设施，还包括围绕城市综合管廊建设、运营技术及管理的部门等无形资产。

与城市基础设施一样，城市综合管廊的内容范围不是一成不变的，也是社会化生产和专业化协作发展的产物。随着城市基础设施的发展，经济与技术的进步以及社会生活需要的增长，城市综合管廊内容范围也是不断扩展和变化的。对于某个具体的城市综合管廊的内容范围，指的是一定发展阶段的城市综合管廊内容和范围。这就要求城市综合管廊的发展具有规划性。不同地域和发展程度的城市综合管廊内容范围可能存在较大差异。例如城市集中供热、燃气等管线，电信等公用设施发展的历史就不长，即使相同历史阶段，不同的地域发展程度也不同。

目前，我国城市综合管廊主要包括三个方面：

1）水资源及供水、排水系统。包括自来水、雨水、污水等管线设施。

2）能源动力系统。包括电力、燃气和集中供热管线设施。

3）通信系统。包括电信、移动等通信电缆设施。

由于水资源及供水、排水系统属于城市公用设施是地方性的，由城市政府组织和归口管理，而能源动力系统及通信系统是非地方性的，不由城市政府组织和归口管理。它们在行政、计划、资金等安排上不同，前者主要由城市政府负责，后者由企业相关部门负责（通常为中央企业管理）。由于这种归口管理的差异，也导致了城市综合管廊在规划、建设、运营等方面需要多方协调，容易造成规划、权责等方面的混乱，在一定程度上代表着一个城市和国家建设部门的管理能力和水平。

2.1.2　城市综合管廊特点与作用

城市综合管廊和任何事物一样，都有其自身运行的规律，这种规律反映出城市综合管廊所具有的特点。只有认识这些特点，才能掌握它的运行规律，才能科学地进行规划和管理，从而保证它的健康发展。城市综合管廊具有城市基础设施的一些特点，这些特点如下：

1. 城市综合管廊是一个相对独立的大系统。城市综合管廊包括独立的部门和行业，但它们不是彼此孤立的，也不是简单地相加组合。城市综合管廊正发展成为城市正常生产和生活不可缺少的一般条件，承载城市经济与人民生活的支撑系统，这就要求城市综合管廊应与城市的发展保持协调。城市综合管廊是从劳动资料中分化出来的生产力因素，而生产力本身就是一个大系统。它作为市政公用设施、能源、通信的输送和安全保障系统，彼此之间有共同的属性和紧密的联系，与其他城市基础设施之间需要相互适应和配合。城市综合管廊与城市经济、社会发展以及其他城市基础设施的这种有机结合和联系，使它本身成为一个相对独立的大系统。

2. 城市综合管廊是提供社会化服务的公共设施。城市综合管廊服务的对象不是特定的或个别的企业、单位、家庭和个人，它是面向整个城市的、社会化的公共设施，是城市各行各业、千家万户共同使用的。作为社会化的公共设施这一特点，也就要求城市综合管廊具有一定的公开性，不允许被少数单位控制和独占。

3. 城市综合管廊兼有为生产和生活服务的职能，不仅产生经济效益，而且还产生环境效益和社会效益。城市综合管廊通过内部的管线为城市提供生产和生活服务，这些生产和生活服务既是城市各行各业生产所不可缺少的，又是城市居民生活所不可缺少的。它通过为内部管线单位提供服务，不仅产生直接的经济效益，还产生间接的经济效益。由于城市综合管廊的建设，改善了管道运行环境，降低了运维成本，从而提高了经济效益。这种间接的经济效益会远远高于它的直接经济效益。因此评价城市综合管廊的经济效益的主要着眼点应该是它产生和带来的间接经济效益。此外，城市综合管廊可以解决“马路拉链”、架空线路以及路面反复开挖造成的城市环境和道路交通公共安全问题。这给城市带来了显著的社会效益。

4. 城市综合管廊需要适当超前和留有余量。城市综合管廊工程规模大，施工周期长，属于地下工程，需要提前安排。然而，城市的生产和人口一般都是逐步增长，而城市综合管廊及其相关的管线设施具有一定的规模效应，按照一定的等级跳跃发展。部分老城区由于工程难度大，拆迁费用昂贵，还可能影响管线的正常运转。因此，城市综合管廊不仅要在时序上超前，而且要在设计容量上超前，这样才能保证它与城市其他建设的同步协调发展。

5. 城市综合管廊管理上的特殊性。城市综合管廊是社会化的公共设施，关系到各行各业的生产和千家万户的生活，关系到整个城市的布局和发展方向。它的投资大，资金回收缓慢。因此，在城市综合管廊的经营上，需要加强管理，避免浪费性竞争，不能完全依赖市场机制。政府部门应在行政、经济、法规方面实施必要的统一管理，尽可能避免在同一地区范围内重复建立和经营同类项目。

城市综合管廊是一种比较先进的城市基础设施，它在城市的发展中作用是多方面的，主要体现在如下几点：

1. 城市综合管廊是现代城市可持续发展的重要前提和基础。城市的发展是建立在城市“生命线”工程基础上的。传统的“生命线”工程建设和运营模式，带来了管线反复开挖，容易引发事故以及“马路拉链”等城市病，已经很难满足城市可持续发展。城市综合管廊不仅能够确保“生命线”工程的安全，而且减少了土地的需求，能够为城市发展释放一定的空间。例如，传统的城市高压输电线工程占据了大量城市用地，城市综合管廊可以将这些高压线布置在较深的隧道中，不仅有利于检测维修，也释放了大量城市用地，为城市发展提供空间。同时，城市综合管廊通过各种市政管线为城市提供生产和生活的基本资料要素，是现代城市发展的重要基础。

2. 城市综合管廊是现代城市经济与社会发展的支撑系统和承载体，推动了分工和协作的发展，是提高城市经济效益的重要因素。由于城市综合管廊是现代城市可持续发展的重要手段，因此，现代城市的建设一般都会把城市综合管廊作为城市“生命线”工程的重要部分，并先行规划和建设，尤其是在我国一些城市的新型经济开发区，如北京的雄安新区，它承载了现代城市建设的重要内容，推动着现代城市经济和社会的不断发展。城市综合管廊把各种管线集中在一起进行管理，在一定程度上体现了社会分工和协调的进步，解决了为城市提供水、电、煤、气等生产单位在管线运维方面的难点，有利于各生产单位集中力量从事和完成自己的基本职能和提高劳动生产率。从整体来看，城市综合管廊有利于资源的充分利用，从而带来显著的宏观经济效益。

3. 城市综合管廊有利于发挥城市中心作用和改善城市环境质量，保障城市公共安全。城市综合管廊为城市经济与社会发展提供基础的生产与生活资料保障服务，并将提供这些资料的各种管线集中布置和管理，有利于城市中心作用的发挥，代表着城市基础设施的发展水平。城市综合管廊在国内城市的建设主要集中在经济较发达的城市新区或中心，这种集约式的发展方式就是为了增强城市的经济辐射面和吸引力，吸引社会资本的加入，有利于增加公共产品有效投资、拉动社会资本投入、打造经济发展新动力。此外，城市综合管廊不仅向城市提供能源和用水服务，而且管线的集中布置和管理减少了传统管线反复开挖导致的城市“马路拉链”等交通拥堵现象，可以避免蜘蛛网式的架空线路，有利于完善城市功能、美化城市景观、促进城市集约高效和转型发展，有利于提高城市综合承载能力和城镇化发展质量。由于管线运营环境得到极大的改善，监测和维护更加容易，这不仅延长了管线使用寿命，也能极大地保障管线安全，预防管线事故，保障城市生产和人民生命财产安全。

2.1.3 城市综合管廊管理原则和方法

城市综合管廊的管理原则应建立在一定的科学依据基础上，它是城市综合管廊管理工作的基础。只有按照这些基本原则才能有效地发挥城市综合管廊在城市经济和社会发展中的作用。根据城市基础设施管理的基本原则，城市综合管廊的管理也应遵循如下基本原则：

1）经济效益、社会效益和环境效益的统一。

2）供需综合平衡与协调发展。

3）统一规划、建设和管理。

4）加强安全生产，不断提高服务质量。

城市综合管廊的管理方法包括行政手段、经济手段和法制手段。

行政手段主要体现在各级政府及所属部门，依靠行政组织、运用行政手段，按照行政方式来组织、管理、监督城市综合管廊部门的经济活动，包括研究制定发展城市综合管廊的具体方针政策、规划和法规，进行行政管理的组织与协调和监督。典型的行政手段包括国家或地方标准和各种规章、制度与决议。

经济手段是指各级政府和有关部门根据客观经济规律，运用经济手段来管理城市综合管廊，包括范围很广，典型的方法是政府部门和经济组织制定经济计划，实行经济核算制和经济责任制，规定和缔结经济合同以及税收、价格、信贷、利率、资金、财政补贴、贴息、罚款等经济杠杆，核心是通过物质利益解决政府、企业等各种经济关系。

法制手段是指通过立法建立法律、法令、条例等一系列法规，并通过司法工作，规定经营者和用户在城市综合管廊运行和使用过程中的权利和义务，以及违反规定所要承担的法律责任。运用法律手段是由于城市综合管廊具有很强的社会性和公共性，涉及城市各行各业的生产和千家万户的生活。城市综合管廊只有加强安全生产和不间断地运行，才能提供“按时按质”的保障供应。

2.1.4 城市综合管廊智慧运维技术体系

与“人工智能”的定义一样，智慧运维也没有统一的定义。国内外主要是针对某一项技术（如BIM技术）在综合管廊运维管理中进行研究，且运维管理方面的技术研究非常滞后，缺乏对城市综合管廊智慧运维技术的整体分析与研究，还没有形成一套完整的、较成熟的智慧运维技术体系。从城市综合管廊智慧运维管理要实现的功能角度分析，智慧运维即是能实现精准维修、运行安全保障、监测预警减灾、日常物业管理、应急处置等功能的集成智能化运维管理。有学者把智慧管廊管理定义为以各类智能化监控设备为基础，数据融合分析应用为手段，利用计算机信息技术、网络通信技术、自动化控制技术、地理信息技术、大数据分析技术、智能传感、3S（GIS、GPS、RS）和三维建模等技术，实现对管廊廊体、管廊管线附属设施（消防系统、通风系统、排水系统、供配电系统、照明系统、安防系统、环境监控系统）进行实时监控、故障报警、统计分析，对管廊运营进行扁平化管理，实现管廊运营管理的数字化、智能化。它与城市综合管廊智慧运维的内涵是一致的，但是局限在了技术层面，缺乏经济与安全方面的平衡。

城市综合管廊智慧运维涵盖了城市综合管廊设施管理的技术要素，涉及全寿命周期设施管理、可靠性与安全评估、信息化技术等理论，通过信息化、智能化等先进的技术手段来增强设施管理人员的体能和智能，优化设施管理业务，从而提升城市综合管廊的运营管理水平，达到降低运营成本，保障安全的目的。与传统的运维技术体系不同，智慧运维是以信息技术为特征，以人工智能、机器人、大数据分析为主要表现形式，以全寿命周期安全运营为目标，代表当前最高技术水平的一种先进设施管理手段。

传统的运维方式重点关注设施的运行，是单纯以设施运行业务为核心开展的，其他业务更多以人工或者独立的系统开展。现场运行管理人员主要通过远程监控平台的监视器或者按钮指示灯等终端设备监控设施运行，大修施工、人员管理、合同商务等与运行非直接相关系统往往独立运行，系统之间的接口复杂，需要通过人员管理方式实现，增加了管理和业务的复杂度。智慧运维是在传统运维的方式基础上采用智能传感器、机器人、物联网、大数据以及人工智能等技术从信息流、业务流和全寿命周期方面构建集成度、智能化、经济性、安全性更高的运维管理体系，进一步降低现场人员劳动强度，将运行人员从复杂的脑力劳动中解放出来。智慧运维技术的先进水平体现在能在多大程度上解放人员劳动生产力水平，提升系统运行的经济性和安全性。它是传统运维方式由自动化向信息化和智能化发展的必然结果，也是信息技术发展到一定阶段在行业中应用的结果，是信息技术革命推动行业技术进步的具体体现，如图 2-1 所示。

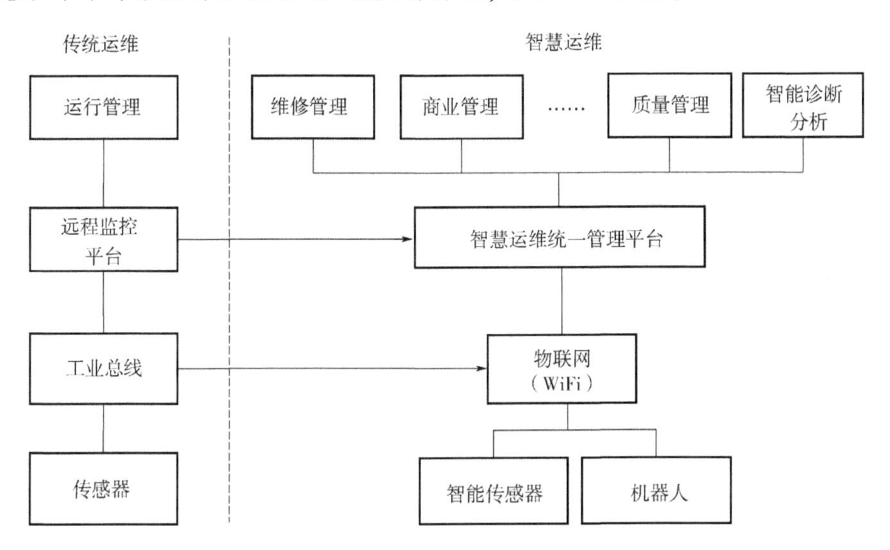

图 2-1　传统运维方式与智慧运维方式的差异

可见，城市综合管廊智慧运维技术体系，不仅包括传统的运维技术体系，如传感、自动化、网络通信、远程监控、人机交互等，还具有较强的延展性，包括设施管理、经济学、管理学、大数据、机器人、物联网等跨领域学科。虽然城市综合管廊智慧运维技术体系范围广，但根本上是以设施管理、可靠与安全、信息技术理论为基础，其中设施管理是业务基础，可靠与安全是业务目标，信息技术是手段（图 2-2），它是城市综合管廊智慧运维技术最本质的特点，包括人工智能、机器学习、大数据、智能机器人等技术。虽然机器人已发展为独立的学科，但是从信息技

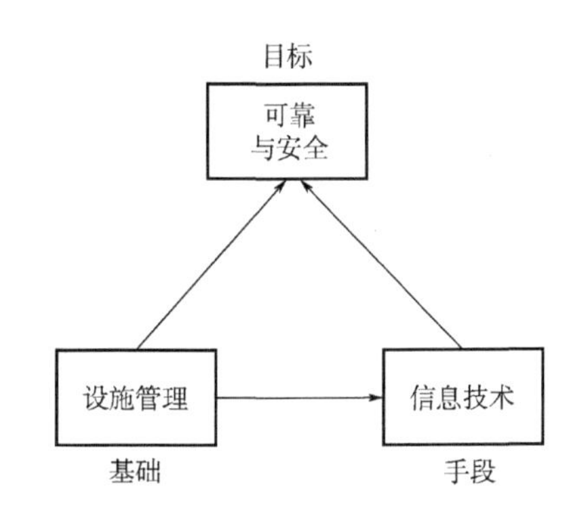

图 2-2　城市综合管廊智慧运维技术体系

术的内涵来看，机器人技术是信息技术发展的必然产物。没有信息技术的进步，机器人智能化水平将停留在传统的自动化阶段，也无法替代人们完成复杂的任务。

2.2 全寿命周期设施管理理论

2.2.1 设施管理概论

设施是组织所拥有的一种重要资源，是保证生产、生活和运作过程得以进行的必备条件，其日常运作需要很大的开支，作为一种资产也具有保值增值的能力。国际设施管理协会（IFMA）将设施定义为服务于某一目的而建造、安装或构建的物件，狭义上的设施也即物业，广义上的设施不仅包括物业还包括所有的有形资产。本书研究的设施是指形成城市综合管廊的地下构筑物本体、管线及其相关的通风、排水、监控等设备构成的物理实体以及围绕上述实体提供的相应服务的总和。

设施管理理论是一门跨学科、多专业交叉的新兴学科。尽管，目前还没有形成统一的定义，但是基本的思路是一致的。设施管理综合利用管理科学、建筑科学、经济学、行为科学和工程技术等多种学科理论，将人、空间与流程相结合，对人类工作和生活环境进行有效的规划和控制，保持高品质的活动空间，提高投资效益，满足各类企事业单位、政府部门战略目标和业务计划的要求。

设施管理具有综合性、系统性的特点，整合了人员、设施以及技术。综合管廊的设施管理是非营利性的，应综合应用战略、规划、组织、协调和控制等方法和手段，包括组织战略层、经营层和作业层三个不同层面，可以采用专业设施管理部门或团队承担实施，涉及设施规划、设计、施工和运行阶段的全寿命周期。以设施运行阶段的战略、资产、空间、维护、应急为重点，同时涉及设施新建、改建和扩建的规划、设计与施工任务。

设施管理的理论发展和实践运用，带来了设施管理模式的根本性变革。它将现场管理上升到经营战略的高度；将主要工作目标从维护保养上升到服务品质、设施价值的提升；着眼点从发生问题的设施扩展到全部资产设施；时间范畴从设施运行阶段扩展到全寿命周期；所需的知识与技术也延展到市场、财务、经济、法律、环境、信息等学科；设施管理工作的部门也从单一设施运行维护部门发展到专业化、多部门交叉协调的阶段。

2.2.2　城市综合管廊设施管理

根据国际设施管理协会、国际建筑业与经理人、国际协同联合会北美设施专业委员会的定义，将城市综合管廊设施管理分为维护和运行管理、资产管理和设施服务三大主要功能，具体管理功能如图 2-3 所示。

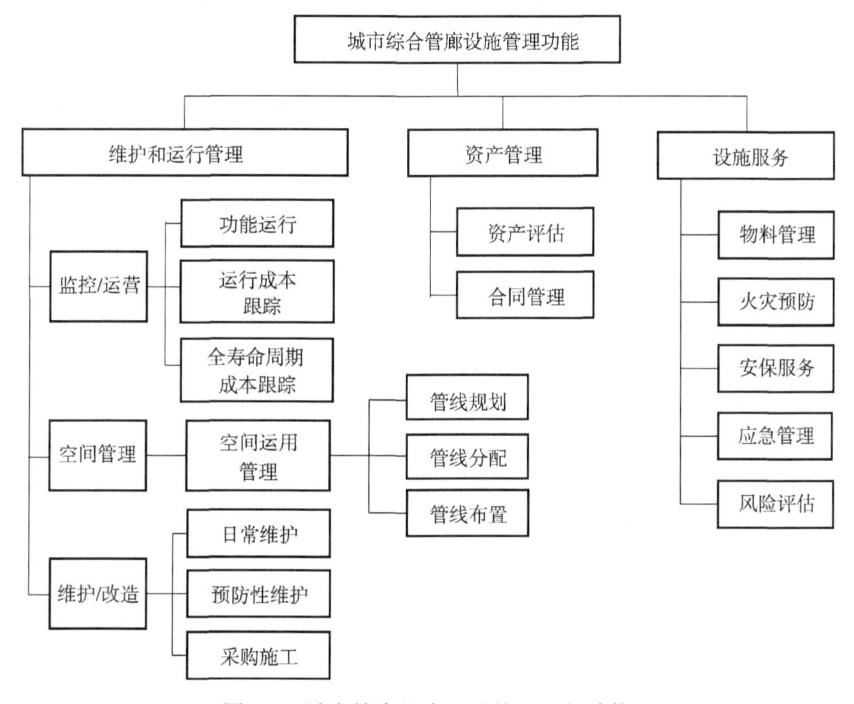

图 2-3　城市综合管廊设施管理一般功能

传统的基础设施管理往往只注重维护和运行管理，并通过自动化、信息化、智能化手段来强化设施监控功能和人员管理，而资产管理以及服务往往独立运行。由于设施管理以设施运行阶段为重点，传统的设施管理往往忽视规划、设计和施工阶段的管理，导致运行阶段缺乏重要的数据，因此，采用全寿命周期设施管理，可以保证运行阶段数据的溯源性，可以有效降低设施管理的成本，避免资料缺失、过度维修导致的人力、物力的浪费。

城市综合管廊设施管理部门类似于小区的物业，为各管线单位提供专业化的服务。城市综合管廊设施管理的作用与运营战略密切相关，它承担的职能和管理范围与综合管廊运营单位的运营模式相关，不同运营模式下的设施管理也存在差异。此外在应急管理方面，应急预案、预防灾害与应急抢险的措施是非常重要的。设施管理人员应能完成风险评估、制定和实施安全战略，制定应急计划、保持与所有相关者的沟通、落实人力和资金资源、实施培训和实际训练等任务。然而，目前我国城市综合管廊运营时间短，缺乏应急方面的经验和装备，制约了城市综合管廊设施的应急管理能力。

城市综合管廊在我国发展历史较短，爆发式的增长带来很多的不确定性。城市综合管廊设施的管理应充分考虑来自运营模式、技术革命、政策法律、经营环境的变化，及早预先发现变化，及时制定应对措施，以节约时间和费用，并考虑环境友好，能源高效的可持续性设施管理措施。

建筑信息模型（BIM)、地理信息系统（GIS)、集成工作场所管理系统（IWMS）等新技术的应用，使得设施管理人员面临管理多系统运行的挑战。综合管廊在设计阶段应用BIM软件，重要的信息能够从设计、施工到运行依次传递下去，保证数据的完整性，因此可以借助BIM软件建立信息来管理设施。此外，各种信息源（如BIM、GIS、在线监控系统）可以通过公共平台软件进行融合处理，并进行统一管理。

在地下封闭空间的工作，面临一定的危险性，尤其是在发生严重事故或应急状态下，设施管理人员面临较高的安全风险。随着社会的老龄化，从事城市综合管廊设施管理的人员将呈现多样性，并不可避免地带来劳动力成本的上升。这种多样性包括劳动人口老龄化以及不同的工作方式。因此，采用新的技术来降低劳动力成本以及人员伤害风险是城市综合管廊设施管理技术发展的必然趋势。

城市综合管廊设计寿面一般为100年。随着运营时间的增长，设施故障风险增大，设施管理人员将更多地面临维修、再使用或替换的决策。设备更换也给设施管理增添了难度，运营单位需要通过设施投资回报（ROI）进行再投资或替换的决策，来提高现有设施的运营能力。

2.3 泛可靠性与安全分析理论

2.3.1 泛可靠性理论

可靠性是指产品在规定的时间和规定的条件下完成规定功能的能力，它使得人们在经济与安全之间取得平衡。然而，技术的进步以及经验反馈会使得特定的条件发生变化，从而在经济与安全之间产生新的平衡，这需要有可靠性与安全性分析理论的支撑。可靠性与安全性分析理论都将概率论引入到研究中，通过数学分析的方法，按照普遍的定理来客观地处理问题，为解决问题重新制定贯穿产品设计、生产和使用全过程的生产、管理和经营方针创造了条件。围绕着经济性与安全性之间的平衡，可靠性逐渐发展至泛可靠性，衍生了可用性、可维修性、保障性、可测试性等概念，尤其是复杂的系统，使用传统可靠性的概念往往会带来成本的剧增，人们需要在经济性上合理确定系统的可靠性水平。费用与可靠性关系曲线如图 2-4 所示。

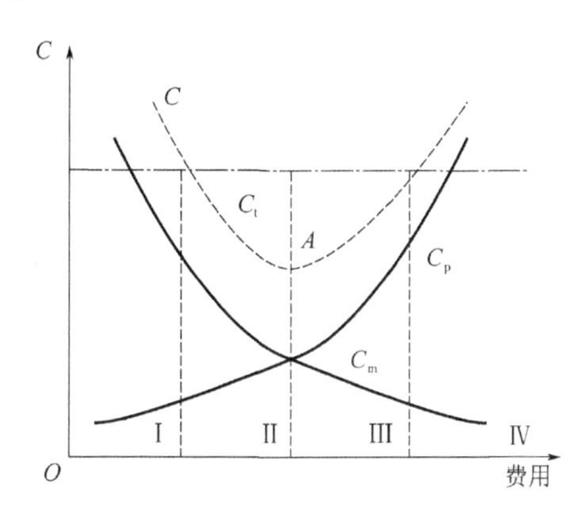

图 2-4　费用与可靠性关系曲线

泛可靠性（图 2-5）是对狭义的可靠性工程的一种拓展，涉及可靠性、可用性、可维修性、可测试性以及与故障相关的保障性和安全性，是一种以产品的质量保证为目标，研究在产品全寿命过程中与故障（安全）平衡的技术。泛可靠性的发展带来了自动测试设备和以可靠性为中心的维修策略，诞生了许多维修性分析、预测和试验的方法，并广泛应用于系统设计。研究泛可靠性需要掌握概率论基础知识，注意与固有技术的联系和其他通用技术的结合，重视基本思考方法和日常信息资料的收集与人因失误。

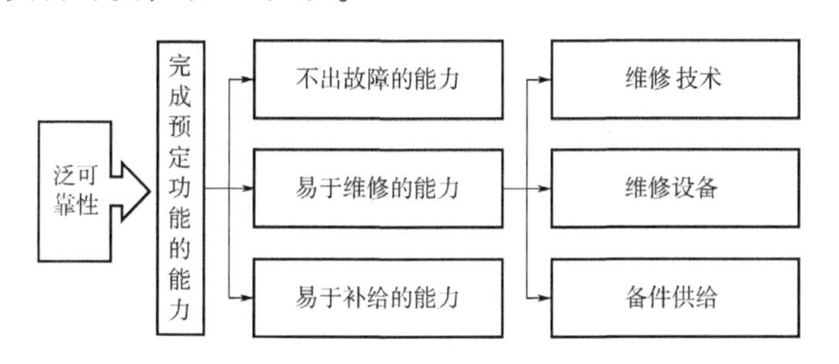

图 2-5　泛可靠性工程概念

常用的可靠性分析方法有框图法、串联/并联、n 取 r[⊖]、旁联系统。对一般系统的可靠性分析可以采用状态枚举法、全概率公式分解法和网络法。对于复杂

⊖ “n 取 r”是 n 个冗余信号中有 r 个信号为真，才判别为真，反之为假。——作者注

的系统通常需要分析系统的失效模式及危害性，采用故障树分析方法进行系统性评估。

从可靠性理论方面考虑，城市综合管廊设施大部分系统、部件或产品的可靠性满足浴盆曲线（图2-6），也就是说在城市综合管廊设施早期和晚期发生故障的概率较高，在以可靠性为中心的维修策略上，就需要在早期和晚期加大投入，确保城市综合管廊的安全。通过收集城市综合管廊设施的可靠性数据，建立以数据为基础的泛可靠性工程，就可以采用大数据技术以及传统的可靠性仿真与分析方法准确评估产品的寿命、可维修度、可用度等参数，实现精准维修，从而降低城市综合管廊运维成本。

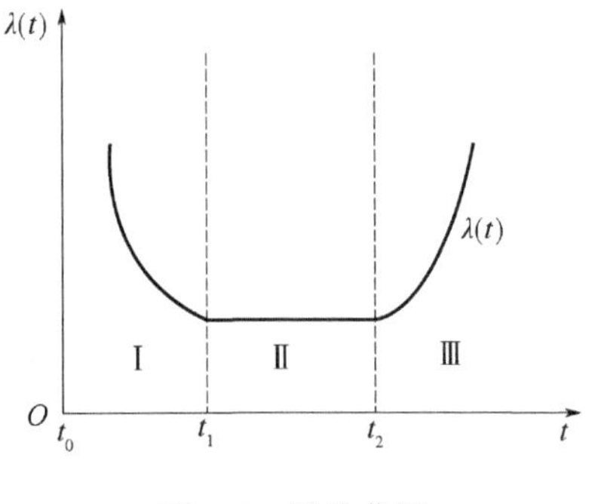

图2-6　浴盆曲线

泛可靠性理论也是城市综合管廊实现运营全面质量管理的重要理论基础，利用可靠性理论从系统的观点出发，通过制定和实施科学的计划，去组织、控制和监督可靠性活动的开展，以保证用最少的资源，实现最佳的安全性。如何确定最佳的安全性，就需要使用安全分析理论和技术，其中应用比较成功的是概率安全评价（PSA），它在航空航天和核电工程中得到了广泛的应用。

2.3.2 概率安全分析

PSA诞生于美国，是20世纪70年代以后发展的一种系统工程方法，采用系统可靠性评价技术（故障树、事件树分析）与概率风险分析法对复杂系统的各种可能事故的发生和发展过程进行全面分析，从它们的发生概率以及造成的后果综合进行考虑，可以对系统的安全程度做出定量的估计，找出设计、建造和运行中的薄弱环节，提出确保设施安全运行的改进建议。1979年美国三哩岛核电厂事故证明了PSA的预见性，改变了人们对概率安全评价技术作用的认识。此后，PSA技术在全世界范围内得到响应并极大地促进了PSA技术的发展。目前PSA技术已被明确写入了国家核安全局颁布的法规中。

与PSA相对应的是确定论分析方法，确定论分析方法是以纵深防御概念为基础，针对确定的设计基准工况，采用保守的假设和分析方法，并满足特定验收准则的一套可靠性设计方法，比较常见的有冗余设计、容错设计等。确定论安全分析是源于已有的工业设施的经验并加上一些工程判断和分析，它将设施运行模式和假设始发事件根据其概率划分到某一工况，并给出每种工况可接受的验收准则，随后采用一系列保守的假设和方法对事件进行分析，以满足验收准则。大部分设施安全系统的设计都采用了确定论安全分析方法，它对保证设施安全运行发挥了重要的作用，但是没有绝对的确定论，确定论中包含着不确定性因素。和概率论一样，确定论控制也是有风险的，不过这种风险的控制更加定性和粗略一些。

与传统的确定论分析方法相比，PSA 可以更加现实地反映设施实际状况，分析对象不局限于设计基准事故，而是尽可能地考虑广泛的事件，并对这些事件的进程进行全面的分析，并在此基础上对风险进行量化。它不再局限于单一随机故障，而是考虑事件进程中各种系统和设备发生故障的可能性，同时考虑事件发生后人员干预失效的可能性以及系统、设备、人员之间的相关性。通过更有条理、更完整的方式来考虑风险，概率论方法是传统管理方法的扩展和提高，它是确定论方法的补充。到目前为止，核电厂的安全分析还是以确定论方法来证实核电厂具备高水平的安全性，在确定论不能处理的某些方面，采用概率论方法对其进行深入分析（例如严重事故）。两者相互支持，相互补充。

不确定性是监管决策过程中必须考虑的问题，确定论分析方法没有提供评估不确定性的手段，而概率安全评价方法可以定量地评价不确定性的影响，并通过敏感性分析和重要度分析等手段进行处理，对不确定性的处理更全面和精细。PSA 分析中的不确定性主要来自模型的完整性、适当性和输入参数的不确定性。输入参数的不确定性主要体现在假设始发事件发生的频率、设备和部件的可靠性数据、共因失效的概率、人因失误的概率。

泛可靠性使用的是“管用”原则，需要解决经济性和安全性的平衡，而 PSA 可以用来对安全进行定量评估。参照核电厂 PSA 的实践，城市综合管廊设施管理可以采用 PSA 方法用于对严重事故进行评估和分析，如图 2-7 所示。数据分析是城市综合管廊设施智慧运维的重要体现，也是可靠性与安全分析方法的主要内

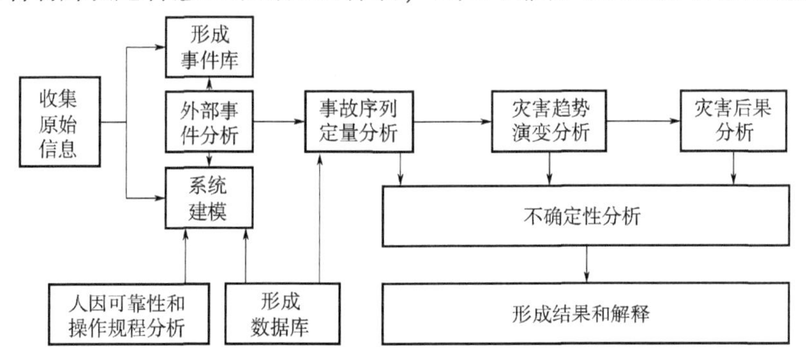

图 2-7　城市综合管廊设施 PSA 分析内容和程序

容。由人工智能、大数据技术驱动的数据科学会减小可靠性和PSA分析的不确定性，提高事故序列和灾害趋势演变分析的准确性，从而使得城市综合管廊设施管理在经济性和安全性之间取得最佳平衡。

2.4 信息科学技术理论

2.4.1 人工智能统一理论概述

信息技术的发展带来了人工智能技术的进步并深刻影响和时刻改变着我们的社会以及社会分工，然而对人工智能技术的认识，一直以来都没有统一的认识。为了更好地认识人工智能技术在城市综合管廊设施管理中的作用，从科学技术发展的辅人律、拟人律、共生律三个宏观规律考虑，来揭示人工智能技术的发展规律和作用，从而指导人工智能技术在城市综合管廊设施管理中的应用。人工智能统一理论概念模型如图2-8所示。

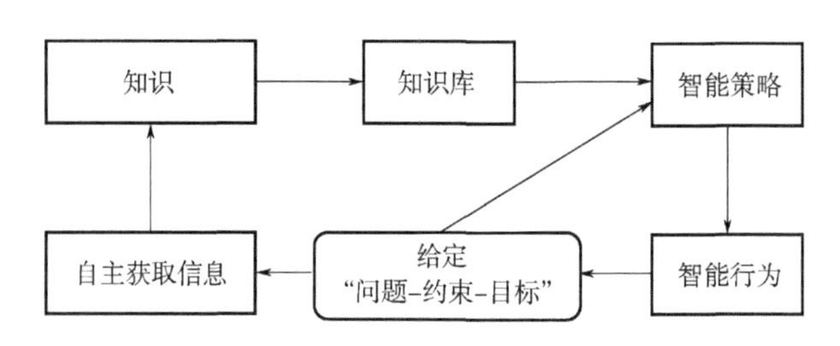

图2-8 人工智能统一理论概念模型

人工智能作为一种科学技术不是独立进化的主体，不可能具有自身的目的和独立的意志。科学技术存在的唯一价值就是帮助人类更好地实现文明进化——利用外部世界的资源，创造各种劳动工具，扩展人类自身的能力，也就是更好地辅助人类扩展认识世界和改造世界的能力。科学技术与人类进化之间的关系称为“辅人律”（图2-9）。因此，人工智能与机器人天生的功能就是辅助人类，它是

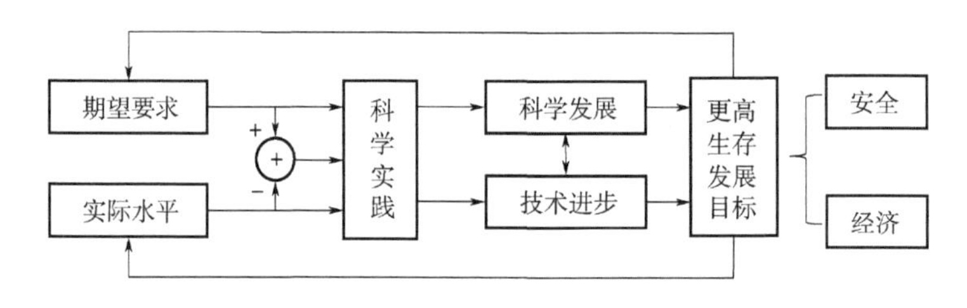

图2-9 科学技术的“辅人律”

设计者给定“问题-问题的环境-问题求解的目标-求解成功的准则”这样一些前提条件进行设计的，它们本身不能自动生成这些前提条件。从这个角度来说，若要人工智能与机器人技术解决城市综合管廊设施管理中的问题，设计者必须要清楚这些前提条件，如果前提条件出现问题，将不可避免导致人工智能与机器人技术无法发挥有效作用。

科学技术的辅人律的要旨是利用外在之物扩展人类自身的能力，人类自身能力发展的社会需求构成了科学技术进步的第一要素。这种科学技术与人类自身能力的关系构成了科学技术的拟人律。人类扩展自身的能力可以分解为体质、体能和智能三个方面。从人类诞生至今，科学技术在这三个方面极大地扩展了人类的能力（表 2-1）。当今社会，人工智能与机器人技术带来的智能工具正在深刻改变着世界，也极大地扩展了人类在城市综合管廊设施管理中的能力，表现在可以用机器人替代人工在危险的环境中从事繁重、危险的作业；可以使用智能算法解放部分脑力劳动，使得人员可以更加容易地处理复杂的任务和决策，降低设施管理成本，提升安全水平。

表 2-1　科学技术进步与人类自身能力发展历程

时代	表征资源	表征科学技术	表征工具	扩展的能力
古代	物质	材料	质料工具	体质
近代	能量	能量	动力工具	体力
现代	信息	信息	智能工具	智力

科学技术既然是为辅人的目的而发生，按照拟人律的规律为辅人的目的而发展，那么发展的结果就必然回到它的原始宗旨——辅人。于是，人类的全部能力包括人类自身的能力（主）和智能工具（辅）的能力，这构成了科学技术的共生律。从共生律的角度来看城市综合管廊的设施管理，人依然是城市综合管廊设施管理的主体，然而人工智能和机器人技术极大地提升了他们的能力，这些能力不仅表现在体能上，还表现在智力能力上，从而提高人员的劳动效率和质量。从另一方面，城市综合管廊设施管理中面临的问题会促使设施管理人员不断使用科学技术来更新他们的工具，提升他们的能力，从而更好地解决问题。

从当前人工智能与机器人技术在城市综合管廊中的应用角度来说，人们只有清楚地认识到城市综合管廊设施管理实践中的问题以及人类自身能力的不足才能更好地引导人工智能与机器人技术的应用。从科学技术发展的客观规律出发，这种技术发展和进步是不以个人的意志而转移的。

2.4.2 机器学习理论概述

机器学习是一个新的交叉学科领域，它是实现人工智能与生活生产有机结合而兴起的一门学科，包括计算机科学、数学、心理学、生物学及遗传学、哲学等。机器学习的定义尚未统一，主要有下面几种定义。

1）机器学习是一门人工智能科学，该领域的主要研究对象是人工智能，特别是如何在经验学习中改善具体算法的性能。

2）机器学习是对能通过经验自动改进的计算机算法的研究。

3）机器学习是用数据或以往的经验，以此优化计算机程序的性能标准。

从以上定义可以看出机器学习研究的对象是数据（包括经验数据），其目的是从经验中改善算法的性能，使得计算机具有智能。它是人工智能的核心，应用遍及人工智能的各个领域。目前，机器学习的发展大致经历了如下几个历程。

1）诞生阶段：20 世纪 50 年代中叶至 60 年代中叶，主要研究“有无知识的学习”。

2）符号主义阶段：20 世纪 60 年代中叶至 70 年代中叶，机器开始模拟人类学习的过程

3）复兴阶段：20 世纪 70 年代中叶至 80 年代中叶，专家系统得到应用，归纳学习成为研究的主流。

4）最新阶段：20 世纪 80 年代中叶至今，机器学习成为新的边缘学科，各种学习方法兴起，应用范围不断扩大。

机器学习是人工智能及模式识别领域的研究热点，机器学习不仅在基于知识的系统中得到应用，而且在自然语言理解、机器视觉等领域得到了广泛应用。可以将系统是否具有学习能力作为是否具有“智能”的一个标志。它包括两类研究方向：传统机器学习，研究学习机制，注重探索和模拟人的学习机制；大数据环境下的机器学习，研究如何有效利用信息，注重从巨量数据中获取隐藏的、有效的、可理解的知识。图 2-10 是机器学习理论的模型。

传统机器学习主要包括决策树、随机森林、贝叶斯学习、人工神经网络等方面的研究。人工神经网络是一种非线性适应性信息处理能力的算法，克服了传统人工智能方法对直觉信息处理方面的缺陷，被广泛应用在自然语言处理、机器视觉等方面。人工神经网络与其他传统方法相结合，将会推动人工智能和信息处理技术的不断发展，特别是支持神经网络计算的芯片将会极大地促进人工神经网络的应用和发展。

大数据环境下的机器学习已成为当今机器学习技术发展的主要推动力。机器

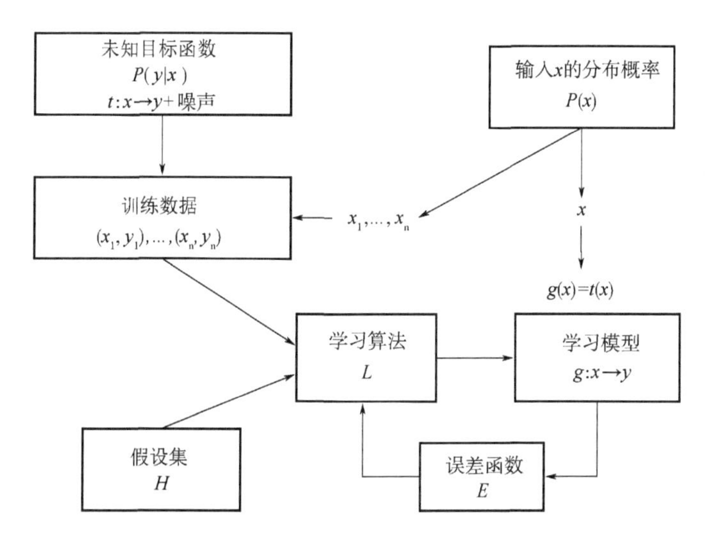

图 2-10　机器学习理论模型

学习朝着智能数据分析的方向发展，并成为智能数据分析技术的重要手段。大数据环境下的机器学习主要包括大数据分布式处理策略、大数据特征识别、大数据分类、大数据关联分析以及大数据并行研究等。利用机器学习针对大规模图像数据集进行分类研究已经有相关的应用，并能辅助人员进行视觉检测。

根据机器学习的方式可以将机器学习分为监督学习、无监督学习和强化学习（增强学习）。目前大多数的机器学习采用监督学习，输入数据需要进行大量人工标注，这增加了机器学习应用的难度。发展无监督学习或强化学习是机器学习技术发展的重要方向，它能进一步解放人类生产力。

城市综合管廊设施管理过程中大量的监控、巡检及维修作业会带来大量数据（特别是视频图像数据）。人工处理这些数据极其困难也容易导致失误。因此，采用机器学习的方法对这些数据进行处理，可以用于检测设备缺陷、识别异常情况（如事故、人员入侵）、预测设备或事故状态，用于指导设施日常和预防性维护，为城市综合管廊的应急、成本分析、安全评估等提供重要的技术支撑，是城市综合管廊智慧运维的重要理论基础。

2.4.3　大数据概述

信息技术包括信息的获取、传递、存储、处理、显示和分配等相关技术，它引发了第三次科技革命，促进了现代技术的进步，带来了大数据。伴随着信息技术的进步，互联网、云计算、物联网、智能终端等技术为大数据的发展提供了必要条件和技术基础。尽管大数据已发展 30 多年，但是目前大数据依然没有统一、完整、科学的定义。

从狭义的角度理解大数据，它是当前技术环境难以处理的一种数据集或者能力。从数据的规模和处理方式的宏观方面进行定义，很难提出一种可量化的定义。它有如下四个特征。

1）数据体量大：PB、EB、ZB。

2）数据种类多：文本、图像、视频等。

3）数据处理与流动速度快：要求处理快。

4）数据价值密度低：价值密度低，价值质量高。

迄今为止，大数据的发展大致经历了如下三个阶段。

1）突破阶段（2000—2006年）：大数据被明确定义下来，数据处理和数据库架构尚未形成共识。

2）成熟阶段（2006—2009年）：大数据从最初的商业和学术领域开始大幅度、大规模地向社会和自然科学领域扩散。

3）完善阶段（2010年至今）：大数据领域和行业边界逐渐模糊，大数据处理技术和创新日益完善。

大数据的分析包括深度学习、知识计算、社会计算和数据可视化。目前，深度学习在语音识别、图像识别等领域取得了突出成果，可以用于识别城市综合管廊设施缺陷。知识计算主要用于多源信息的融合，它包括知识库的构建和更新。社会计算主要应用在互联网，通过大数据分析给用户提供推送服务，这在城市综合管廊的运营中也是非常有用的，比如用来提醒运营人员关注某些运行参数。数据的可视化是通过图表、视频等形式将大数据分析的结果展示给用户，方便用户理解和使用，需要根据分析目标和用户需求选用恰当的表现形式。此外传统的统计学方法、机器学习和数据挖掘技术也是大数据技术分析的重要方法。

大数据的发展促进了多学科融合与数据科学的兴起。随着信息化技术深入人心，越来越多的学科在数据层面趋于一致。可视化技术把复杂的数据转化为可以交互的图形，帮助人们更好地理解分析数据对象，发现和洞察其中的规律，使得大数据平民化，从而便于大数据技术的应用。信息融合和深度分析技术成为了大数据的主要处理模式，并将大数据推向智能应用。城市综合管廊是智慧城市的一部分，也是大数据技术应用新的增长点。然而，在大数据应用中，安全问题一直以来都是行业担忧的问题。解决大数据的安全问题，除了在平台架构上加大技术保障，还需要建立相关的标准规范，构建良性的产业生态，从技术、法规和生态角度来确保大数据技术的安全。

大数据是继互联网、云计算后的技术变革，其发展和应用必然会对城市综合管廊设施管理带来深远影响。尽管未来充满变数，但有一点可以预测，大数据对行业的发展具有长远性的重要作用。在经济新常态下，我国工业化与信息化逐步进入转型升级的发展快车道。国家已开始在标准规范、应用示范等方面加大政策支持力度，有力地推动着大数据技术的应用。它深刻影响了科学研究的思维和技术手段，使得数据分析由采用单一技术到多样化分析技术的融合。

大数据是实现行业融合发展的需要，特别是城市综合管廊涉及若干管线单位，大数据有利于打破信息孤岛，建立可持续的商业发展和创新的业务模式，解决目前城市综合管廊运行模式的问题。另一方面，大数据也是助推产业转型升级的加速器，使得城市综合管廊向数据驱动的智慧化生产方式转变。

城市综合管廊中的大数据来源于现场传感器（特别是视频监控）、经验反馈数据、历史数据等，这些数据主要来自内部运作和对外服务的过程中。这些数据可能存储在不同的服务器平台上（也可能是云平台），并使用不同的数据库进行管理，包括分布式文件系统、面向列的分布式数据库。采用数据库存储可将数据结构化，并具有可扩展性、低冗余性、高共享性和独立性。然而不同来源和数据库的数据在结构上可能存在差异，如果要处理这些数据，就需要建立统一的数据模型，实现数据共享和大数据分析。

大数据技术在城市综合管廊中的主要应用如下。

1）重要设施的缺陷和故障诊断与预测，例如管廊本体的视觉缺陷检测与演变趋势分析。

2）巡检及维修业务的优化，例如根据历史数据分析，修改巡检及维修任务的执行周期，实现精准运维。

3）基于数据驱动的智能服务带来新的商业模式，以进一步完善城市综合管廊的运营模式。

2.4.4　数据可视化技术概述

可视化的历史非常古老，如古代天文学家绘制的星象图，音乐家的乐谱。可视化通常被理解为一个认知的过程，形成某种事物的感知图像，强化人们的认知理解，因此可视化的目标是对事物规律的洞悉。数据可视化技术是人机交互和大数据技术的重要内容，便于人们洞察数据中的内涵和价值。数据的可视化技术诞生于 20 世纪 80 年代，它是以计算机图形学和图像处理技术，以图表、地图、标签云、动画或任何使内容更容易理解的方式来呈现数据，使得数据表达的内容更容易被人们理解。人类获得 80% 以上的外界信息是通过视觉，因此对大量、复杂和多维的数据信息进行可视化具有重要的意义。

数据可视化涉及计算机科学、数据分析、视觉设计、心理学等多个交叉学科，包括可视化的对象、技术和表现三个方面。可视化的对象是大数据，它可能包括非结构化数据、半结构化数据和结构化的数据。数据可视化技术是把复杂的、不直观的、不清晰而难以理解的事物变得通俗易懂且一目了然，便于人们理解和交流。数据可视化技术注重技术的实现和算法的优化，通过可视化工具将数据变抽象为具体，现在常用的数据可视化技术就是虚拟现实技术（VR）。数据可视化是将数据以图形、图像等更为友好的形式进行表现。它不仅仅局限于视觉，如图像、文字、表格等，而是结合了人类听觉、嗅觉、触觉等多种感觉并且借助于心理学相互交互处理的理论、方法和技术形成的全方位表现形式，其主要形式是视觉表达。数据可视化表现侧重于采用何种方式能够最好地表现出该数据。

数据可视化可以分为科学可视化、信息可视化和可视化分析三个方面。科学可视化主要是将影像、工程测量等能有效呈现出数据中几何、拓扑和形状等特征的数据可视化；信息可视化的处理对象是文本数据等大量非结构化数据。此外，数据分析与可视化技术的结合形成了可视化分析。

科学可视化关注的是三维真实世界，真实世界的数据通常为二维或三维的，可以分为标量、向量和张量。信息可视化的处理对象是抽象、非结构化的数据集合，与科学可视化相比，需要可视化的数据类型紧密相关，包括时空数据、层次与网络结构数据、文本和媒体数据以及多变量数据的可视化。常见的时空数据有地理信息数据和时变数据，主要考虑如何合理布局、呈现事物的时间和空间特性。如何将高维数据在二维屏幕或3D屏幕上显示，是数据可视化面临的重大挑战。

可视化分析是以可视化交互界面为基础的分析推理科学。综合了图形学、数据挖掘、人机交互等技术，研究的主要内容包括可视表达和交互技术、数据管理和知识表示、可视分析学的基础算法与技术、可视分析技术的应用等，如图2-11所示。

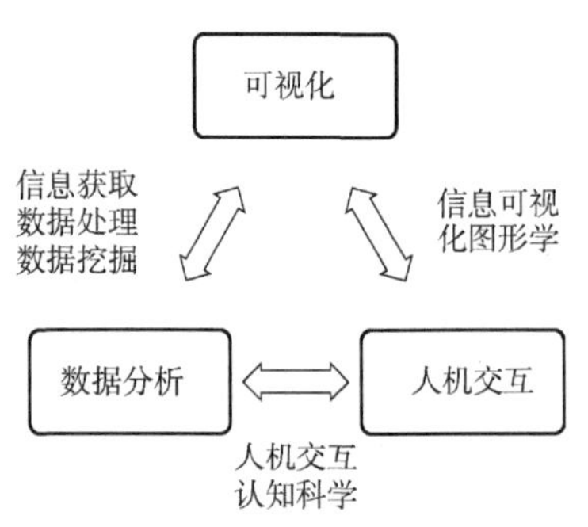

图2-11　可视化分析技术交叉学科

随着大数据技术的发展，数据可视化呈现出即时数据关联、多维叠加、多平台数据可视化的趋势。目前城市综合管廊数据可视化技术发展主要表现在科学可视化和信息可视化，需要考虑大量时空数据和多变量数据的可视化，也呈现出了即时数据关联、多维叠加和多平台数据可视化的特点。利用 BIM 和地理信息系统（GIS）将时空数据和多变量数据相结合，使得设施管理人员获取的视觉信息不再是单一维度而是多维度叠加和综合。此外，通过将关联的可视化数据进行比较，设施管理人员能够利用不同平台和处理方法的数据，挖掘出数据之间的重要关联或发展趋势，这使得人们应对复杂情况的处置能力得到极大的提升，尤其是在事故应急状态下，数据的可视化对于组织的决策带来极大的便利，大大减轻了人员的压力从而减少人因失误。

第3章 综合监控与智能分析

2017年12月12日，住房和城乡建设部联合国家质量监督检验检疫总局发布了城市综合管廊监控与报警系统工程的国家标准，该标准把监控与报警系统定义为对综合管廊本体环境、附属设施进行在线监测、控制，对非正常工况及事故进行报警并兼具与管线单位或相关管理部门通信功能的各种系统的总称，把对综合管廊监控与报警系统各组成系统进行集成，满足对内管理、对外通信，与管线管理单位、相关管理部门协调等需求，具有综合处理能力的系统，称为统一管理平台（图3-1）。

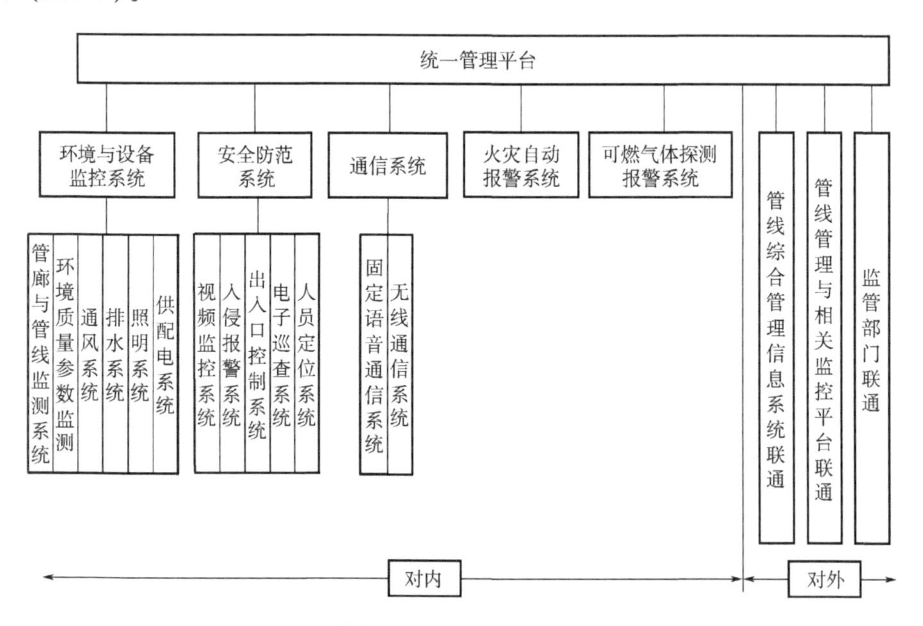

图3-1 国家标准中的统一管理平台系统框图

监控与报警系统应设置环境与设备监控系统、安全防范系统、通信系统、预警与报警系统和统一管理平台，架构、系统配置应根据综合管廊的建设规模、入廊管线的种类、运行维护管理模式等确定。统一管理平台应满足综合管廊监控管理、信息管理、现场巡检、安全报警、应急联动等要求，并和监控与报警系统进行集成，实现各系统协同、统一管理、信息共享和联动控制，推荐采用浏览器-服务器（B/S）、客户端-服务器（C/S）的系统架构。统一管理平台还可具有数据挖掘趋势分析等功能，应具有应急方案预设、入廊管线数据管理、系统维护和诊断、跨系统联动的综合处理能力，宜具有运维管理功能。监控与报警系统与专业管线监控系统不同，综合管廊监控与报警系统是综合管廊的本体环境及附属设施的监控系统，专业管线监控系统是根据生产管理需求建立的对入廊管线在内的城市工程管线进行在线监测及控制的系统，两者的监控对象不同，但是它们之间又是有联系的，这种联系通过统一管理平台进行互联。

国家标准规定了应对运行维护及安全管理全过程数据进行采集、整理、统计和分析，通过统计分析，利用现代信息数据处理技术，不断总结提高综合管廊的运行维护及安全管理水平和效率，并能够从运行维护角度提供综合管廊建设决策技术支持。综合管廊的数据类型，包括 BIM 数据、GIS 数据、管线数据、运维数据、监控存储数据、安全监测数据等。管廊本体及附属设施数据包含三维基础数据、材料规格、设备参数、监测信息等；管线数据包括管线种类、规格、容量、长度、位置、路由、入廊管线单位等；运维数据包括值班、巡检、入廊业务受理、保养、检修、施工作业等；安全监测数据包括设备终端型号、类型，以及监测结果相关的阈值、监测值、时间等数据。

从发布的国家标准的内容上来看，目前综合管廊监控与报警系统、统一管理平台本质上还是传统的运维监控模式，考虑了智能技术可能的应用，已具备智慧运维所必需的信息化要素，如高度集成化、网络化和平台化，但是缺乏机器人巡检以及智慧运维方面应用的具体内容，尤其是基于机器人巡检、人工智能与大数据技术对传统设施运维管理方式、业务与数据分析技术的变革还没有相关规定。因此，结合综合管廊巡检机器人以及智能分析技术的发展和应用现状，重点围绕先进的综合管廊设施运维技术手段进行研究和分析，为城市综合管廊智慧运维技术发展与应用提供参考。

3.1　智能巡检机器人技术

目前，城市综合管廊的监测主要依靠监控与报警系统，采用固定式的传感器或信号检测方式（如固定的环境传感器、摄像机和其他系统的监测信号），能够实现人员安全防范、环境与火灾探测、电气设备监测、应急通信等功能，并通过地理信息系统和统一管理平台实现管廊和管线等数据共享和日常运营管理。这种传统的固定式监测方式一般扩展和升级成本高，在长距离的综合管廊中极易存在检测盲点。为了确保城市“生命线”的安全，需要对综合管廊进行大量人工巡检。由于环境中存在有毒、窒息、爆炸、触电等安全风险，尤其是在发生短时强降雨导致管线水淹、地震等瞬发特大自然灾害的情况下，人工巡检极易发生重大安全事故。此外，人工巡检费时费力也容易导致漏检。巡检机器人作为一种移动式检测方式，可以用来辅助或替代人工巡检。它与传统的固定式监测方式构成动静互补的监测体系，能够提升综合管廊监测数据完整性和及时性，降低数据采集成本和人工巡检劳动强度。由于机器人可以工作在恶劣的环境中，并且能够提供客观的检查结果，因此，人们开始使用机器人技术对综合管廊进行巡检，以降低人员劳动强度和安全风险，提升巡检质量，图 3-2 是智能巡检机器人的一种应用建议方案。从科学技术三大定律角度来说，机器人从体质、体力和智力方面扩展了人们应对城市综合管廊运维管理的能力。

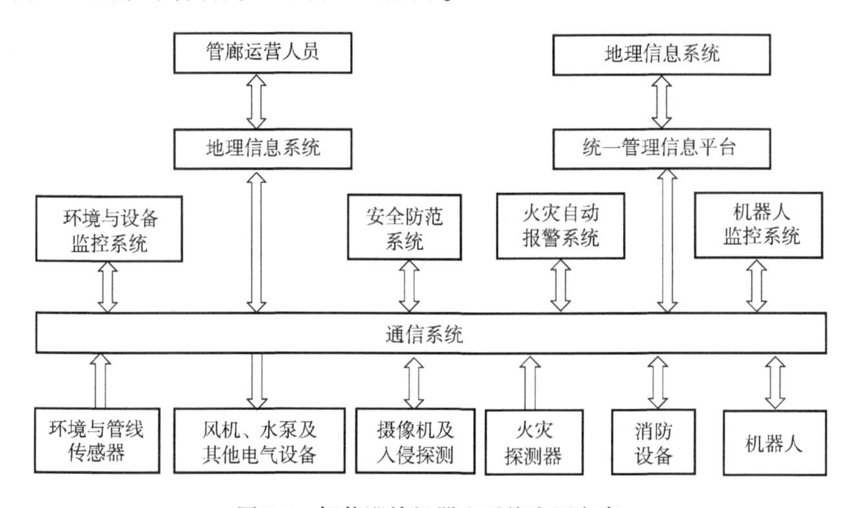

图 3-2　智能巡检机器人系统应用方案

当前城市综合管廊巡检机器人主要采用轮式（包括轨道式）或履带式等结构搭载单反相机或云台式相机进行视觉巡检，在巡检效率和质量之间存在矛盾，还处于应用的初级阶段。若要机器人实现精细化巡检，需要其保持静止并人工控制相机或云台，使得机器人巡检效率低和自主控制难度大，也无法有效通过增加云台相机数量来提高检测覆盖率并减少漏检。此外，大量图像信息缺乏智能分析，需要人工进行识别处理，导致机器人实用性不足，无法有效替代人工巡检。

由于视觉遮挡、缺陷演变的缓慢性与随机性、专业无损检测设备复杂性等因素使得开发管廊结构健康以及管线内部检测功能的机器人技术难度大。现有巡检机器人的功能集中在日常视觉巡检，用于辅助人工进行巡检，大量的图像信息还需要人工进行识别。虽然综合管廊及其内部管线隶属不同管理单位，研究能够对管廊结构健康以及管线进行定期、自主式、专业化巡检的机器人并进行图像的自动识别是未来综合管廊巡检机器人的主要发展方向。

此外，城市综合管廊应急机器人的研究还是空白，特别是对地震、爆炸、水淹等事故后环境进行应急侦查和人员搜救的机器人。在应急环境下腿足式、无人机等多种形态的机器人协同作业也许是一种比较可行的技术方向。研发能够适应地下隧道应急环境的机器人技术也是未来的重要发展方向。

由于缺乏统一的标准，机器人供应商为了形成“垄断”地位容易设置技术壁垒（如采用不同的导轨），导致机器人难以通用化，增加了机器人的应用成本。此外，综合管廊与管线运营单位一般相互独立，在数据接口和规范标准上也很难统一，容易存在信息孤岛，增加了对机器人数据进行综合分析与应用的难度。为了进一步降低机器人应用成本，采用模块化的设计并建立检测技术、机器人运动平台、数据接口方面的标准也是推动综合管廊巡检机器人技术应用的主要方向。

现有机器人检测技术主要集中在机器人本身，还未能充分利用综合管廊、管线运维平台以及机器人的大量历史数据。随着大数据分析技术进步，根据历史数据和机器人巡检数据对设施状态进行预测和安全评价，实现综合管廊的精准维修和全寿命周期安全管理也是当前技术发展的重要方向。

3.1.1　功能与分类

1. 巡检机器人的功能

2019 年，GB 51354《城市地下综合管廊运行维护及安全技术》标准发布，该标准是我国首次制定的城市地下综合管廊运维相关国家标准，对城市综合管廊的运行、维护、安全、信息方面的管理进行规定，并围绕管廊本体、附属设施和入廊管线三个方面制定了具体的运维要求，其中入廊管线运维方面的要求参照的是住房和城乡建设部制定的城镇燃气、供水管网、排水管渠与泵站以及能源局制定的电力运维行业标准。该标准还规定了巡检的对象包括管廊本体、附属设施、入廊管线以及综合管廊内外环境等；人工巡检应携带专业巡检设备，并采取防护措施；巡检范围应覆盖安全保护范围和安全控制区；巡检方式应采用人工、信息化技术或者两者相结合的方式；在遇到紧急情况时，应按国家相关规定采取应急措施。

为了系统性分析机器人在城市综合管廊智慧运维中所能发挥的作用，在全面梳理和分析了当前城市综合管廊运维管理相关的标准和规范后，从科学技术三大定律角度出发来确定机器人的功能范围。机器人与人工作业构成了城市综合管廊巡检作业的全部内容，图 3-3 给出了巡检机器人的功能范围。

巡检机器人的功能范围不是静态的，它的终极目标是替代全部人工巡检，然而受制于技术和成本约束，机器人巡检与人工巡检在功能上会达到最佳的动态平

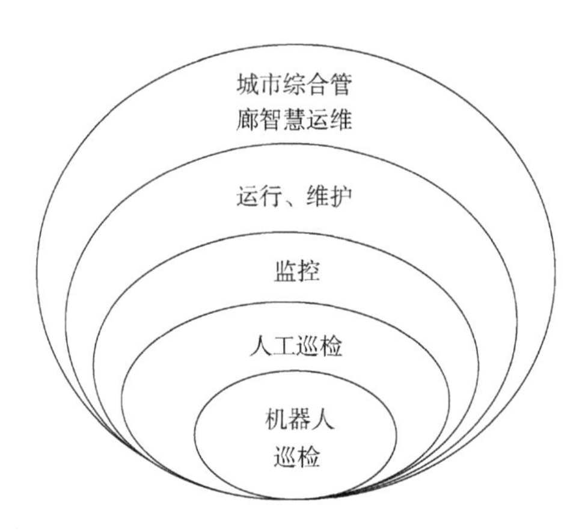

图 3-3　巡检机器人功能范围示意图

衡，它们之间的功能或作用也不是完全孤立，对一些重要设施或故障敏感部件的巡检可能是重叠的。虽然，城市综合管廊巡检机器人目前的功能大多局限在视觉巡检，但是随着机器人技术的进步和成本的降低，未来智能巡检机器人的功能将会越来越完善，并替代更多的人工巡检、检测、监测甚至维护作业。为了科学地界定巡检机器人的功能范围，引领巡检机器人的发展，从城市综合管廊相关标准和规范入手，系统性地给出巡检机器人的功能范围，为未来巡检机器人功能完善和进步提供参考。

根据 GB 51354 规定的内容，综合管廊本体的巡检应结合运行情况、外部环境等因素合理确定巡检方案，主体结构巡检频次每周不应少于 1 次；综合管廊外各类口部巡检频次每天不宜少于 1 次；安全控制区巡检频次每天不宜少于 1 次；消防系统的检测频次每年不少于 1 次；供电系统变电站、配电站的检测频次每周不少于 1 次；电力电缆线路的检测频次每月不少于 1 次；防雷与接地系统的检测频次每年不少于 1 次；通风系统、照明系统、监控与报警系统、给水排水、标识系统的检测频次每月应不少于 1 次。在极端异常气候、周边环境复杂、灾害预警等特殊情况下，还应增加巡检频次。

此外，综合管廊本体（表 3-1）应根据建成年限、运行情况、已有检测与监测数据、已有技术评定、周边环境等制定定期检测计划，其中结构变形、渗漏、裂纹、结构外部缺损检测周期不宜大于 1 年，混凝土碳化检测周期不宜大于 6 年，结构变形检测与监测的预警值为 10mm，控制值 20mm。在一些特殊情况如事故、维修、改造、渗水等，应及时对管廊本体相关内容进行检测或局部特殊监测，结构变形监测精度等级不宜低于三级，干线、支线综合管廊变形监测精度等级宜采用二级。

表3-1 综合管廊本体检测内容和方法

内容		方法或内容
结构缺陷	裂缝	用裂缝观测仪、裂缝计、裂缝显微镜、千分尺或游标卡尺等进行测量，摄影测量法；裂纹深度检测可以采用超声波法或钻取芯样法
	内部缺陷	超声法、冲击反射法，必要时局部破损法
	外部缺陷	尺量、照相法
结构变形	倾斜	全站仪投点法、水平角观测法、激光定位仪垂准测量法、水准测量法、三轴定位仪或吊锤测量法
	收敛变形	收敛计、手持测距仪或全站仪等固定测线法、全断面扫描法或激光扫描法
	垂直位移	几何水准测量、静力水准测量
	水平位移	小角法、交会法、视准线法、激光垂直法
结构性能	混凝土碳化深度	试剂法
	混凝土抗压强度	回弹法、超声回弹综合法、后装拔出法或钻芯法
	钢筋锈蚀	雷达法或电磁感应法等非破损方法，辅以局部破损法验证
渗漏	渗水点、渗水量	感应式水位计或水尺测量法

2. 适用性分析

对综合管廊巡检内容进行适用性分析是为了确定机器人巡检功能范围，主要从机器人与人工巡检的分工（适用性）、技术实现难易程度（经济性）以及应用情况方面进行分析，目的是确定机器人与人工巡检任务的分工。这种任务分工需要体现技术、安全、经济性的平衡，考虑如下几个原则。

1）重复性、劳动强度大、危险性的巡检任务一般由机器人完成。

2）检测对象及技术实现过于复杂，存在较低安全性的巡检任务由人工完成。

3）安全重要系统相关的巡检任务由人工和机器人组合巡检完成，巡检内容允许重叠，并尽可能降低人工巡检劳动强度和安全性。

4）机器人技术无法或难以实现的巡检任务由人工巡检补充。

根据以上原则和当前综合管廊巡检机器人应用现状，对城市综合管廊中的巡检任务进行分析，并对机器人技术的适应性进行了评价，其中管线部分参照现有相关管线的运维技术标准进行了归纳和分析，部分涉及人工巡检的内容已经包含到综合管廊部分未列出，分析评价结果见表3-2。

表 3-2　城市综合管廊巡检项目、内容及适应性评价

<table>
<tr><th rowspan="2">部分</th><th rowspan="2">项目</th><th rowspan="2">内容</th><th colspan="3">机器人适应性评价
（由机器人完成）</th></tr>
<tr><th>是否适用</th><th>技术难度</th><th>是否应用</th></tr>
<tr><td rowspan="19">管廊本体</td><td rowspan="3">主体结构</td><td>破损（裂缝、压溃）、剥落、剥离</td><td>√</td><td>中</td><td>√</td></tr>
<tr><td>起毛、疏松、起鼓</td><td>√</td><td>中</td><td>×</td></tr>
<tr><td>渗漏水（挂冰、冰柱）、钢筋锈蚀</td><td>√</td><td>中</td><td>√</td></tr>
<tr><td>变形缝</td><td>填塞物脱落、压溃、错台、错位、渗漏水</td><td>√</td><td>难</td><td>×</td></tr>
<tr><td>预埋件</td><td>锈蚀、锚板剥离</td><td>√</td><td>中</td><td>×</td></tr>
<tr><td>后锚固锚栓</td><td>螺母松动、混凝土开裂</td><td>√</td><td>中</td><td>×</td></tr>
<tr><td>螺栓孔、注浆孔</td><td>填塞物脱落、渗漏水</td><td>√</td><td>难</td><td>×</td></tr>
<tr><td>管线分支口</td><td>填塞物脱落、渗漏水</td><td>√</td><td>中</td><td>×</td></tr>
<tr><td>人员出入口</td><td>出入功能、启闭</td><td>×</td><td>—</td><td>—</td></tr>
<tr><td>吊装口</td><td>封闭、渗漏</td><td>×</td><td>—</td><td>—</td></tr>
<tr><td>逃生口</td><td>通道堵塞、爬梯或扶手破损、缺失</td><td>×</td><td>—</td><td>—</td></tr>
<tr><td>通风口、风道</td><td>堵塞、清洁、破损</td><td>×</td><td>—</td><td>—</td></tr>
<tr><td>井盖、盖板</td><td>占压、破损、遗失</td><td>×</td><td>—</td><td>—</td></tr>
<tr><td>支吊架、支墩</td><td>变形、破损、缺失</td><td>×</td><td>—</td><td>—</td></tr>
<tr><td>排水沟、集水坑</td><td>堵塞、破损、淤积、渗漏</td><td>√</td><td>中</td><td>×</td></tr>
<tr><td rowspan="3">安全控制区</td><td>沿线道路和岩土体崩塌、滑坡、开裂</td><td>×</td><td>—</td><td>—</td></tr>
<tr><td>违规从事禁止行为、限制行为</td><td>×</td><td>—</td><td>—</td></tr>
<tr><td>从事限制行为时的安全保护控制措施落实情况</td><td>×</td><td>—</td><td>—</td></tr>
<tr><td rowspan="3">消防系统</td><td>防火分隔</td><td>完好、密封；临时拆除的防火墙、防火门、防火封堵应及时恢复</td><td>√</td><td>易</td><td>×</td></tr>
<tr><td>消防设施
（火灾报警、灭火、排烟）</td><td>功能完好，因维修需要暂停使用，应确保消防安全的有效措施，维修后及时恢复</td><td>×</td><td>—</td><td>—</td></tr>
<tr><td>标识系统</td><td>完好、清晰、无脱落</td><td>√</td><td>中</td><td>√</td></tr>
</table>

（续）

部分	项目	内容	机器人适应性评价（由机器人完成）		
			是否适用	技术难度	是否应用
通风系统	通风百叶	运行状态、故障信号监测、显示正常 运行模式满足设计和节能运行和设备、管线及人员活动的要求 与其他附属设施系统联动控制正常，事故通风应正常	√	易	×
	风机及附件		×	—	—
	风管与风道		√	难	×
	空调系统		×	—	—
供电系统	变电站、配电站	异响，异味，异物入侵、温度、湿度异常，清洁情况，接头固定情况，部件缺失破损、腐蚀情况，表计、信号装置故障情况	√	中	×
	电力电缆线路	电缆运行环境，地表情况，电缆接头、电缆首末端的标识、破损情况，支架牢固和锈蚀情况，电流指示	√	中	√
	防雷与接地系统	接地导体有无损伤、腐蚀，以及与设备连接的可靠性、浪涌保护器失效情况	√	中	×
照明系统	正常照明	灯具固定牢固、运行状态正常	√	易	√
	应急照明		√	易	√
	供电线缆	无破损、连接可靠	√	难	×
	控制功能	启停工作正常	×	—	—
监控与报警系统	监控中心机房	传感设备、执行设备、控制设备、显示设备、传输线路及设备的外观、连接状态、供电状态及功能；软件、数据库的运行状态或运行日志；监控中心室内温湿度、清洁度等环境状态；定期进行传感设备、控制设备、执行设备和系统联动	×	—	—
	环境与设备监控系统		×	—	—
	安全防范系统		×	—	—
	通信系统		×	—	—
	预警与报警系统		×	—	—
	统一管理平台		×	—	—
给水排水系统	管道、阀门	防腐层无破损、外表无锈蚀	√	难	×
		无堵塞、泄漏、裂纹及变形	√	难	×
		管道接口静密封未泄漏	√	难	×
		支、吊架无明显松动和损坏	√	中	×

（续）

部分	项目	内容	机器人适应性评价（由机器人完成）		
			是否适用	技术难度	是否应用
给水排水系统	管道、阀门	阀门处无垃圾及油污	√	中	×
	泵组	水泵负荷开关、控制箱外观无破损及异常	×	—	—
		柔性接头无松动或破损	×	—	—
		运行无异响	√	易	×
		运行时水位下降速度正常，符合技术标准	×	—	—
		水泵运行时的电压、电流值正常	×	—	—
	水位仪	信号反馈正常	×	—	—
		安装稳固无干扰	×	—	—
	其他设施	挡水板装置完整，安装牢固，卡槽内无杂物，密封完好，部件无锈蚀	×	—	—
		防汛沙袋、防水膜等设施干燥、无破损、堆放整齐	×	—	—
		出入口截水沟无杂物	×	—	—
		沿线市政排水设施通畅无杂物	×	—	—
标识系统	综合管廊介绍牌、工程质量终身责任永久性标牌、管线标识、设备铭牌、警示警告标识、方向标识、节点标识、其他标识	标识位置准确、表面清洁、安装牢固、安装端正、损坏或缺失情况	√	中	×
电力/通信管线	电缆本体及附件	电缆受损	√	中	×
		电缆移位	√	中	×
		固定失效	√	中	×
		渗漏油	√	中	×
		接头弯曲	√	中	×
		部件缺损	√	中	×
		外力破坏	√	中	×
		异常发热	√	易	√

（续）

部分	项目		内容	机器人适应性评价（由机器人完成）		
				是否适用	技术难度	是否应用
电力/通信管线	电缆本体及附件		其他故障	√	难	×
			温升	√	易	√
	接地系统-接地箱		部件缺损	√	中	×
			锈蚀、损伤	√	中	×
	中间接头		外力破坏	√	难	×
	接地系统		异常发热	√	易	√
			温升	√	易	√
燃气管线	气体组分百分比	激光甲烷遥测	架空管道泄漏判定	√	易	×
		热传导	泄漏判定	√	易	×
		非色散红外		√	易	×
		气相色谱分析		√	难	×
	爆炸下限百分比	激光甲烷遥测	管道附属设施、厂站内工艺管道、管网工艺设备检测	√	易	×
		非色散红外		√	易	×
供水管线	管道沿线		管道漏水	√	中	×
			地面塌陷	√	易	×
	阀门		部件缺损	√	中	×
	设施井		部件缺损	×	—	—
	明敷管		部件缺损	√	中	×
	架空管的支座		部件缺损	√	难	×
	吊环		部件缺损	×	—	—
	管道本体及附属设施		异常气体	√	易	√
热力管线	管道与钢支架		固定失效	√	中	×
			锈蚀、损伤	√	中	×
			弯曲脱落	√	易	×
			泄漏	√	难	×
	阀门		阀杆弯曲	√	难	×
			阀座倾斜	√	难	×
			泄漏	√	易	×
	法兰与螺栓		固定失效	√	难	×
			部件缺损	√	中	×
			泄漏	√	易	×

（续）

部分	项目		内容	机器人适应性评价（由机器人完成）		
				是否适用	技术难度	是否应用
热力管线	补偿器	套筒补偿器	泄漏	√	难	×
			固定失效	√	难	×
		波纹管补偿器	泄漏	√	难	×
			锈蚀、损伤	√	难	×
			固定失效	√	难	×
		球形补偿器	锈蚀、损伤	√	难	×
			固定失效	√	难	×
	反式换热器		泄漏	√	难	×
	管道本体及附属设施		异常气体	√	易	√

通过对以上适用性评价结果进行统计分析（表3-3），结果表明：

1）管廊本体及附属设施约一半的巡检任务可以由机器人完成，机器人基本能够完成管线的巡检任务。

2）目前机器人巡检任务不到其所能完成任务的1/4，在燃气管线和热力管线的成熟技术应用率较低，在电力管线中应用较成熟。

3）除了燃气管线外，管廊本体及其附属设施、其他管线巡检的大部分的技术难度较大，这与燃气管道的特性相关，一般来说燃气管道在综合管廊中发生腐蚀失效的可能性较低，主要的巡检内容为气体检测，气体检测相对容易实现，但由于涉及防爆规定，目前鲜有针对燃气管道的机器人应用报道。

4）现有机器人还未能充分发挥机器人巡检的能力，应加强机器人的技术研发和应用范围，特别是机器人在结构环境未知、视觉遮挡以及狭小空间等机器人巡检难题及关键技术研发。

表3-3　适用性评价结果统计分析

部分	适用性评价统计分析（%）				
	适用率	技术实现难易程度占比			成熟技术应用率
		难	中	易	
综合管廊本体及其附属设施	48.15	26.92	53.85	19.23	23.08
电力/通信管线	100	13.33	60	26.67	26.67
燃气管线	100	16.67	0	83.33	0

（续）

部分	适用性评价统计分析（%）				
	适用率	技术实现难易程度占比			成熟技术应用率
		难	中	易	
供水管线	75	16.67	50	33.33	16.67
热力管线	100	52.63	26.32	21.05	5.26
全部	70.59	29.17	43.06	27.78	11.11

以上巡检内容和适用性分析，不包括定期检测的内容。城市综合管廊属于地下工程，地下工程一般采用静态检测方法，尽量使用无损或半破损的检测技术，避免或减少检测给结构带来的损伤。城市综合管廊工程技术规范规定了综合管廊的结构安全等级为一级，综合管廊结构构件的最大裂缝宽度限值应小于或等于0.2mm，且不得贯通。综合管廊主体结构的成本是管线成本的2倍以上。此外，综合管廊结构功能的丧失会严重影响管线的安全。因此，综合管廊本体和管线的检测也应是机器人巡检的重点内容，并采用无损检测技术进行检测。从管廊本体以及管线检测内容和方法，将传统的摄影测量技术和超声、激光、射线相结合基本上可以完成大部分管廊以及管线的定期检测任务（内外部缺陷检测），并可以灵活制定检测周期，对于安全重要的检测任务，最佳的实现方法是用机器人的检测数据引导人工检测进行确认，从而降低人工检测成本和风险。

在调研了类似隧道环境的无损检测技术基础上，对现有常用的无损检测技术进行了适用性分析（表3-4），视觉和激光是机器人最适用的日常检测技术，超声、射线类检测技术对机器人集成要求高，且检测效率低，适用于定期检测，它们可以对综合管廊本体及管线进行定期的检测。

表 3-4　常见的无损检测技术适用性分析

检测技术	机器人集成复杂度	机器人负载要求	检测效率	适用性场景
视觉	简单	低	高	日常检测
激光	简单	一般	一般	日常检测
超声	一般	高	低	定期/特殊检测
射线	复杂	高	低	定期/特殊检测

此外，通过在机器人上安装环境监测传感器（如温湿度传感器、声觉传感器），机器人可以对环境进行动态监测。机器人也可以通过无线通信方式动态采集综合管廊的智能传感器数据并进行检测与分析。

3. 运动形态与分类

从机器人的运动形态来说，可以将机器人分为轮式、履带式、腿足式、攀爬式、飞行式等运动形态。轮式（包括地面式和轨道式）相对其他运动形态具有经济性、可靠性和运动效率高等特点，适合平坦的路面环境。履带式相比轮式，牺牲了一定的运动效率和经济性，更适合地面存在台阶等复杂路面障碍环境。腿足式可以适用任何的地面环境，但存在经济性、可靠性和运动效率低等缺点，适用于异常复杂环境下的作业任务。攀爬式主要用在需要垂直运动的环境中，它同样具有经济性差，可靠性和运动效率低等缺点，一般适用于超大型构筑物的检查(如大型储罐和建筑)。飞行式机器人具有一定的经济性，但是运动效率和可靠性一般，适用于空间较大且可视的环境。

城市综合管廊工程技术规范规定了综合管廊应设置日常检修通行的通道，当纵向坡度超过10%时，应在人员通道部位设置防滑地坪或台阶。综合管廊内两侧设置支架或管道时，检修通道净宽不宜小于1.0m；单侧设置支架或管道时，检修通道净宽不宜小于0.9m。配备检修车的综合管廊检修通道宽度不宜小于2.2m。虽然，机器人可以利用综合管廊检修通道进行巡检，但是综合管廊内布置有各种管线且结构类型多样，预留给机器人巡检作业的空间有限。防火门也会影响机器人的结构尺寸，因此综合管廊巡检机器人在结构形态上与一般的公路或地铁隧道有明显的不同，通常要求具有较小的尺寸、较大的作业空间和灵活的运动能力。表3-5根据综合管廊环境和设计情况，结合经济性、可靠性和运动效率分析，对机器人各种运动形态管廊环境适应性进行了评价。显然，在没有台阶或改造台阶及加装轨道等路面情况下，轮式机器人是最优的选择。

表3-5　机器人运动形态适用性分析

运动形态	经济性	可靠性	运动效率	管廊环境适应性
轮式	高	高	高	一般
履带式	一般	一般	一般	高
腿足式	低	低	低	高
攀爬式	低	低	低	一般
飞行式	高	一般	一般	一般

轮式机器人具有较高的经济性，比较适用于执行日常巡检任务，也是目前各种隧道检测机器人的主要运动形态。履带式机器人经济性、可靠性和运动效率相比轮式机器人差，但不需要改造台阶等路面环境，综合应用成本低，也是一种综合管廊日常巡检的机器人运动形态，并且在电缆隧道环境中已有应用。腿足式、攀爬式机器人具有较强的环境适应能力，但经济性、可靠性和运动效率低，更适

合在定期或复杂特殊环境（如事故后环境）中执行特定的巡检任务。尚未有腿足式机器人在隧道环境中的应用研究。有人研究了攀爬式机器人的应用方向，结果表明攀爬式机器人可以应用在管道与建筑等应用方向。综合管廊本质上是一种管道和建筑构筑物，因此，综合管廊也应是攀爬机器人的应用方向之一。有人研究出一种用于隧道环境的类似蜘蛛的攀爬机器人控制方法，但并未涉及相关的检测技术。从结构形态判断，它仅能搭载轻型的视觉检测设备。飞行式机器人具有较高的经济性，但是可靠性和运动效率低，续航能力不足且对空间要求较高，因此也更适合在定期或复杂特殊环境（如事故后环境）中执行特定的巡检任务。飞行式机器人仅在大型地铁隧道中有研究应用的案例。

（1）轮式巡检机器人。轮式巡检机器人包括地面轮式机器人和轨道轮式机器人，在各种隧道环境中应用非常广泛，其中轨道轮式机器人比较适用于地面环境复杂的小型电力隧道、综合管廊和地铁隧道等。

1）地面轮式机器人。地面轮式机器人被大量应用在公路隧道中，在一些小型的隧道和管廊中也有一些应用。地面轮式机器人可以搭载 3D 视觉系统、激光、超声检测、气体探测器等多种检测设备对隧道环境、混凝土结构裂纹等进行检测和应急处置。图 3-4 是几种应用在隧道环境中的典型地面轮式机器人。

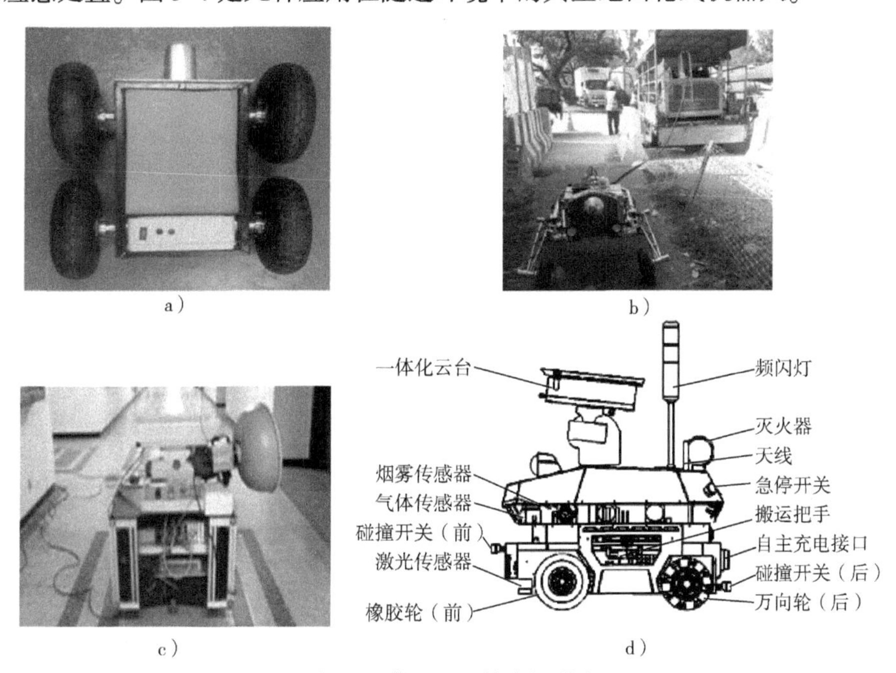

图 3-4 典型地面轮式机器人

a）密闭空间小型轮式机器人 b）排污隧道轮式机器人 c）隧道结构检测机器人 d）电缆隧道巡检机器人

2）轨道轮式机器人。轨道轮式机器人分为地面轨道式机器人和吊轨式机器人。地面轨道式机器人主要应用在地铁隧道中，主要原因是可以利用已有轨道。在一些小型隧道和综合管廊中主要应用的是吊轨式机器人，搭载视觉及专用检测设备（如激光、射线等）对隧道结构、环境等进行检测，巡检速度可以达到1m/s。图3-5是几种典型轨道轮式机器人。

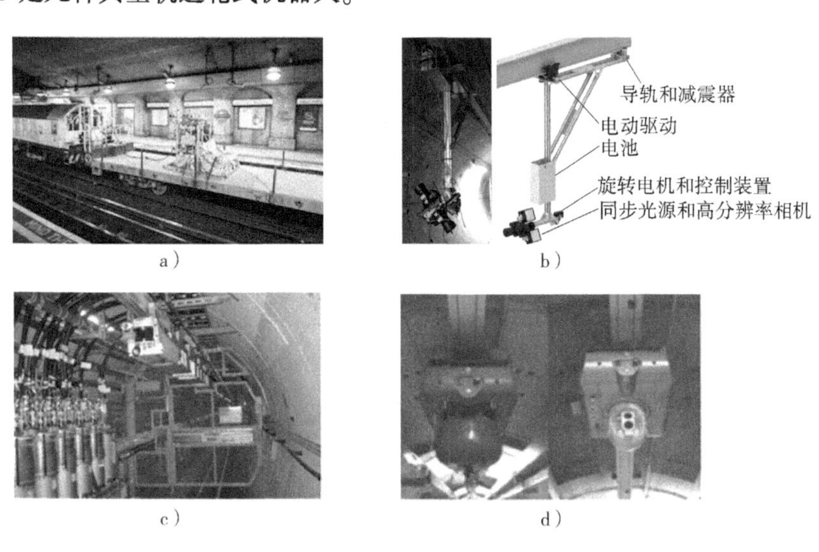

图3-5　典型轨道轮式机器人

a）地铁隧道检测机器人　b）低成本吊轨式巡检机器人

c）LHC隧道巡检机器人　d）综合管廊吊轨式巡检机器人

（2）履带式巡检机器人。履带式巡检机器人（图3-6）相比轮式巡检机器人具有较高的爬坡和越障能力，且对路面状况要求不高。由于隧道环境的路面情况（包括公路隧道、地铁隧道）比较适用轮式机器人，因此履带式机器人主要应用在需要爬楼梯或存在较大坡度以及路面环境复杂的隧道环境中。目前履带式巡检机器人主要应用在国内电力管廊或电缆沟道巡检，它们可以携带气体探测器、云台相机等检测设备对隧道进行检测，也可以装载激光雷达对隧道环境进行重构，移动速度可以达到24m/min。

根据运动形态对机器人进行分类研究是一种比较常用的方法。有研究人员根据运动形态将管道机器人分为了9类，但缺乏对机器人功能进行分类。也有研究人员采用ADT和FCBPSS理论对管道内的机器人进行分类，该方法同时考虑运动形态及功能组合情况，相对复杂不易直观理解。综合管廊巡检机器人是一种基础设施巡检的特种机器人，其检测功能与环境适应性（复杂环境下的灵活定位）是其中最关键的两个方面，因此应从检测技术及机器人运动形态对综合管廊巡检

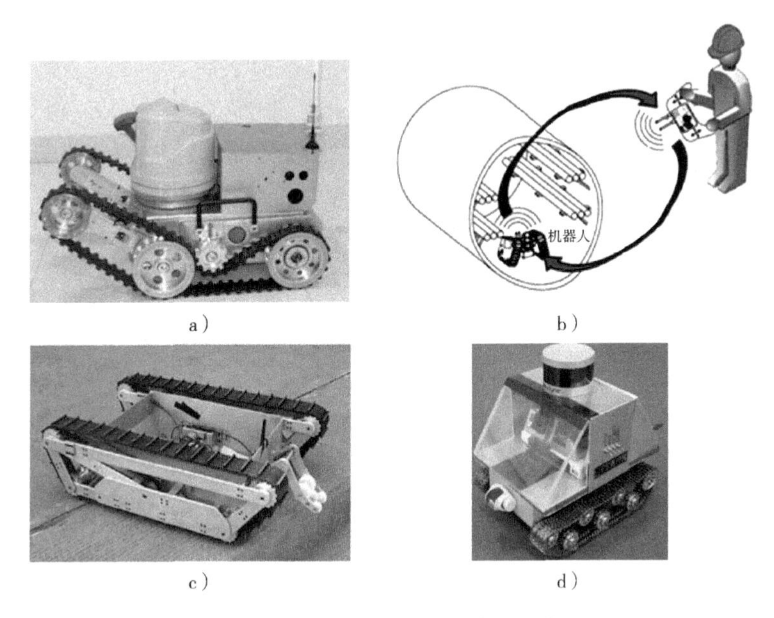

a）　b）

c）　d）

图 3-6　典型的履带式巡检机器人

a）电力管廊履带式巡检机器人　b）小型电力管廊履带式巡检机器人

c）自适应变换履带结构的巡检机器人　d）环境重构的履带式巡检机器人

机器人进行直接分类研究，便于人们理解。

在综合管廊的日常巡检、定期巡检或特殊巡检中主要采用无损检测方法和固定式传感器监测。从机器人常用运动形态和综合管廊环境考虑，适合综合管廊巡检的机器人运动形态主要是轮式、履带式、攀爬式、腿足式，其中轮式机器人包括地面轮式和轨道轮式两种，尚未有腿足式以及复合式机器人在类似隧道中的应用研究。无人机仅在地铁、压力管道等大型隧道环境中有应用研究。

3.1.2　检测技术

从城市综合管廊巡检、定期检测内容和方法以及机器运动特性角度考虑，适合机器人检测技术需要满足检测的覆盖率、可达性、负载以及有效性等方面的约束。从检测技术的适用性分析来看，适用机器人的检测技术主要是无损检测、传感器、固定式的智能传感器采集方法。传感器一般用于测量隧道内有毒气体、温湿度等环境参数，固定式的智能传感器，主要是通过具有网络通信的监测传感器将数据传输到机器人，这些智能传感器可能被临时固定在某些需要监测的地点，例如监测沉降的传感器。对于机器人搭载的无损检测技术，目前主要常用的是视觉、激光和超声检测技术，射线和其他的无损检测技术尚未有应用，其中视觉检测是机器人最普遍使用的技术。

1. 视觉检测

视觉检测是一种最常用的无损检测方法，用于表面缺陷检查和辅助监视。人工目视检查需要有经验的人员频繁进行现场巡视，存在较大的安全风险和主观性。为了克服人工目视检查的不足，人们逐渐使用机器人携带机器视觉进行巡检。机器视觉可以突破人类视觉极限，极大提升了视觉检测的范围和能力，使得机器视觉几乎成了各种隧道巡检机器人基本的功能。目前常用的机器视觉包括可见光和红外光视觉检测，可以用于裂纹、渗水、火灾、水淹等缺陷和异常检测。

通过对现有隧道中的摄影测量和机器视觉技术的研究，结果表明摄影测量的应用还尚未得到充分的利用。一种类似的应用是人们采用混合变化检测算法来监测大型强子对撞机（LHC）隧道衬里的变化如图 3-7 所示。

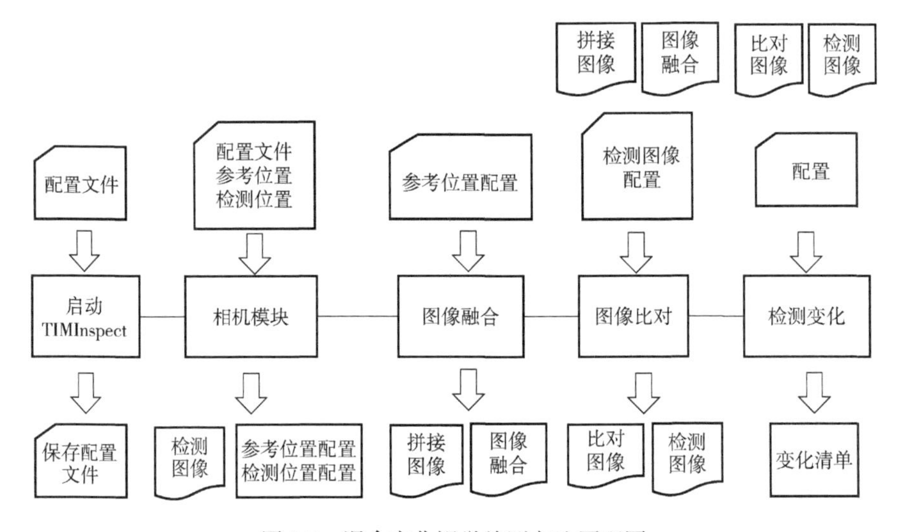

图 3-7　混合变化视觉检测方法原理图

也有研究人员基于 CCD 相机的图像采集系统，采用 Otsu 算法实现地铁隧道渗漏的检测，并提出了一种基于局部图像网格特征的裂缝识别算法，研制了轨道式的移动检测设备，并进行了模拟试验和现场检测，建立了图像数据集，通过正向推理和逆向学习多次迭代训练裂缝和渗漏的全卷积神经网络（FCN）模型，并行采用滑动窗口匹配与插值调整算法分别识别裂缝与泄漏缺陷。

为了提高视觉检测覆盖率，隧道巡检机器人通常携带多个图像采集单元，这增加了图像数据量和缺陷辨识的复杂度，因此对多路图像进行拼接和融合成了视觉检测的一项关键技术。对图像拼接融合技术（图 3-8）的研究表明图像拼接在视频压缩、全景图创建等诸多应用中都是必不可少的，图像拼接的有效性取决于图像的重叠去除、图像强度匹配和图像融合技术，并没有单一的最佳图像拼接算法。使用二进制边缘特征来实现图像配准并通过模板匹配对隧道环境下移动机器人采集图像进行位置偏移校正，具有良好的图像拼接效果和较低的计算复杂度。

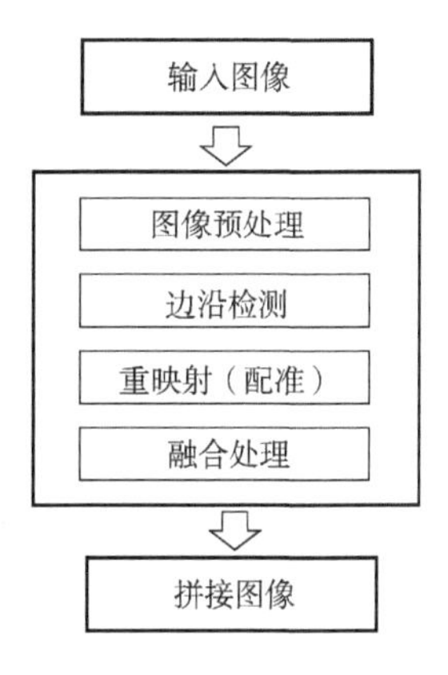

图 3-8　图像拼接融合流程

在图像拼接融合的基础上对地铁隧道进行三维重构，可以增强图像数据的可视化水平，减少人工视觉检查时间。由于机器学习方法的兴起，为了降低机器视觉检测对人员的依赖，利用深度学习等算法来实现缺陷的自动识别已成为视觉检测技术的未来发展方向。

2. 激光检测

激光可以用来检测混凝土内部缺陷和结构几何参数变化。可以利用激光实现类似音锤的检测方法（图 3-9），用于检测内部空洞、裂纹等缺陷，缺陷定位精度可以达到 1～3cm，探测深度可以达到 5cm。利用激光也可以检测轮廓几何参数，并结合视觉检测对环境进行三维重构，通过比对方法来检测结构变形等缺陷。伦敦地铁公司就使用激光隧道扫描系统（LTSS）对隧道进行了激光三维扫描检测，测试结果表明通过激光进行三维扫描对于隧道内各种缺陷的无损检测是可行和有益的。

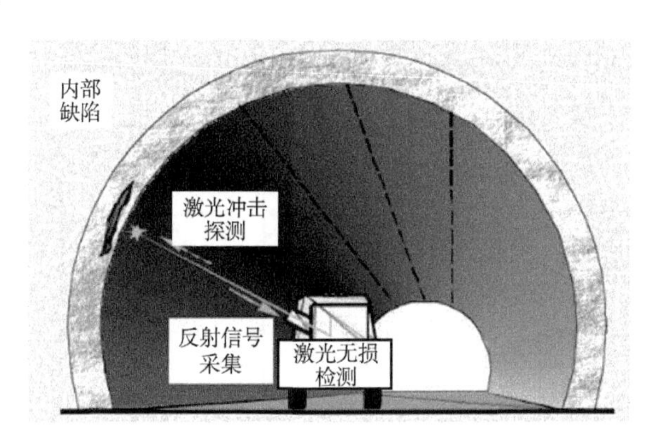

图 3-9　激光音锤检测原理

3. 超声检测

超声检测可以用来发现一些综合管廊结构内部缺陷。利用超声来检测裂纹的宽度和深度，可以覆盖裂纹周围 5cm 范围，裂纹宽度检测精度 0.1mm，裂纹深度检测精度可以达到几毫米。此外，电缆由于内外部因素导致绝缘能力降低引发放电缺陷时会导致快速的能量发射，从而产生可检测的声学振动，因此也可以利用超声对电缆放电缺陷进行检测，如图 3-10 所示。

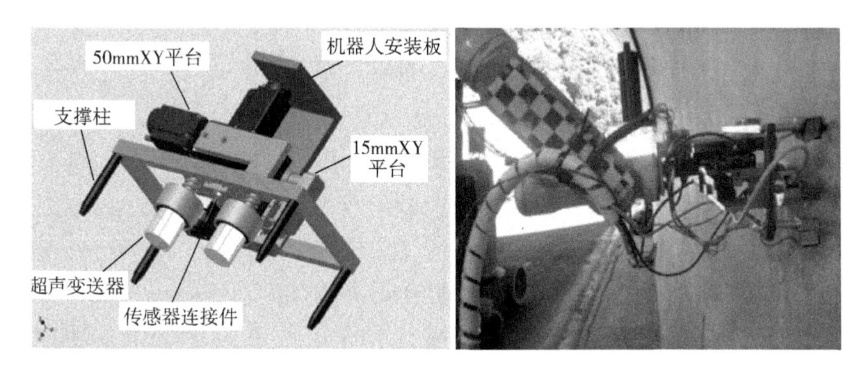

图 3-10　隧道结构超声自动检测

3.1.3 智能感知与控制

机器人的智能性与自主性是实现无人智能系统的关键技术，是机器人替代人工巡检的重要技术瓶颈。目前，应用在城市综合管廊中的巡检机器人主要采用的是半自主（自动化）或远程遥控的方法，在巡检过程中依然需要人工操作，尤其是采用云台式视觉检测的机器人需要人工操作云台，增加了巡检的操控难度和巡检时间，图 3-11 给出目前典型的巡检机器人系统架构。此外，对于地面运动

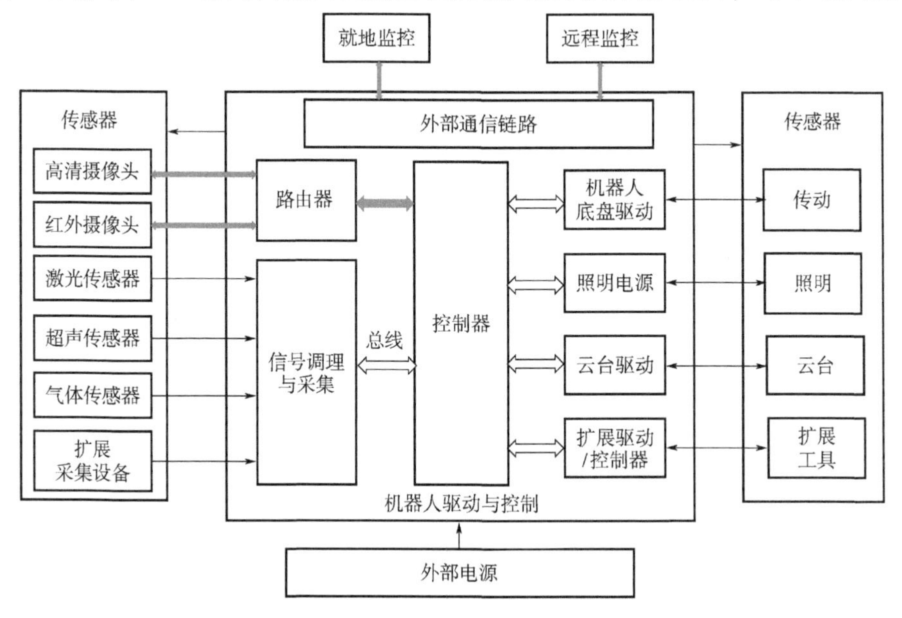

图 3-11　典型巡检机器人系统

的巡检机器人，智能性与自主性尤为重要，在遇到障碍或人员时，缺乏自主能力会对人员和设备带来极大的安全隐患，这也是导致目前综合管廊巡检机器人以吊轨式机器人为主的一个重要原因，轨道的约束大大简化了自主控制的难度。从科学技术的三大定律来看，巡检机器人发展到智能无人系统是必然趋势，智能性和自主性是智能无人系统最重要的特征。

利用人工智能技术，如图像识别、人机交互、智能决策、推理和学习，是实现和不断提高系统智能性与自主性的最有效方法。人工智能技术是推动巡检机器人向智能无人系统发展的主要力量，图3-12展示了地面无人系统的4个发展阶段。在最近的几十年里，机器学习在计算机视觉、语音等领域中取得重要进展，并逐渐具有处理复杂任务的能力。现代计算设备和计算框架（如GPU，Caffe、Theano，TensorFlow）使得设计者和工程师可以快速建立具有创新性和鲁棒性的无人自主系统。这些技术提供了类似于人类与外部世界的交互感知和控制方式，包括从外面世界获得并处理视觉、声觉和触觉等信息，选择最佳应对策略，具有通过收集到的数据学习特定任务的能力，并以此创建端到端系统，从而构建具有智能性、自主性的无人系统。智能感知与自主控制是移动机器人的智能性和自主性的两个关键技术，图3-13给出了移动机器人智能感知与自主控制相关技术的关系。

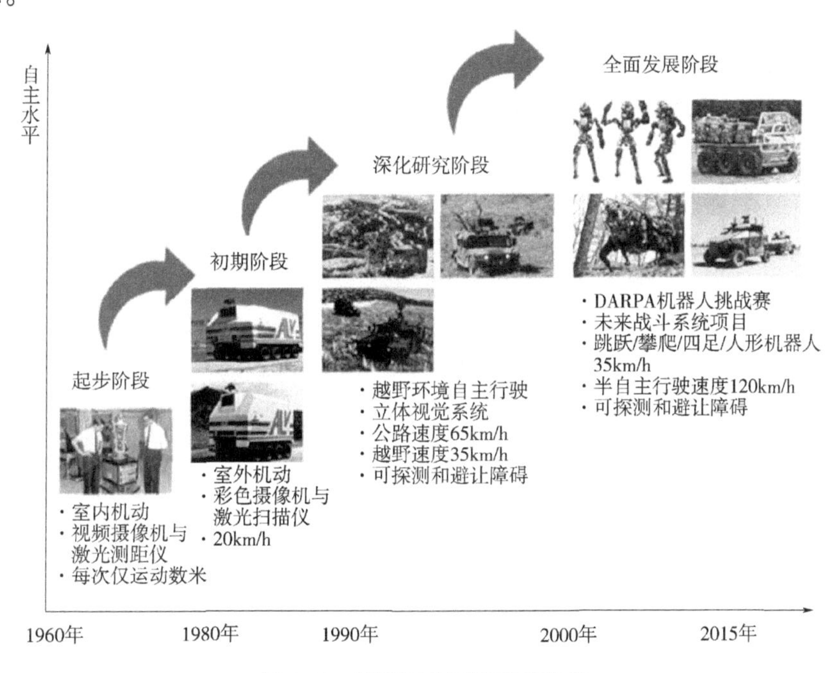

图3-12 地面无人系统发展阶段

1. 智能感知

机器人采用激光雷达、可见光摄像机、红外摄像机等传感器获得环境信息，使得机器人控制系统能够理解环境，为机器人自主路径规划和决策提供必要条件。机器人可以通过多传感器融合的方法感知环境信息，并根据传感器性能指标进行优化组合，获得能够满足环境建模需求的传感器组合方案。机器人感知周围环境的最重要目的是定位和建图，为机器人的路径规划和自主控制提供基础数据。因此，移动机器人的定位和地图创建是机器人领域的研究热点，也是机器人实现自主性的关键技术。

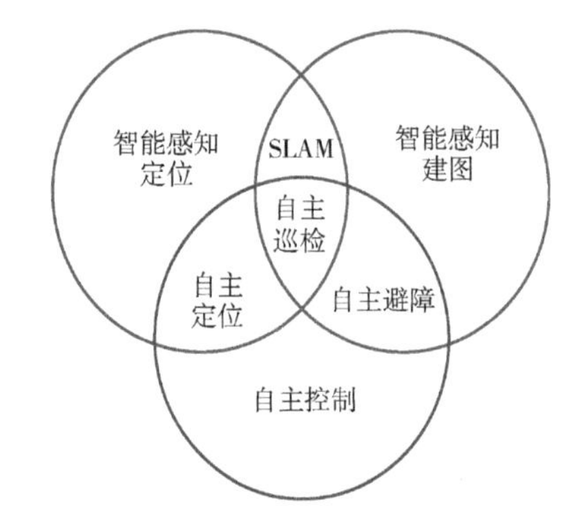

图 3-13　移动机器人智能感知与自主控制

在已知环境中（有环境先验信息如超声、射频、磁等传感器数据）机器人自主定位与已知机器人位置情况下进行环境地图创建的问题，有很多有效的方法，并在传统的机器人以及吊轨式机器人上普遍应用。然而在未知的环境，机器人无法利用全局定位系统进行定位，机器人需要在移动过程中一边计算自身位置，一边构建环境地图，因此，同时定位与地图创建（SLAM）技术成为移动机器人智能化和自主化的关键技术。

以传感器为划分标准，SLAM 可以分为激光和视觉两大类，其中激光 SLAM 研究较早，理论和工程比较成熟，视觉 SLAM 研究较晚尚处于实验室研究阶段。

（1）激光 SLAM 传感器（图 3-14）。

使用激光测距的原理主要是三角测量法和飞行时间。激光 SLAM 主要采用的传感器是 2D、3D 激光雷达。一般来说 2D 激光雷达价格便宜，使用比较普遍。3D 激光雷达一般采用飞行时间直接计算距离，价格一般较昂贵。激光雷达可以直接获取深度信息。

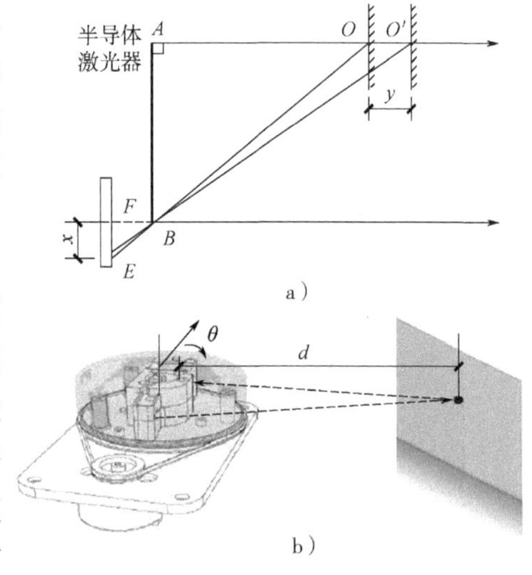

图 3-14　激光三角测量原理与典型 2D 激光雷达原理图

a）激光三角测量原理　b）2D 激光雷达

（2）视觉 SLAM 传感器。

视觉 SLAM 主要采用的传感器有单

目、双目以及深度相机。单目相机无法直接获取深度信息，深度信息需要通过反深度法、三角测量法、粒子滤波法等方法来获取。双目相机和深度相机可以直接通过计算获得每一个像素的深度信息。深度相机还可以将深度与彩色图像像素之间配对输出一一对应的彩色图和深度图。图 3-15 给出了双目相机和深度相机的原理图。

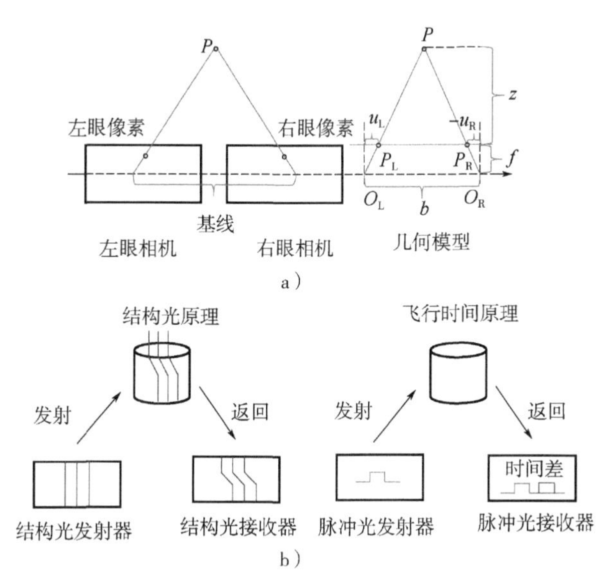

图 3-15　双目相机和深度相机原理

a）双目相机原理　b）深度相机原理

SLAM 需要提取传感器数据的局部特征（斑点和角点是视觉图像局部特征点中比较流行的方法），采用特征匹配算法（常见的有 SIFT 算法、SURF 算法和 ORB 算法）获取环境模型。特征匹配解决了 SLAM 中的数据关联问题，但是这个过程容易带有误差，需要对结果进行优化，优化的方法主要有固定区域匹配、Active Matching、1-point RANAC、几何约束等，此外里程计误差、观测误差、错误的数据关联也会产生累计误差，为了减小这种累计误差需要使用回环检测方法。回环检测大大增强了系统的鲁棒性。

SLAM 实现的方法分为基于滤波的方法和基于图优化的方法，前者也称为在线 SLAM，后者也称为全 SLAM。基于滤波的方法只顾及当前时刻的位姿，是一种增量式算法，常用的滤波算法有基于扩展卡尔曼滤波器的 EKF-SLAM 和基于粒子群的 FastSLAM。基于图优化的方法是根据所有观测到的信息，对整个机器人运动轨迹进行估计，图优化方法主要采用特征法和直接法，包括前端和后端两部分。前端根据视觉传感器数据构建模型用于状态估计也称为视觉里程计，后端根据前端数据进行优化，前者考虑局部数据关系，后者则处理全局数据关系，如图 3-16 所示。特征法是视觉 SLAM 的主要方法，它对输入图像进行特征点检测与提取，并根据特征匹配计算位姿对环境进行建图，既保存了图像重要信息又减少了计算量，从而被广泛使用。直接法是直接对像素点（或者深度数据）的强度进行操作，根据像素估计机器人运动，可以不用计算特征点，避免了计算特征点的时间和特征缺失，在特征较少的环境中具有较高的准确性和鲁棒性，可以构建半稠密乃至稠密的地图。

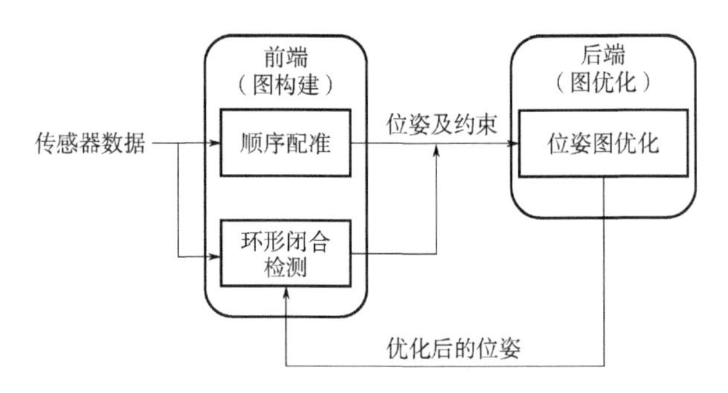

图 3-16　基于图优化的 SLAM 系统

目前 SLAM 技术的发展有如下几个特点。

1）深度学习与 SLAM 技术结合。深度学习与 SLAM 的结合改善了视觉里程计和场景识别等由于手工设计特征而带来的应用局限性，同时对高层语义快速准确生成以及机器人知识库构建也产生了重要影响，从而潜在提高了移动机器人的学习能力和智能化水平。

2）语义地图创建。传统地图缺乏语义，不便于应用。为了使得机器人能更好地执行任务和交互，需要能够具备理解场景以及辨识物体的能力，因而，构建含有语义信息的地图成为解决该问题的一种重要途径。

3）多传感器融合。多传感器融合的方法可以提高 SLAM 的精度和稳定性，融合的数据包括视觉、激光、GPS、地图（如高德、百度等）、BIM 等。此外，多传感器融合的 SLAM 也为数据的可视化和分析带来了便利。

4）多机器人协作。对于单个机器人的 SLAM 系统已经有不少的解决方案，然而多机器人 SLAM 领域还有通信拓扑、任务规划和地图融合等方面有待研究。多机器人协作实现 SLAM，对于多机器人协同作业至关重要，在事故或应急状态下，单个的机器人可能难以执行复杂的任务，多机器人协作增加了实现任务的复杂性和可靠性。

2. 自主控制

自主控制需要形成一套自主控制系统的体系架构、模块化软件组件、关键技术性能指标的测试评估等标准，尤其是在安全与防护技术用于保障人员、设备的安全，包括信息安全。在城市综合管廊中，自主控制体现在机器人可以自主移动和自主作业，操作员仅在远程监控中心执行必要的遥操作，目的是替代现场的人工辅助作业。图 3-17 给出了一种遥操作自主移动机器人控制系统的架构，这个架构包括机器人遥操作、遥自主模式和自主模式，包括机器人与人协助作业所有的可能方式。无论是自主移动还是自主作业，自主导航都是实现机器人自主控制的关键技术。自主导航是指移动机器人通过感知环境和本身状态，实现有障碍环境中指向目标自主运动的过程，它包括任务与路径规划、路径跟踪（运动控制或定位）。自主导航是建立在机器人对环境的智能感知基础上的，包括机器人的自主定位和自主规划，其中自主规划包括任务和路径的规划，也包括传统的基于红外和超声测距的定位与避障控制。

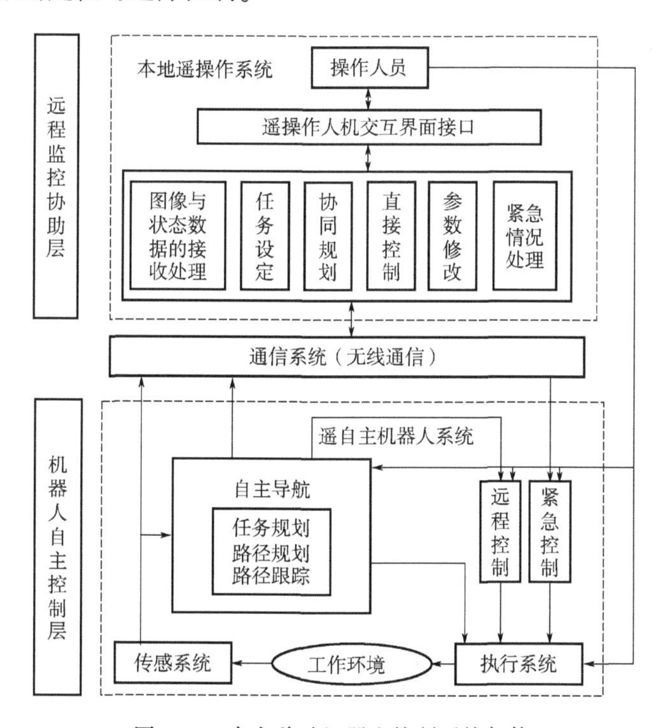

图 3-17　自主移动机器人控制系统架构

（1）自主定位。

常用的移动机器人定位方法有卫星定位、惯性定位、航迹推算、电子地图匹配。卫星定位一般用于室外环境，通过卫星定位系统进行定位。在城市综合管廊中，由于卫星信号被遮挡无法应用。可以采用双天线卫星定位系统获得航向，航向精度与基线长度有关，也可以采用卫星导航的原理，通过通信网络建立类似卫星定位的系统，如 WiFi、蓝牙、ZigBee、超宽带。惯性定位是通过三轴加速度计、三轴陀螺仪进行积分，获得机器人实时、连续的位置、速度、姿态等信息，但惯性误差经过积分容易导致累积误差，不适合长时间精确定位。航迹推算是通过车轮的光电编码器、磁编码器等传感器记录电动机转动圈数，计算机器人的位置和姿态，是一种增量式定位方法，定位误差会随时间累积，当存在打滑的情况时需要采用视觉、激光等测量方法获得里程信息来消除误差。电子地图匹配就是利用 SLAM 技术确定机器人的位置，匹配的特征可以是设定的路标、特定的对象或道路的曲率，适用于对机器人长时间的定位误差进行校准。

惯性定位和航迹推算是相对定位方式，可以获得机器人连续的位置、姿态信息，容易存在累积误差。卫星定位和电子地图匹配定位为绝对定位，可以获取机器人精确的位置信息，但难以获得连续姿态信息。因此，在机器人的自主定位中通常采用将两者结合的组合定位方法，以相对定位为主要方法，以卫星、里程、地图信息等为辅助手段，并利用卡尔曼滤波等算法对各种定位误差进行估计，减少组合系统的定位误差。

目前，视觉定位是机器人自主定位中的研究和应用的热点，它包括基于电子地图的导航、基于光流的导航和基于地貌的导航。显然，基于光流的导航是相对定位方法，而其他视觉定位为绝对定位。

（2）自主规划。

移动机器人需要通过任务和路径规划来完成机器人的定位和作业任务，而自主规划是移动机器人替代人工作业的关键技术。其中任务规划一般通过离线编程的方式进行，通常是以指令的方式发送到机器人的运动控制系统中，完成相应的功能。它与机器人的功能密切相关，对于巡检机器人，主要是确定检测任务点和异常情况下（如障碍物和故障）机器人的控制任务。由于环境中存在未知的因素，自主路径规划成为机器人自主规划的重要环节和自主导航的关键技术。

自主路径规划主要涉及的问题有：

1）利用获得的环境模型，再利用某种算法自动寻找一条从起始状态到目标状态的最优或次优的无碰撞路径。

2）能够自动处理环境模型中的不确定因素和路径跟踪中出现的误差，使外界对机器人的影响降到最小。

3）利用已知信息或先验知识来自动引导机器人动作，从而得到相对更优的行为策略。

自主路径规划包括全局路径规划和局部路径规划，后者环境是未知或部分未知的，即障碍物的尺寸、形状和位置等信息必须通过传感器获取。全局路径规划方法通常包括：自由空间法、可视图法、栅格法、拓扑法等。局部路径规划方法包括：人工势能法、遗传算法、模糊逻辑法、神经网络法、机器学习法等。这些方法的优缺点见表 3-6。

表 3-6　路径规划的方法

路径规划	方法	原理	优点	缺点
全局路径规划	自由空间法	将环境表示为图，通过搜索图的方式进行路径规划	灵活性较好，允许起点或终点改变	有时无法获得最短路径，障碍物增多算法复杂
	可视图法	机器人、目标点、障碍物连接在一起构成可视图，连线不能穿过障碍物	算法直观、简单，降低搜索时间	缺乏灵活性，障碍物增多算法复杂
	栅格法	用固定大小栅格刻画环境，表示节点，分为自有节点和障碍物节点	精确表示障碍物，提高路径规划精度	占用大量内存，计算时间长
	拓扑法	根据障碍物及空间几何特点划分相同拓扑特征的空间拓扑网，寻找拓扑路径	搜索空间小，算法简单，效率高	网络建立过程复杂，不易完成
局部路径规划	人工势能法	虚拟的人工力场规划路径，障碍物为斥力，目标点为引力	简单、实时性强，便于数学描述，适用底层实时控制	存在局部极小值陷阱，邻近障碍物之间失效
	遗传算法	节点标识路径群中单个路径，转化成二进制串，利用变异、交叉和选择进行数学计算	不会出现局部极小值陷阱	计算量大，高维时难以处理和优化
	模糊逻辑法	建立隶属度函数，查表获取规划信息	边界或信息数据不确定	需要先验知识
	神经网络法	用神经网络描述运动环境约束，采用距离行数和迭代路径点集的碰撞函数为目标函数	可映射任意复杂非线性关系，便于实现	学习时间长，甚至不收敛
	机器学习法	建立启发式估计函数，通过修改估计函数和图搜索方向进行规划	对新环境信息快速修正和重新路径规划	计算占用内存较大

随着先进的网络通信、机器学习技术的发展，自主控制技术有如下发展方向。

1）从已知环境与结构化环境导航向未知环境与非结构化环境导航。

2）新技术、新产品的出现为机器人导航定位提供了新的解决途径，例如基于 WiFi、蓝牙、ZigBee、超宽带的多种导航定位技术。

3）机器学习方法与机器人路径规划的结合与应用，尤其是采用强化学习方法实现机器人的路径规划。

3.2 多源数据融合与智能分析技术

数据融合的概念产生于 20 世纪 70 年代，发展于 20 世纪 90 年代以后，尤其是 C^3I 系统应用极大促进了数据融合技术的发展，它是处理多源数据的一种跨学科的综合理论和方法。通过模仿人脑来综合处理复杂的数据融合问题，将各种实时的或者非实时的，速变的或渐变的，模糊的或准确的，相似的或矛盾的等不同特征的测量、统计、经验等数据进行合理支配和使用，根据某种准则进行组合分析，以获得对被观测对象或者隐含的知识与规律的一致性的解释或描述。数据融合可以出现在数据层、特征层和决策层不同信息抽象层次上。按照功能可以将数据融合分为检测/判决融合、状态（空间、位置等）融合、属性数据融合、态势评估（趋势评估）和威胁估计（安全评估）五个层次。前两个功能层次适用于任意的多传感器数据融合系统，后三个层次适用于运维和控制层面的数据融合。

数据融合技术是许多传统知识和新技术手段的集成，包括数学、通信、模式识别、决策论、不确定性理论、信号处理、估计理论、最优化技术、计算机科学、机器学习、神经网络等。为了进行数据融合，所采用的信息表示和处理方法常来自于相关技术（如最近邻法则、最大似然法、最优差别、统计关联）、估计理论（如贝叶斯估计、最小方差估计、卡尔曼滤波）和识别技术（如贝叶斯法、模板法、表决法、神经网络、证据推理、统计决策、模糊推理）。

城市综合管廊在运维阶段的数据主要来自监控与报警、巡检机器人等系统的监测或检测数据，这些数据可能是一维、时变的传感器测量或监控数据（如环境传感器、编码器数据、报警信号等），也可能是来自视频监视、检测系统的多维数据（如可见光图像数据、激光点云数据），并表现出异构的特性。图 3-18 给出了典型的基于智能巡检机器人的监控与运维系统架构。此外，来自业务管理的需求（如项目管理、财务、安全监管、质量等活动），大量报表、经验反馈、历史

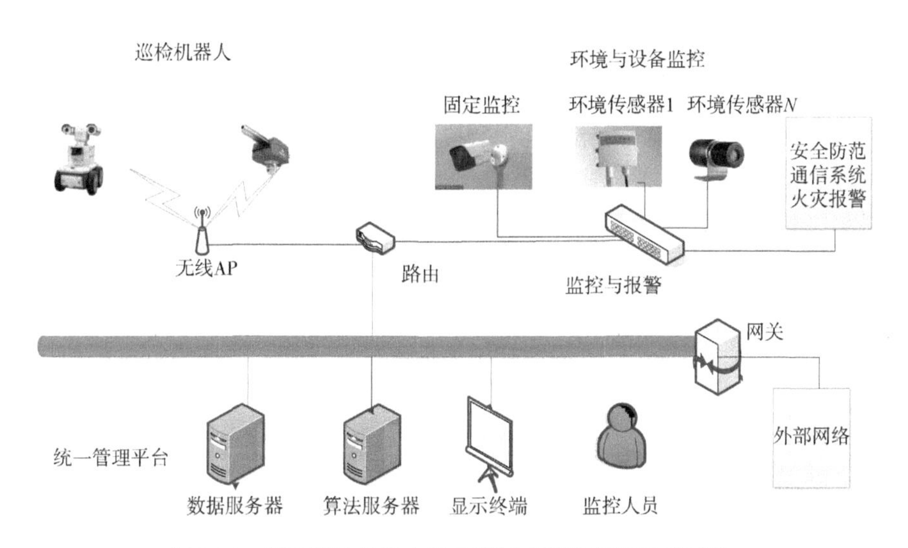

图 3-18　基于巡检机器人的典型城市综合管廊运维系统

数据、项目管理、外部管线数据也会集中在统一管理平台和办公自动化系统（如 ERP）中。为了便于运行人员监控与管理，数据的可视化需要将大量监控数据融合到以全寿命周期安全运维为目标的 BIM 和 GIS 可视化模型上，以便运行人员利用数据分析的结果快速准确决策和响应。城市综合管廊智慧运维就是要在这些多源的数据中挖掘出对经济和安全有利的知识和策略，辅助人员实现对城市综合管廊全寿命周期的设施管理。

传统的数据融合分析主要依靠人工，大多采用报表、统计、比较、归纳等分析方法。然而，城市综合管廊运维周期长，数据来源及类型多样，数量庞大，人工处理这些数据（尤其是大量高维的图像数据、异构的历史数据）费时费力，也极其困难。机器学习、大数据分析、边缘计算等人工智能技术的发展，使得利用智能分析技术替代人工实现大量多源复杂数据的融合分析成为可能，并能快速从数据中发现知识和规律，辅助运维人员快速决策和响应，从而确保运维的经济性和安全性，这是当前城市综合管廊智慧运维技术发展的主要方向和关键技术（图 3-19）。

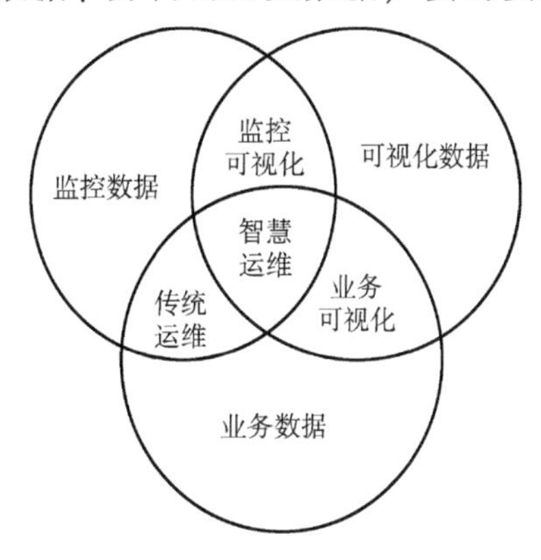

图 3-19　城市综合管廊的数据融合与智慧运维

从数据的来源和用途方面来看，城市综合管廊运维数据主要来自监控系统、用于可视化的BIM/GIS模型交互数据、运维管理业务数据三个方面，一般业务数据采用分布式的存储方式，而监控和可视化数据采用集中存储的方式。这些数据几乎都是异构的，处理这些数据可能需要在数据层、特征层和决策层使用各种数据融合分析的方法。数据融合会增强每个部分数据的分析能力（如增强检测数据精度和检测可靠性，提升数据的交互能力），打破“信息孤岛”，并可能为综合管廊运维带来新的模式和效能。区别于传统的运维方式，业务数据与监控、可视化数据的融合分析，大大降低了人工处理和管理数据的劳动强度，极大提升了人的能力，解放了生产力。可以说，利用数据或者以数据为驱动来提升城市综合管廊运维的安全性和经济性水平是城市综合管廊智慧运维的最本质特点。

3.2.1 多源异构数据的共享与融合技术

1. 多源异构数据建模与共享

为了从数据中发现知识并加以利用，指导人们的决策，必须对数据进行深入的分析（图3-20），而不是仅仅是生成简单的报表。这些复杂的分析必须依赖于复杂的分析模型，也称为深度分析或数据融合，在数据量大或者难以处理的情况下即是大数据分析。

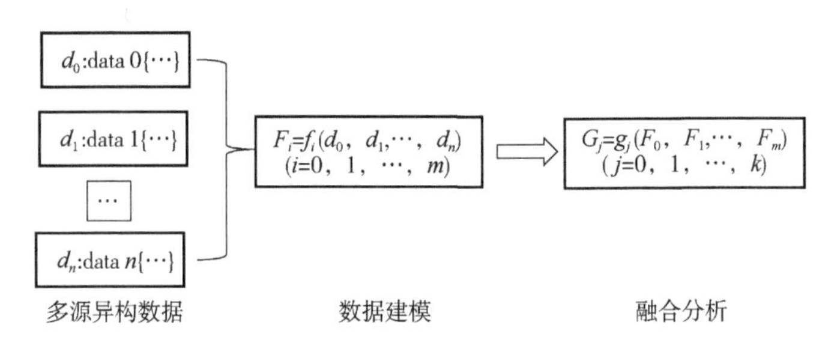

图3-20 数据建模与深度分析

有效的数据融合是建立在较好质量的数据基础之上。杂乱无序的数据会给数据分析带来了极大的挑战，数据质量成为数据分析过程中需要考虑的重要因素。数据分析的核心则是数据建模，通过分析现有数据的统计和语义特征，找出其中的规律，再将其概括为抽象的数据分析模型，进而为数据分析提供依据。数据建模与共享的目的是将这些多源异构的数据形成一个统一的异构数据库，它为各种数据融合算法提供了高质量数据（互操作性），是建立在数据之间映射关系基础之上的。数据建模的过程也称为数据集成，是实现数据深度分析的基础。它不是数据或数据载体的简单堆积，包括数据的转换、数据源的统一、数据一致性维护、异构环境、不同应用系统之间数据的传送。

数据集成分为数据仓库法和虚拟法（中介法）。数据仓库法会事先将各数据源的数据加载到统一的数据仓库中，然后所有的数据操作都针对数据仓库中的数据进行，数据操作功能实现简单，但是当各数据源数据发生变化时，必须修改数据仓库中的数据。虚拟法采用与数据仓库法完全不同的结构，数据仍保持在各数据源中，集成框架只提供虚拟的数据集成视图和对该数据集成视图进行数据操作的机制，避免了数据冗余存储的问题，保证了数据的时效性，但是同时增加了数据统一表示和操作实现的复杂性。使用传统关系数据库通过文本信息实现数据的映射，就是数据仓库法。对于大量异构的数据信息系统，传统的关系数据库的集成方式难以解决数据的共享和互操作性问题。虚拟法更适合于异构数据的集成。

异构数据的集成主要有基于模式和基于中间件两种方法，基于模式的集成方法主要有基于全局模式、基于视图和基于联邦数据库系统三种方法。全局模式需要为每个参与集成的数据建立局部集成模型，并在局部集成模型基础上建立全局模型，一般来说对于复杂的数据，构建全局统一的模型是极其困难的。基于视图的方法是构建共享数据的集成视图（虚拟数据库），集成视图通过语法、语义的分析解决输入类之间的冲突，实现数据操作和共享。数据仓库系统就是典型的基于视图的集成技术。联邦数据库系统（FDBS）提供的是一种组织、访问和更新共享信息的逻辑方法，是多个自治的成员数据库系统的集合，同时实现它们之间的共享与操作，当数据库数目很多时，实现互操作性就相当困难。基于中间件的集成方法是在底层数据和上层应用之间建立一个中间层，通过中间层，屏蔽数据源的异构和分布性，对应用层提供统一标准接口，使系统对每个不同数据源的操作变为单一的中间件操作，并由中间件进行操作的分解和结果的合成。中间件集成方法实质上是建立了数据和应用之间最佳的映射关系，图 3-21 给出了基于模型的中间件集成方法的数据融合系统结构。

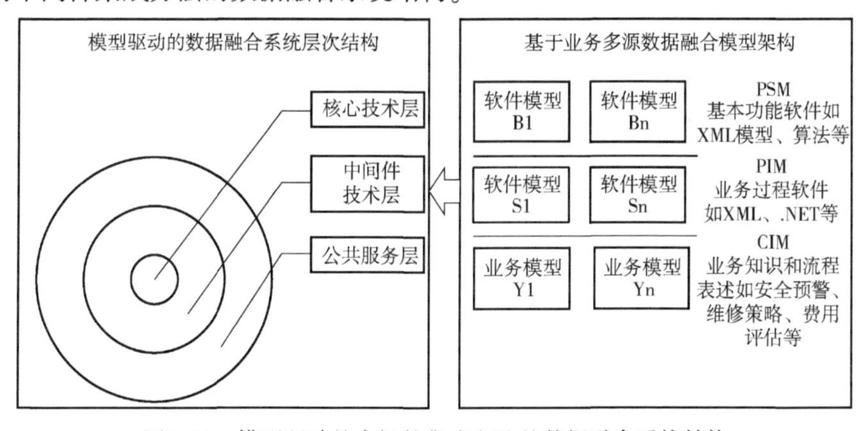

图 3-21　模型驱动的中间件集成方法的数据融合系统结构

从实际应用角度看，数据集成的方法主要是联邦式、基于中间件模型和数据仓库，其中中间件模型是一个较为理想的解决方案，不仅提供了访问的透明性，而且也有较好的安全性、扩展性和灵活性。常用的中间件集成方法有 ODBC 方法、通用数据访问结构、分布式中间组件、XML 组件，其中分布式中间组件和 XML 组件是当前流行的中间件集成方法。图 3-22 给出了城市综合管廊多源异构数据建模与分析的架构，它实质上是一种根据应用需求组合了多种数据模型的集成方法。根据不同的应用和实时性、计算复杂度等要求，可以使用不同的数据模型，模型可以手动和自动方式建立，手动方式尽量采用可视化的建模方法。

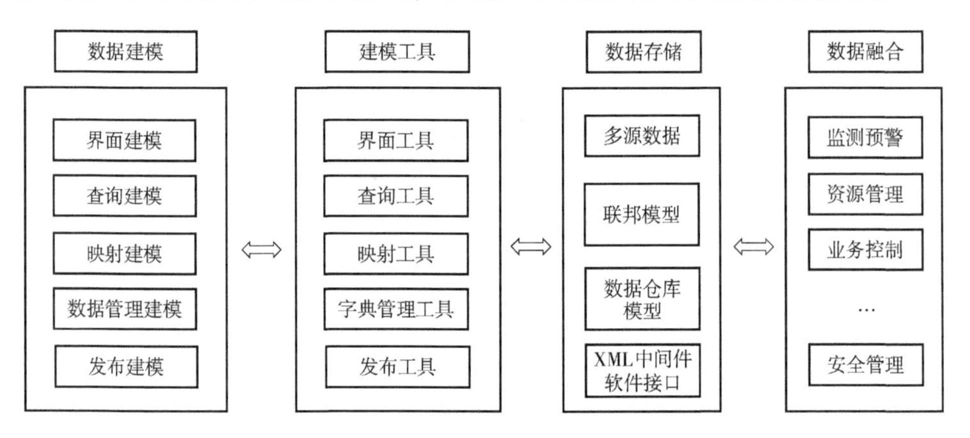

图 3-22　城市综合管廊多源异构数据建模与分析架构

XML 为可扩展标记语言，它是一种开放的、自我描述方法定义的数据结构，具有良好的可伸缩性和灵活性，可以被用作多源异构数据描述的统一模型。由于 Web 服务器与客户机之间的数据传递支持 HTML 页面、XML 文档以及 XML 数据岛，这使得以 XML 模型描述数据并基于 XML 中间件集成方法进行数据融合，可以方便地使用 B/S 架构，从而使得数据可视化以及共享变得容易。采用 XML 中间件进行数据集成首先需要将异构的数据转化成统一的 XML 模型数据，转化过程如图 3-23 所示。

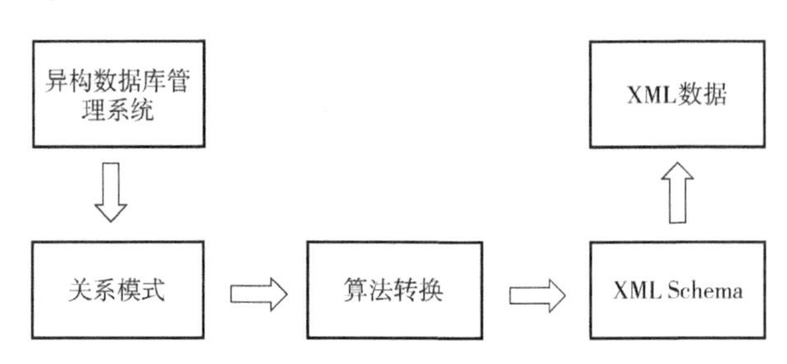

图 3-23　XML 数据建模过程

在数据的集成过程中，需要建立元数据和元元模型，元数据模型是异构数据实现互操作的基本途径。元数据模型以及构建的元元数据模型可以在 XML 文档类型声明里来声明，图 3-24 是典型的元元数据模型示意图。

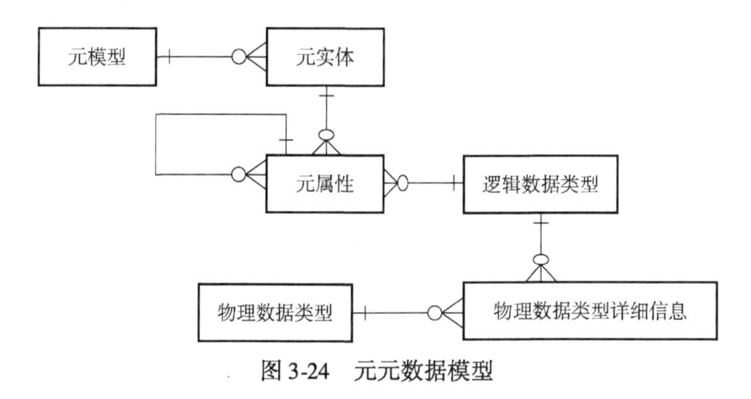

图 3-24　元元数据模型

图 3-25 是实现 XML 中间件数据集成的典型架构。数据通过中介器（mediator）将各数据源的数据集成起来，数据仍然存储在各个局部的数据源中，各个数据源通过包装器（Wrapper）对数据进行转换使之符合中介模式，数据的查询、可视化和数据融合算法之间的数据共享和操作通过中介器来实现。

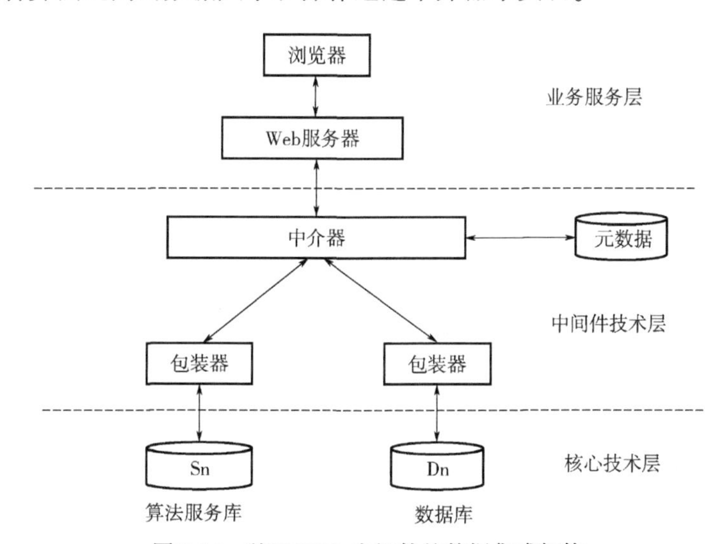

图 3-25　基于 XML 中间件的数据集成架构

在大量多源和异构数据（如来源不同硬件平台、操作系统、厂商的不同结构数据）的深度分析过程中首先要解决的问题就是数据的存储问题。在数据分析的过程中，会对数据进行多次的存取和调度，数据的存储就不再是静态的存储，会随着数据生命周期的变动和实际应用的需要，对数据进行动态的增、减、删和改等操作。数据深度分析时，数据库需要具备高度可扩展性、高性能、高度容错性、支持异构环境、较低的分析延迟、易用且开放接口、较低成本和向下兼容性。数据产生方式的动态性和涌现性也带来了数据分析的不确定性，因此，数据分析前和分析过程中需要很好地应对数据的不确定性问题。在数据分析中，必须对其存储资源、计算资源进行有效配置并弹性调度，以建立不确定环境下数据分析任务需求的动态响应机制。

目前，云计算以及存储技术进步使得数据融合技术向边缘计算发展，且基于XML中间件数据集成方法使得建立B/S模式的数据共享变得容易，因为，可以利用云存储和云计算技术实现海量数据的存储、调度甚至融合问题。云存储具有存储数据量大、数据处理快、使用方便、存储和管理可靠等优势。

对于云存储体系来说，大体上可以分为数据中心、云服务接口、服务协议等内容。数据中心可以在云环境下实现数据存储（图3-26），主要由分布式文件、存储备份、存储管理构成。云存储设备可以是专用存储设备，如硬盘，也可以是计算机本身。存储模式可以分为服务器（B/S）模式和客户机（C/S）模式，通过云计算能够实现大量数据存储，同时存储效果十分理想。特别是，云存储系统既能支持可移动的操作系统接口，又能够对存储在其中的海量数据进行管理，使得在后台维护数据变得可行，特别适用于手持式智能终端巡检数据的采集和存储以及政府、管线单位与管廊运营单位之间的数据共享。

城市综合管廊运营单位可以建立私有云，利用虚拟化技术在平台上分出若干

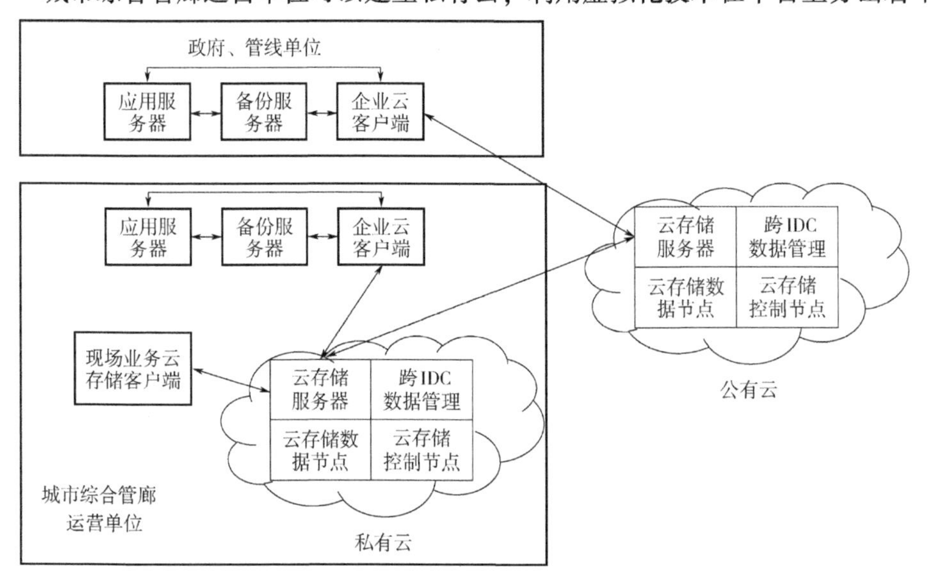

图3-26　城市综合管廊云存储系统架构

个独立运行的服务，根据业务部门需求分配使用数据和资源，这对于使用大量智能终端的现场作业提供了一种便利、安全的数据存储方式，也为各业务部门共享数据提供了一种先进、经济和可靠的方式。此外，城市综合管廊设施具有超前和留有余量的特点，通过公有云，可以与管线单位、政府监管部门进行数据的共享，这有利于降低由于管线单位的增加导致的系统扩容的成本和风险，尤其是目前政府、管线单位与管廊运营单位收费模式上的变革，可能会要求建立统一的数据共享平台，采用公有云的架构，不仅具有较好的扩展性和灵活性，也具有较高的安全性。

2. 多传感器数据的智能融合分析

传感器用于目标对象信息的探测，是实现自动检测和控制的基础。单个传感器无法消除测量中的累积或随机误差，难以满足高可靠性要求，因而，多传感器技术在安全性、可靠性要求较高的应用场景中得到普遍的应用（如重大设备监测、保护系统监控、精确定位系统）。不同于简单使用多个传感器，多传感器信息融合是基于现代计算机技术，通过将分布在各方位的传感器和信息源数据加以组合分析，发挥联合优势对观测对象做出准确估计的复杂处理过程，这包括扩大时空覆盖率和分辨率、增加置信度、减少模糊性、改善探测精度和系统可靠性、增加维数。图 3-27 给出了多传感器数据融合的功能框图。

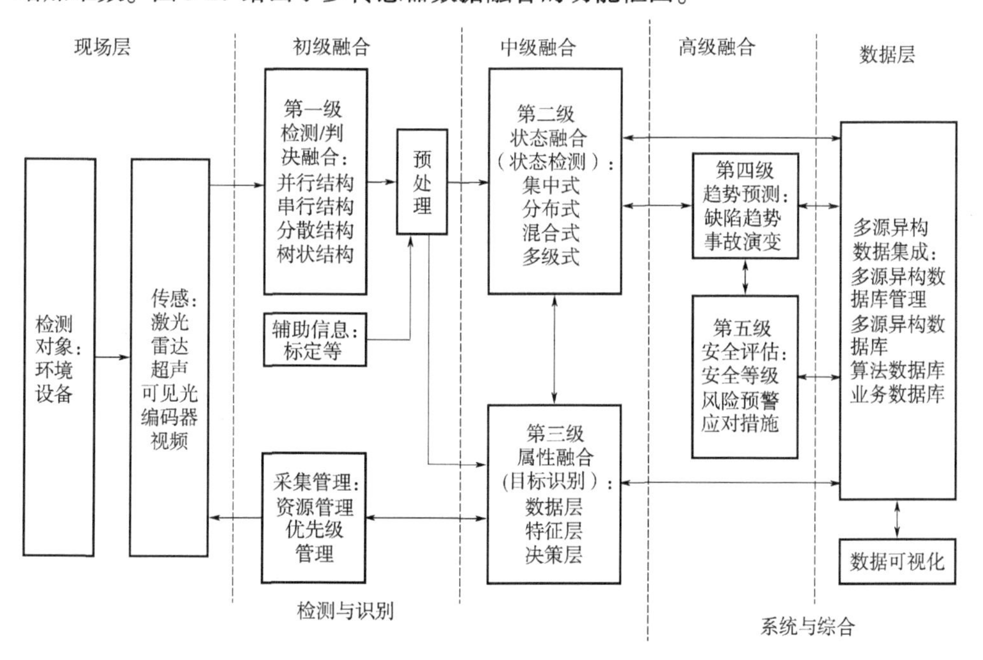

图 3-27　多传感器数据融合功能框图

数据融合的算法超过上百种，尚无通用的算法对各种传感器进行融合处理，需要根据具体应用场合确定。在数据融合处理的过程中，一般包括相关、估计和识别3种基本功能。相关处理要求按照一定的判据，将数据分成不同的集合，每一个集合都与同一始发事件或目标关联，包括最近邻法则、最大似然、最优差别法、统计关联、聚类分析等。估计（预测）处理是根据已知信息对待测参数及目标状态进行估计，包括最小二乘法、最大似然法、卡尔曼滤波法等。识别（评估）技术包括物理模型识别、参数分类识别和认识模型识别，包括贝叶斯法、模板匹配法、表决法、证据推理法、模糊识别、神经网络、专家系统和机器学习等。高级融合除了各种传感器数据外，还包括经济性评估、安全监管、维修业务等因素，因此给出一个可信度很高的模型十分困难，通常采用多种算法融合处理，包括多样本假设检验、经典推理、模糊集理论、模板技术、品质因数法、条件事实代数法和基于知识及专家系统技术的方法。这些方法可以分为基于随机模型的融合方法、基于最小二乘法的融合方法和智能型的融合方法，其中智能型融合算法一般只应用于高级融合和特征层与决策层的属性融合。

从数据维度的角度，可以将传感器分为一维和多维传感器。一维传感器用于测量单个变量或时变信号，多维传感器则用于测量平面或空间分布变量或多维时变信号。里程计、压力以及环境中的温湿度、可燃气体、有毒气体等测量传感器是典型的一维传感器，用于直接测量对象的典型特征信号，其融合分析可以采用常规的统计、表决、感知机、最小二乘法等传统技术，通过初级融合进行处理。常见的多维传感器是视觉或图像传感器，可以采集监测对象时空域的纹理、几何等多种特征，其融合分析一般需要采用神经网络、机器学习等人工智能技术。一维传感器数据响应和处理快，实时性高，通常用于执行安全和控制实时性高的监控任务。多维数据处理虽然复杂，并且需要较高的运算和存储能力，但是由于具有多种特征信息的并行识别能力，因而，可以用在复杂环境的感知与监控（如视频监控）和中、高级（多传感）数据融合。随着计算、存储、算法能力的发展，在很多行业得到了大量推广应用，尤其是在视频监控和安全保护领域。

为了确保城市综合管廊及其管线的安全，人工、机器人巡检和城市综合管廊监控子系统会使用大量传感器，它们在监测对象和功能上可能存在冗余（如在线监测的视频监控、环境传感器与机器人搭载的视觉、环境传感器）和多样性。这些大量的冗余、多样性的传感器的数据分析异常复杂，使得智能融合分析成为替代人工方式处理多传感器监测数据的关键技术，尤其是随着无线传感器网络技术的发展和应用，多类型和多节点数据融合分析成为制约其发展的技术瓶颈。目前，多传感器数据的融合技术在城市综合管廊中的应用主要是多传感器图像融合、智能巡检机器人的多传感器融合和传感器数据的高级融合。

（1）多传感器图像融合（图 3-28）。

为了提高检测和识别的准确率和时空分辨率，采用多传感器融合技术是必然选择。城市综合管廊环境中的常用图像类传感器包括可见光、红外光、超声成像、激光成像、射线成像等，主要用于监测和检测综合管廊设施及管线缺陷与异常情况，因而多传感图像的融合包括同类图像传感器融合和异类图像传感器融合。

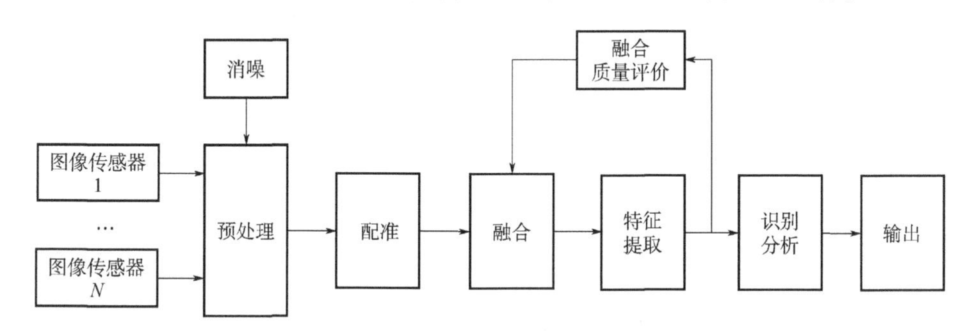

图 3-28　典型多传感器图像融合架构

图像融合属于第三级的多传感器属性融合，可以分为像素级（数据层）、特征级和决策级三种层级。像素级融合能保留更多的图像信息，精确度更高。特征级融合需要提取图像特征，并对特征进行处理，能够避免像素级易受噪声、配准错误影响的缺点，并且能压缩图像信息量，利于实时处理。决策级要处理的数据量更小，且容错性小，但损失了不同传感器采集的潜在信息，它是目前数据融合技术的研究热点，包括缺陷趋势智能预测和演变分析等。表 3-7 给出了常用的图像融合方法及特点。

表 3-7　图像融合的层次和主要方法

融合层次	方法类型	常用方法名称	主要特点
像素级	计算/统计	加权组合	计算效率高，抑制噪声，对比度低
		PCA	计算效率高但对噪声敏感，对比度不高
		高通滤波	比 PCA 有更高空间分辨率，降低光谱失真
		ICA	需要训练，效果优于小波分解，计算量大
	多分辨率分解	金字塔分解	不包括方向信息，不同尺度间存在关联
		小波分解	具有有限的方向性，效果优于金字塔分解
		多尺度几何分析	变换后能量更集中，方向性好，算法复杂
	彩色图像融合	假彩色	易实现实时处理，但色彩不自然
		颜色空间映射法	可实现实时处理，色彩比较自然

（续）

融合层次	方法类型	常用方法名称	主要特点
特征级	统计/推理	贝叶斯理论	需先获得先验概率，实用性差
		D-S 证据理论	给出过高估计，判别决策含有主观性
		聚类分析	会将非目标特征融入图像，准确度不高
		MAP-MRF	融合效果优于聚类融合法
	基于知识/学习	神经网络	融合效果优于聚类融合法
		SVM	克服神经网络中局部最优解和收敛慢问题
		模糊逻辑	用于融合规则中，效果优于传统方法
决策级	统计/推理	D-S 证据理论	判别决策含有主观性
		贝叶斯估计法	简洁，不能区分未知、不确定信息，且处理对象需相关
	基于知识/学习	模糊聚类	用于融合规则中，效果优于传统聚类方法
		深度学习	需要大规模数据集，计算量大
		强化/迁移学习	计算量大

融合图像的质量反映所采用融合方法的合理性，有利于融合方法的不断完善，因此其评价问题一直是图像融合领域研究的重点。图像融合质量的评价可分为主观评价和客观评价。客观评价可以分为基于清晰度、基于光谱逼真度、基于信息量、基于纹理信息 4 类。每个客观评价方法都存在局限性，仍然不能取代主观评价的作用。尤其是针对彩色融合图像的评价方面，进一步发展基于人眼视觉特性的仿生理论评价方法有望改善融合质量评价方法。此外，多传感器图像融合图像的目标检测还存在如下的一些问题。

1）如何实现复杂环境中动态或静态多目标的实时、有效检测。

2）如何补偿传感器测量中的不确定性导致目标无法或不完全采集以及信息丢失导致的检测精度损失。

3）如何有效评估检测融合系统的各方面性能，包括检测性能、能耗、检测系统的生命周期等。

（2）智能巡检机器人的多传感器融合。

机器人的感知是智能化的基础，而传感器决定了机器人感知的水平，因而，传感器技术是机器人实现智能化的基础。单一传感器无法获取全面的信息，也容易受到噪声和性能的制约，因此，智能机器人通常会配置数量众多的不同类型的传感器，以满足探测和数据采集的需要。多传感器融合技术可以运用控制原理、信号处理、仿生学、人工智能和数理统计等方面的理论，将分布在不同位置、处于不同状态的多个传感器所提供的局部、不完整的信息加以综合，消除多传感器信息之间可能存在的冗余和矛盾，利用信息互补，降低不确定性，对系统环境形成相对完整一致的感知描述，从而提高智能系统决策、规划的科学性和反应的快速性、正确性，降低决策风险。它是智能机器人领域的关键技术之一。

多传感器融合在机器人中的应用主要在于机器人的自主导航和智能交互。智能移动机器人中实现局部实时避障以及全局的导航定位和路径规划，需要实时构建环境地图实现机器人的准确定位，依靠单一传感器难以实现机器人的自主导航和控制。多传感器融合可以实现多种导航定位系统的融合与相互修正，从而提升机器人对环境感知的鲁棒性，确保机器人的安全。图 3-29 给出了多传感器融合在机器人自主导航定位中的典型应用架构。

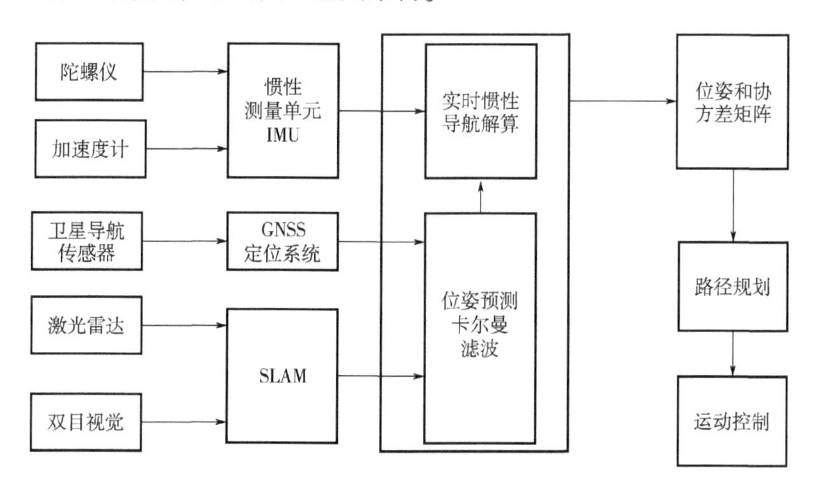

图 3-29　多传感器融合在机器人自主导航中的典型应用架构

对于巡检机器人来说，友好和便利的智能自然交互技术可以替代或者辅助传统的基于计算机控制的机器人交互技术，从而大幅提升巡检机器人作业的灵活性和智能性。语音交互系统是人与机器人系统互动的基础和核心。它与多传感器信息融合技术的结合可以赋予机器人系统更高、更精准的智能性。多传感器融合人机交互语音系统有别于单语音识别技术。它通过提取复杂环境下的语音特征，并在声学模型和语音模型中加入关键字检索技术，再把语音识别引擎获取的语音特征矢量序按照匹配检索条件与声学模型和语音模型进行匹配，获得最优识别结果。这样就可以排除复杂环境中的背景杂声干扰，提高语音识别度、增强系统对未知环境的适应能力，从而增加了机器人交互和控制的灵活性。图 3-30 给出了多传感器融合的智能巡检机器人语音交互系统原理。

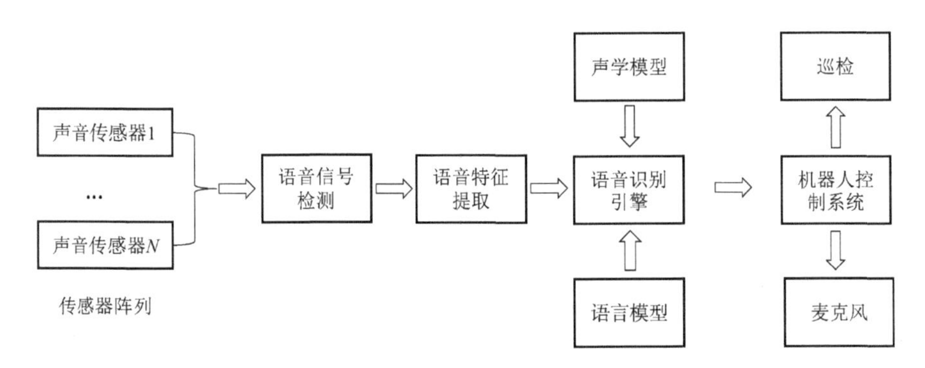

图 3-30　智能巡检机器人语音交互系统原理

显然，采用多传感融合的技术可以提升巡检机器人的看、听、说、动能力，能够大幅提升巡检机器人的智能化水平，增加人机协作能力和作业的灵活性，从而使得巡检机器人完全替代城市综合管廊地下空间内的人工作业成为可能。

（3）传感器数据的高级融合。

传感器数据的高级融合不仅包括系统运行过程中的数据（如同一传感器测量的数据产生的时域和频率特征信号），也包括来自其他系统或平台的异构数据，这些跨平台、异构的数据构成传感器数据高级融合的特征。传感器数据的高级融合主要用于对城市综合管廊设施、环境运行情况以及业务流程进行预测、评估和可视化交互，实质上是数据的深度分析，其目的是增强城市综合管廊监控和运维管理的智能化水平。

传感器数据的高级融合需要实现多种设施状态监测手段和运维管控技术的结合，实现不同维度数据之间的关联分析，达到自动对故障进行准确定位和分析的预警目标。同时，利用图形处理技术，将融合结果转化为简洁直观的可视信息，加深对隐藏数据的挖掘深度，提高对数据的解释能力。图 3-31 给出了城市综合管廊典型多传感器数据高级融合系统的架构。

3. 数据与业务的可视化融合

城市综合管廊智慧运维系统需要将现场感知的数据与业务进行统一管理，从而通过业务流程的优化提升城市综合管廊运行的安全性和经济性水平，这些业务流程包括设施运行、故障定位与处理、设施能耗管理、应急管理、维修项目管理、备件与商务管理、政府监管与审计、管线单位数据共享、绩效管理、文档管理等。

现场获取的监控数据、机器人巡检数据、业务数据等通过多源数据集成方式实现集中管理，这些数据通过数据融合的技术进行分析并通过显示终端（可能是大屏幕和手机、IPad 等移动设备）提供给运行监控人员。显然，通过数据深度分

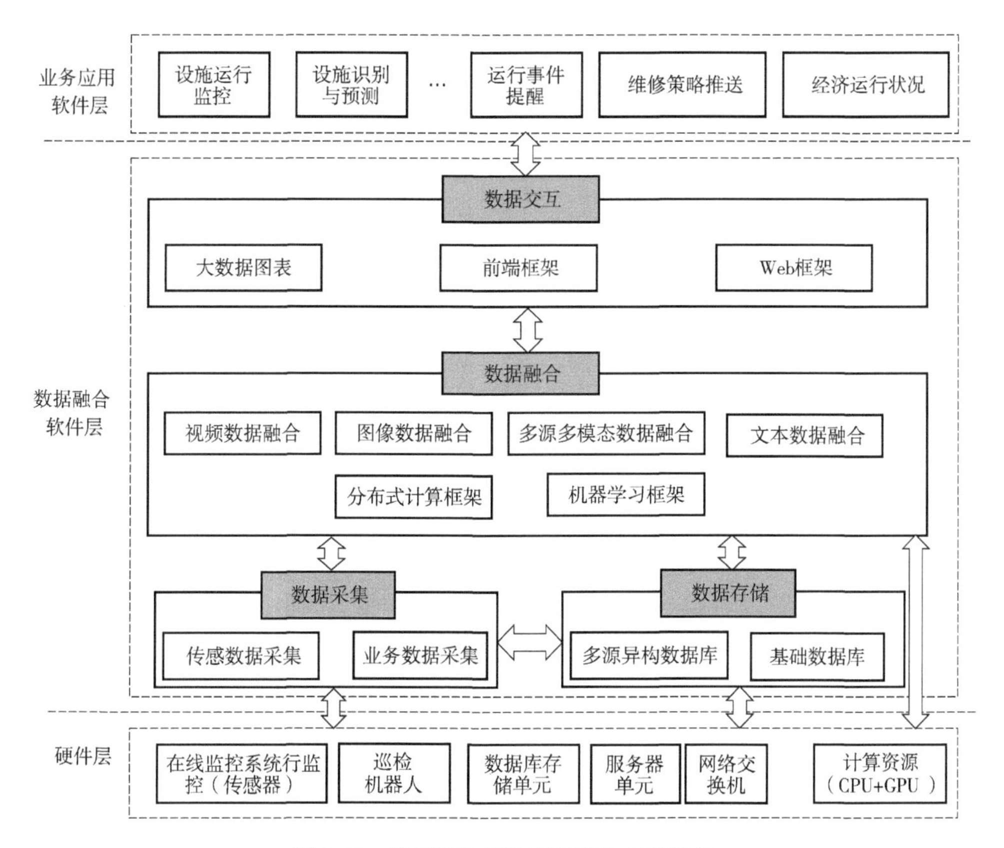

图 3-31　传感器数据的高级融合系统架构

析实现对数据的充分利用，这是一种高级的数据融合。由于运行人员需要利用数据融合分析的结果（本质上还是数据），因此，数据的可视化成为人员有效利用数据的关键技术，这会大大降低人因失误的风险，从而确保融合分析的数据得到良好的应用。人员可以根据业务管理需要对这些数据进行可视化的查询和监视，实时掌握综合管廊设施与环境运行状况，并根据安全性与经济性平衡的原则提供必要的干预或维修措施，提高现场作业的效率和质量，这将有效地提升综合管廊运维的经济性和安全水平。图 3-32 给出了城市综合管廊数据与业务数据的可视化融合管理系统架构。

（1）数据与业务的融合。

数据与业务的融合是城市综合管廊智慧运维的核心关键技术，它是大数据、人工智能技术对传统基于设施运行监控为中心的运维手段的一次技术革新，进一步解放运维人员生产力，降低运维技术成本，提升城市综合管廊的安全管理水平。城市综合管廊典型的数据与业务融合包括现场运行监控、设施维修、故障诊

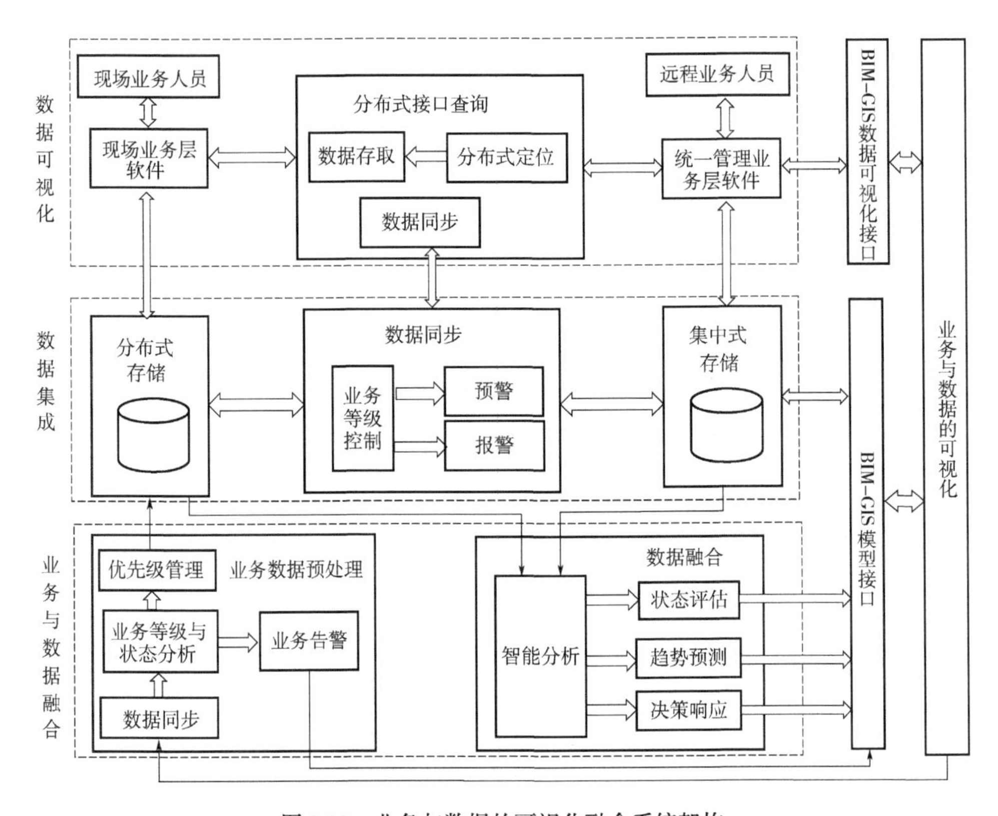

图 3-32 业务与数据的可视化融合系统架构

断与预警、风险评估与应急、项目管理、财务管理等。图 3-33 给出了典型的城市综合管廊数据与业务融合系统的典型框架。

1）运行监控业务与数据的融合。城市综合管廊运行监控业务包括现场巡检人员、远程监控人员、管线运营单位对综合管廊设施运行状态的监控和政府单位的监管需求。这些运行监控业务的主要目的是确保城市生命线的持续、安全、稳定运行，包括城市综合管廊正常运行、异常运行工况以及在运行过程中实施的维修、应急等活动的监控，例如在事故应急状态下，管线与政府单位需要对现场环境和设施进行监测以评估风险确定应急措施，大修活动中管线单位可能需要监控现场的设施状态来安排自己的生产和维修活动。这些运行监控业务需要对数据进行有效的融合，从而优化与运行监控相关业务的流程，降低应对措施的安全风险，提升运行的经济性水平。

运行监控业务与数据的融合的主要目的是建立城市综合管廊现场人员、远程监控中心、管线单位以及政府监管部门人员与运行监控相关业务人员（如绩效管理、财务审计等）对设施运行状况数据的获取和共享，提升现场、远程和监管部

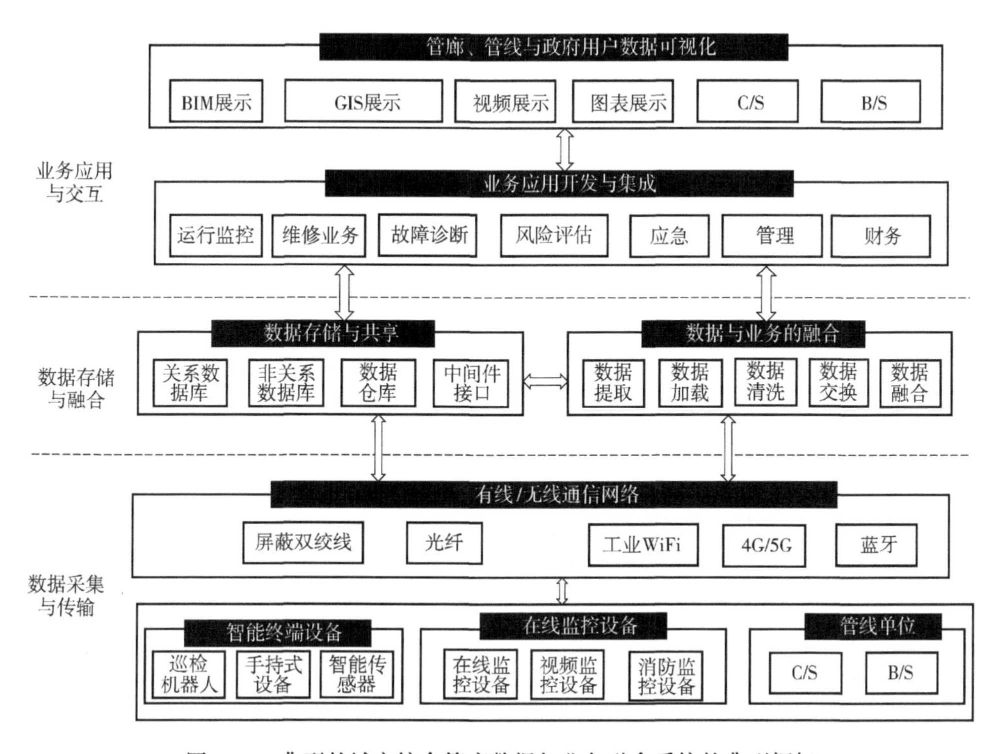

图 3-33　典型的城市综合管廊数据与业务融合系统的典型框架

门人员分析和决策能力，尤其是现场人员获取运行业务数据的实时性和有效性，降低人因信息决策失误的风险。此外，通过数据共享和融合，用于各个独立系统之间联动控制的一些业务可能会被重新设计和整合，进一步优化人员设施监控流程和人员分工，降低运行人员培训难度和由于人因失误导致的运行事件或事故。

传统的在线监控业务都是基于单系统、单专业、单业务的模式来构建的，每个专业系统配置各自的数据存储和数据分析、展示模块，各设置一套自下而上的独立系统，在本专业范围内进行智能监测。例如城市综合管廊结构健康监测、电气设施监控、管线监控、机器人巡检系统、消防系统等可能是由不同的专业和人员负责各自的系统进行监控和维护，并由不同的供应商提供不同的设施。这些独立的系统可能自成体系，在横向上缺乏必要的连接，导致硬件资源的浪费、信息关联度及共享性差、覆盖不全、缺乏综合监控与联动控制，典型的系统就是巡检机器人、消防、应急以及管线单位生产系统。

基于运行监控业务与数据融合的在线监控系统就需要在各专业生产系统数据采集的基础上，建立统一的数据存储、数据分析、数据应用平台，实现各专业、各业务之间的信息集成、集中预警和资源共享。通过数据建模、历史数据对比分析、横向关联等手段实现故障预警，并通过与运营管理系统的接口，实现工单的自动下发，提升设施监控与维修效率。

2）设施维修业务与数据的融合。城市基础设施的维修业务主要有预防性维修和抢修两种策略，其中预防性维修主要分为日常性维修（小修）和定期维修(大修)。预防性维修容易造成维修不足和过度维修，且需要较高的维修成本。典型的例子就是维修人员无法准确定位问题导致维修不足，或者可能不需要维修，维修人员不专业或失误导致设备过度维修。抢修通常是成本最低但最不受欢迎的维修方式，可能对运营质量产生较大的影响，并对应急处置的能力要求较高，对于城市综合管廊来说，抢修显然是要尽可能避免的。

设施维修业务与数据融合的目的主要是降低维修不足和过度维修的问题，提升维修业务的管理水平，通过数据分析确定设施运行状态，根据设施运行状态进行维修来优化预防性维修和抢修模式，实现精准维修。要实现精准维修就需要提供预警，而不仅仅是报警。而预警不仅包括设备、系统本身的实时健康度检测、故障预警，还包括运营实时趋势的分析预测。例如对城市综合管廊通风排水系统而言，不仅要关注通风排水系统关键设施如泵和电动机的健康状态，也需要关注集水坑和综合管廊环境传感器实施监测和预测。若能及时产生预警，在产生预警后，进行快速的处置，包括快速的工单流转，以及对预警如何处理提供有效的预案、专家诊断系统的支撑，就能科学地优化维修策略降低损失。

除了优化维修策略和流程外，维修业务与数据的融合也需要建立统一化、科学化、智能化的业务管理体系，从备件管理与采购，维修活动的规划、执行与评价，维修活动的安全风险及应对措施等方面，进行数据的挖掘和分析，科学、有效地保障维修活动的质量，降低维修活动对管线运营单位的影响，确保城市生命线的安全、持续稳定运行。

3）故障诊断业务与数据的融合。城市综合管廊的运行监控和维修业务与故障诊断密切相关，可以说故障诊断业务是实现智慧化运行监控与维修业务的基础。没有精准、全面的设施故障诊断，就难以实现智慧化运维。城市综合管廊故障诊断任务包括对运行环境、关键设施（如综合管廊本体与管线）状态检测、故障识别与劣化趋势预测等，是寻找故障原因的过程，也是制定运行和维修策略的依据。传统的故障诊断方式主要是采用人工进行数据的综合分析，数据来自于在线监控系统的运行状态指示（如报警）、运行手册（系统设计）、事故规程、经验反馈以及历史数据等。由于数据可以被集中管理和共享，故障诊断业务可以与数据进行有效的深度分析，从而对环境与设施进行在线诊断与预警，也就是智能故障诊断。

智能故障诊断技术就是模拟人类的逻辑思维和形象思维，将人类各种知识融入诊断过程，实现对目标的实时、可靠、深层次和预测性故障诊断并对目标状态进行识别和预测。传统故障诊断技术主要包括单信号处理方法、单信号滤波诊断、多信号模型诊断与自检技术。它是现代系统和设备实现故障诊断技术的基础，对于跨系统、跨平台和跨业务的一些诊断技术，传统技术难以实现自动化、智能化诊断。常见的智能故障诊断方法有专家系统、模糊逻辑和神经网络。这些方法构成了故障智能融合分析的算法基础。

显然，采用多源数据融合的方法可以实现城市综合管廊环境、管廊本体、管线进行智能故障诊断，这些数据可能是多传感器数据，也可能是跨平台的网络数据如管线单位和现场智能终端设备的数据。智能故障诊断业务与城市综合管廊的运行、维修、风险评估及应急等业务密切相关。因此，智能故障诊断业务需要与其他业务进行有效的结合，优化相关业务和数据融合流程，提升业务管理水平，降低数据融合对计算与存储资源的要求，例如运行和维修业务与智能诊断业务可能会对数据进行相同的存储与处理。

4）风险评估业务与数据的融合。风险评估业务用于识别和分析城市综合管廊设施运维管理与技术领域内的风险，包括项目进度与计划、设施可靠性与安全性、经济性与风险评估等，城市综合管廊风险评估的水平体现了城市综合管廊智慧安全运维的能力。具体来说，风险评估是城市综合管廊在业务管理和设施运维技术两个层面取得经济性与安全性最佳平衡的技术手段。风险几乎无处不在，管理手段、技术措施、经济运行都蕴含着影响城市综合管廊安全、经济运行的风险，然而各种风险的识别与分析需要大量的数据和分析模型，传统的人工识别方法大多是进行定性分析，容易导致风险评估的准确性和时效性不足。因此，将风险评估业务与城市综合管廊设施运维中的数据进行融合，通过建立风险评估的模型，从数据中自动识别风险，并对风险进行预警，可以有效地避免潜在风险带来的经济性损失和安全事故。

目前，制约新技术在城市综合管廊应用的一个很重要的因素，是缺乏定量的安全性和经济性评估方法和模型。例如，由于缺乏科学的安全评估模型和数据，巡检机器人和智慧运维平台在城市综合管廊运维中的作用难以定量评估，由于缺乏精确的经济运行与风险评估模型，城市综合管廊的定价模式也面临不确定性风险，严重制约了城市综合管廊的可持续发展。此外，风险评估是城市综合管廊进行业务和技术措施优化和决策的必要工具，有利于来自不同业务部门的人员主动识别城市综合管廊运维方面的风险，提升城市综合管廊设施运维管理水平。

5）应急业务与数据的融合。城市综合管廊的安全运行关系到城市人民的生产生活，因此在发生管线、自然灾害等事故情况下，需要执行一系列的应急业务。此外，城市综合管廊属于地下空间工程，当发生灾害时，现场运行人员也将处于危险的境地，也需要执行应急业务。这些应急业务包括城市综合管廊地下空间的应急救援、设施抢修（包括管线）、应急指挥、应急管理等，也包括日常应急预案的编制、演练以及应急装备与应急策略的优化等。

目前，城市综合管廊应急业务的研究较少，体现在应急装备和应急管理方面缺乏系统性的技术和措施。由于缺乏定量的安全评估措施，在应急装备上面的研究缺乏理论指导，应急业务也主要是采用现有的技术措施（如应急通信和统一管理平台），借鉴城市公共安全应急方面的流程（根据地方应急管理的规定制定流程）。此外，我国城市综合管廊运行时间短，缺乏应急方面的经验和数据。因此，应借鉴一些工业和公共安全领域的经验，如核电和煤矿等行业的应急技术和管理经验，建立应急管理方面的标准和规范，开发城市综合管廊专用的应急装备和技术。城市综合管廊运营单位也应结合技术现状和情况，制定最佳的应急业务流程。

应急业务与数据的融合就是要在设施运行监控、故障诊断、风险评估等业务基础上，根据应急场景辅助人们开展应急业务，包括应急策略、应急预案、应急技术开发（如应急通信、应急供电、应急救援装备）、应急管理等，确保在应急环境下技术和管理发挥有效作用，将事故的损失降到最低水平，例如根据风险评估的结果，动态限定城市综合管廊现场人员的数量，并根据人员出入管理系统控制现场人员，降低应急时人员伤亡风险。应急业务涉及多个城市综合管廊、管线以及政府监管部门的统一管理，应急业务数据与融合需要确保各个部门数据的一致性和实时性，并为应急技术开发提供技术支持，例如应急救援机器人装备技术要求。

6）管理业务与数据的融合。城市综合管廊的运维离不开管理，它包括城市综合管廊设施运维中的各种项目、人员绩效、技术开发、经济运行等多个方面。多源数据融合技术的发展，促进了数据科学与管理的交叉，可以使管理者通过数据更加深刻地认识业务，并将这些认知用于改善决策，尤其是大数据带来的“大样本”数据拓展了管理学“小样本”数据用于实证研究和解释研究，推动了以计算机仿真为理论解释方法在管理理论证明中的应用。

传统的管理方式主要采用统计分析、对比、案例等实证主义和以数学公式为代表的解释主义两种范式，既有逻辑思维也有思辨思维。以大数据分析为主的数据融合技术偏重于在没有模型和理论假设的情况下直接对大样本数据甚至全样本数据进行分析，并用数据分析结果来认识和解决现实问题（更多是分类和预测）。

采用“用数据说话、用数据决策、用数据管理、用数据创新”的管理机制，利用大数据“能够揭示传统技术方式难以展现的关联关系”这一特性，通过高效采集、有效整合、深化应用等资源整合促进数据融合，可以为城市综合管廊的安全、经济运行提供技术保障，降低管理中的风险，例如城市综合管廊大修项目管理、应急管理、人员绩效管理等都可以用数据融合的方法辅助人员进行管理，提升管理绩效，降低运维成本。尤其是在项目的管理上，这种融合可以扩展可利用的组织资源和动态的数据，为管理者快速、科学制定和评估决策提供参考依据。

7）财务业务与数据的融合。大数据分析技术已经应用于政府部门对工业企业的经济运行状况进行评估、预测和项目投资、进度的监管。城市综合管廊基础设施的属性，其财务业务不可避免需要接受政府与投资部门的监管，以及管线单位的监督管理，这包括设施管理中的各种支出（人员绩效、物料采购）、收入（政府拨款、管线单位运营费用）和运营模式等。财务业务与数据的融合实质上是搭建了一套用于城市综合管廊项目管理、企业经济运行监控与预测的大数据管理系统，不仅可以服务于城市综合管廊运营单位，也可以服务于政府及管线运营单位，充分挖掘城市综合管廊动态数据价值，提升经济运行监测、预测和风险预警水平，促进城市综合管廊运营的良性发展。

目前，运营模式是制约城市综合管廊有效发挥功能和运营中存在的主要问题。城市综合管廊作为城市基础设施，在运营模式上需要考虑经济性的问题。过高的运维成本不仅增加了管线单位的运营成本，也会间接地增加城市公共服务的成本，导致人们生产生活价格的上涨。此外，收入不足导致的城市财政压力，影响运维管理技术进步和城市综合管廊的安全运维。因此需要根据城市综合管廊投资、城市社会经济与技术发展水平，动态调整城市综合管廊运营模式，才能有效保证城市综合管廊智慧运维技术的发展水平。这种运营模式动态优化是需要建立在财务业务与数据的融合基础之上。

财务业务与数据的融合不仅需要统计城市综合管廊各项收支的情况，还需要根据运维技术、风险评估、管线运营单位收支等背景数据动态预测未来的经济情况并对财务情况进行诊断，从而可以制定合适的智慧运维技术发展路径，优化城市综合管廊的运营模式，破解难收费等制约城市综合管廊技术发展的难题。

（2）业务与数据的可视化分析。

业务与数据的融合分析，离不开机器和人的相互协作与相互补充，包括两个方面：机器或计算机以各种高性能算法进行数据的融合处理；人作为分析和需求主体，需要通过人机交互、符合人的认知规律的分析方法将人所具备而机器并不擅长的认知能力融入数据分析过程中，这也是科学技术辅人律、拟人律和共生律的具体体现。融入人的认知能力的数据分析就是可视化分析，它通过交互式可视化界面来辅助人们对大规模复杂数据集进行分析推理，是实现城市综合管廊业务与数据管理的重要技术保障，能够充分降低运维人员数据分析和决策的难度，大幅降低人员人因失误的概率，提升城市综合管廊运维管理的安全水平，是认知、可视化与人机交互的深度融合。图 3-34 给出了数据融合与可视化之间的关系。

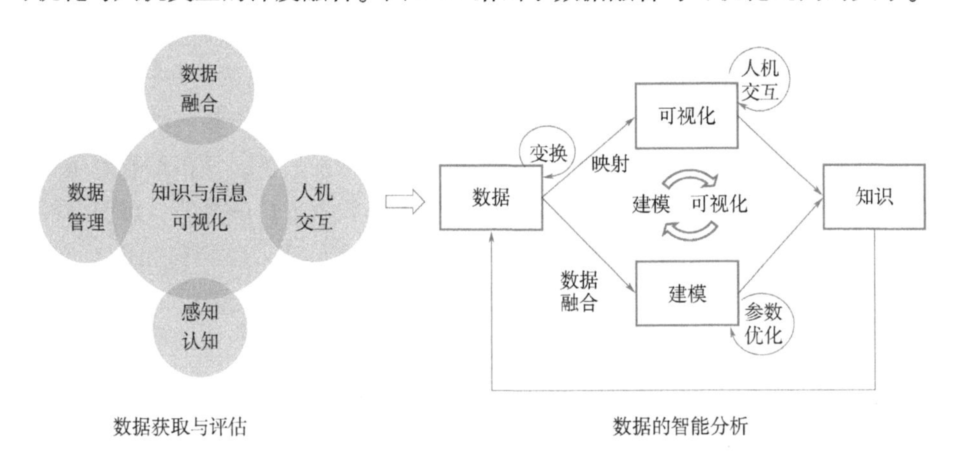

图 3-34　数据的融合与可视化

可视化分析包括支持分析过程的认知理论模型（意义构建模型、人机交互的认知模型和分布式认知）、信息的可视化模型和用户界面理论模型（任务建模、交互模型、用户界面）。业务和数据的可视化实际上是将业务流程与数据的智能分析采用可视化用户界面交互的方式进行融合，根据信息的维度，可以分为一维信息、二维信息、三维信息、多维信息、层次信息、网络信息和时序信息的可视化。

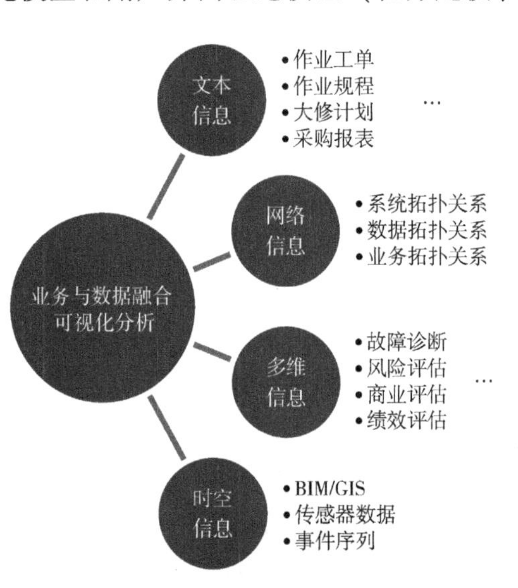

图 3-35　城市综合管廊业务与数据融合的可视化分析

城市综合管廊的运维过程中涉及 BIM、GIS、大量视频图像信号和各种文本的业务流程及多维数据。除了传统的大屏幕运行监控界面的可视化交互外，数据融合带来的业务与数据的可视化主要体现在大量多类型文本信息、网络（图）、时空数据和多维信息的可视化。图 3-35 给出了城市综合管廊业务与数据融合的可视化分析框架图及典型应用示例。

文本信息的可视化主要用于业务活动过程中各种电子化文档，包括执行运行和维修任务的工单、规程、采购以及测试报告等。网络的可视化主要用于体现在各个系统、数据单元、业务单元之间的网络拓扑关系。多维数据的可视化主要用于多源异构数据之间融合的可视化，用于发现多维数据之间的模式和规律，例如利用运行和维修业务的数据进行故障诊断、人员绩效与经营现状评估。时空数据的可视化用于展示具有时间标签和地理位置的数据，如各种传感器在综合管廊内部的布置及监测数据。

文本信息、网络信息和多维信息的可视化依赖于数据融合分析的模型，一般采用可视化的工具（如 Excel、Tableau、Python、R 语言等）和图形化图表（如条形图、饼图、折线图、散点图、气泡图、甘特图、核密度估计图、箱线图和打包图）来实现。

目前，时空数据的可视化是城市综合管廊研究的热点，主要是利用 BIM、GIS 模型对城市综合管廊运行状态数据和业务进行实时监控，涉及了 BIM、GIS 模型数据与时间序列数据的融合（包括多源数据融合分析的事件序列数据等）。由于可以将时空数据进行三维的实时展示，对于长距离的综合管廊及管线的运行监控、维修和应急等带来极大的便利，使得人员能够快速地决策和响应，能够实时监测到管廊内部管线运行状况，精确定位管理每种管线的运行，从源头上降低危险发生的概率，提高了管廊运维的管理效率，使管廊内部“透明化”。

1）BIM 模型的可视化分析。BIM 模型可以应用在城市综合管廊策划、设计、建设、运营等全寿命周期的可视化分析中。在城市综合管廊智慧运维中，可以根据业务和数据融合的需要对 BIM 模型进行降维处理，将前期设计、施工阶段和后期运维阶段重要的信息进行整合，并将运行、维护、应急等业务与平台数据进行融合，不仅可以解决现场设备的监控问题，还可以实现与管线单位及相关部门的全生命周期运维信息共享，为管廊监测预警和运营决策提供可靠的支撑与依据，例如可以通过 BIM 模型的可视化融合，实现管线及设施的三维场景模拟和显示，并进行三维场景下的可视化管理与联动控制、故障定位。

原始的 BIM 模型包含巨大的信息量（如巨量的三维构件、大量材质信息等），需要具有一定性能的硬件平台显示，导致直接使用原始模型进行融合非常困难，也难以使用各种经济的移动终端和网络终端。因此，对 BIM 模型进行超轻量化处理（实际上是数据清洗）是 BIM 模型用于可视化分析的关键技术。BIM 模型的轻量化程度取决于人机交互的设计和计算资源的能力。此外，业务与数据的融合是 BIM 发挥作用的技术保障。

业务、数据与BIM模型的融合是典型的跨平台多源异构数据的深度分析，是打破传统界面可视化运维的关键技术。由于使用了多源信息的融合和远程可视化交互的方式，实现了多个跨平台数据的共享和可视化分析，人员可以直接实时掌握城市管廊微观运行状态，提升管理效率，科学制定和优化相关业务流程。因此，这种模式会对城市综合管廊设施管理业务起到深远的影响，能够持续推动各种业务的优化。

2）GIS模型的可视化分析。BIM模型为城市综合管廊运维管理提供了微观的三维可视化融合的空间信息基础，然而，城市综合管廊可能分布在城市的很多重要道路、构筑物与基础设施的附近，且城市综合管廊长距离的特性，对于运营数量庞大的城市综合管廊运营单位以及政府、管线单位，需要实时了解不同地理空间内设施运维的状态，及时制定设施运维、管线运营服务以及应急策略和措施，从而提升管理的效率，降低人员决策的风险，例如，在发生管线严重事故情况下，管线单位需要快速掌握事故管线单位的分布情况，从而确定应对措施，政府应急管理部门也需要了解事故管线附近重要基础设施的分布情况（如高层建筑、医院、危险废物等），以便评估可能的次生灾害影响，及时制定具体的应急方案和措施。因此，地理信息系统模型（GIS）与业务和数据的可视化分析，将从宏观地理空间角度揭示城市综合管廊运维状态以及与周围环境、设施、活动之间的关联，进一步丰富动态时空数据的可视化分析方式和宏观决策能力。

GIS模型的可视化包括基于点、线、区域和空间立体元素的可视化，GIS模型数据本身就存在多维、时空、层次特征，蕴含着关键的关联特征信息。与BIM模型类似，业务以及其他平台的数据与GIS模型数据的融合也是典型的跨平台多源数据深度分析。利用GIS模型也可以将各种监测的时空数据进行可视化，从而使人员可以了解不同区域的业务活动、管线运行状态、事故位置及趋势，辅助运行人员和应急人员实施掌握现场情况，制定策略并优化业务流程。

3）BIM + GIS模型的可视化分析。BIM和GIS模型在与业务和数据进行融合处理的过程中，具有不同的优势和特点。BIM模型能够尽可能地从微观角度展示城市管廊环境及设施的三维视图，虽然通过模型的轻量化也能从宏观角度展示一些空间位置信息（例如管线的走向），但是无法展示城市综合管廊以及管线在城市环境中的地理位置分布和重要的外部设施关联信息，在宏观展示以及评估设施事故造成次生灾害分析和制定应急救援策略时存在明显不足。GIS模型能够从宏观层面展示城市综合管廊及管线在城市地理空间中的分布以及关联设施的情况，但是无法直接展示城市综合管廊设施内部微观三维场景。因此，将BIM和GIS模型与业务和数据进行融合，可以在宏观和微观层面实现较好的可视化分析效果。

图 3-36 给出了城市综合管廊全寿命周期中 BIM + GIS 模型业务与数据融合的系统架构。

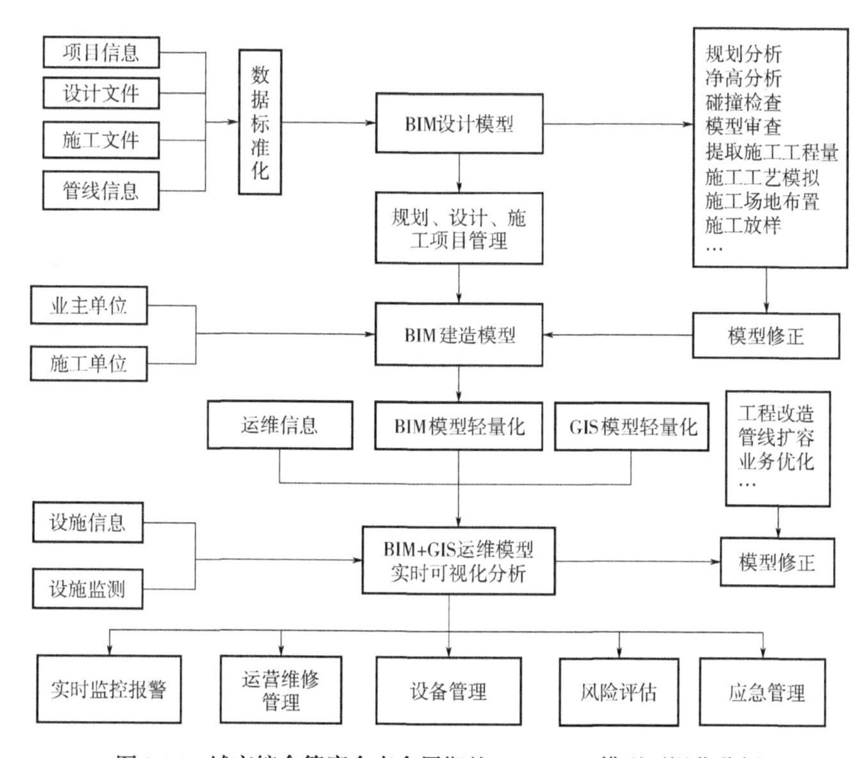

图 3-36　城市综合管廊全寿命周期的 BIM + GIS 模型可视化分析

BIM + GIS 的融合模式能够提供宏观、微观的可视化分析，但是目前 GIS 与 BIM 数据的集成还存在很大的问题，如集成后数据丢失、可视化效果不好、无法进行空间数据分析等。为了促进 BIM 与 GIS 技术的融合应用，应将各类模型数据整合集成在一个平台上，实现更加理想的运维管理效果，进一步优化 GIS、BIM、其他异构数据之间的映射算法、映射规则以及语义映射表等内容。与多源数据融合面临的问题类似，BIM + GIS 模型的数据可视化分析也面临着数据规范和标准缺失（本质上是数据集成的问题），需要高性能的计算和存储资源。

3.2.2　设施缺陷和异常图像的智能识别与分析

采用视觉技术可以有效降低现场监视或检测传感器的数量，替代人工巡检，但是视觉信息的处理需要利用机器视觉、图像智能识别等先进的技术才能充分发挥其功能，降低人工识别的劳动强度。

传统的图像识别与分析技术需要专业的图像处理算法，针对特定的应用场景

（如单目标、静态）提取图像特征并进行匹配，图像识别与分析精度和准确性取决于特征提取与匹配算法的设计，部署与变更都需要专业人员进行大量的软件代码编写与测试，缺乏灵活性与通用性，但是算法响应快，对计算单元的要求不高。

采用机器学习的图像智能识别与分析法与传统方法有明显的不同（图 3-37），主要体现在不需要设计专门的特征提取与匹配算法，识别与分析模型是通过预先在图像数据集中进行训练，达到一定准确性与精度要求后直接部署到系统中，可以直接输出分析结果，图像识别与分析准确性与精度取决于模型的设计（配置）和图像数据集的质量，能够适应复杂的应用场景并且具有较好的通用性和扩展性，一般非图像处理专业的人员也能轻易实现与传统方法相近的效果。采用机器学习的方法，通过模型的训练，减少了大量软件编程和测试的工作，使得一般的技术人员也能实现较高精度的图像智能识别与分析，但是，当前机器学习算法普遍对计算资源要求较高，响应时间较长，适用于非实时性的检测需求。随着 GPU、TPU 等深度学习计算单元的发展以及新一代人工智能机器学习算法的进步，低延时与低功耗的机器学习平台将会促进机器学习方法在图像智能识别与分析领域的大规模应用。

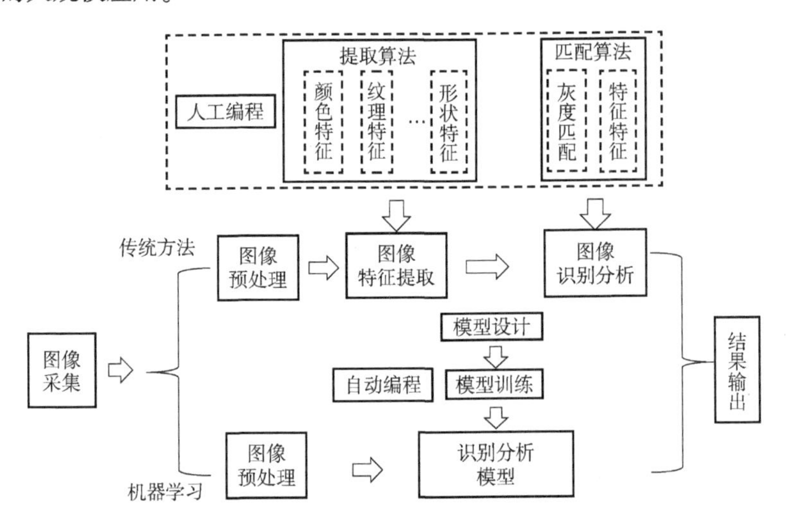

图 3-37　传统方法与机器学习的图像识别与分析

传统图像检测方法适用于场景与检测对象单一、特征明显、光学环境较好的场景（例如工业产品缺陷检测），对于巡检机器人以及大量多目标、动态、复杂检测场景，传统的检测方式显然难以满足要求。采用机器学习的人工智能图像识别算法不仅可以用于传统图像识别方法的图像特征提取，也可以直接用于复杂光学环境下难定义、多目标图像特征的检测，尤其适用于城市综合管廊以及设施的缺陷和异常情况识别，它包括设施、人和环境三方面的检测对象，例如对管廊本体与管线等设施结构外观缺陷的图像检测（如裂纹、渗漏、剥落等）、电力设备异常温升图像的智能识别与分析（如照明、电动机、输电线路、配电箱等超温）、火灾的监测、人员入侵及违规作业行为图像的智能识别与分析。因此，采用机器学习的图像智能识别与分析是提升城市综合管廊设施缺陷与异常图像智能识别与分析水平的关键技术。

1. 设施表观缺陷的图像智能识别与分析

管廊设施表观缺陷的识别是城市综合管廊日常巡检的主要内容，尤其是综合管廊本体以及管线的表观缺陷，是管廊设施故障和事故预防的重要依据，有利于提升综合管廊设施检修的精准性，也是综合管廊智能巡检机器人的主要功能。管廊设施表观缺陷的识别主要包括综合管廊结构本体和管线的表观缺陷。综合管廊结构本体表观缺陷主要是裂纹、渗水、剥落。管线的主要表观缺陷包括几何变形、破损、部件缺损以及异物等。综合管廊结构本体的缺陷是管廊设施表观缺陷智能识别的难点，主要原因在于内部光照环境复杂、管线和附属设施的遮挡以及管廊本体结构缺陷的空间位置与几何特征具有随机性。管线的表观缺陷识别也存在类似的复杂性。因此，管廊结构本体和管线表观缺陷图像的智能识别是智能巡检机器人和综合管廊智慧运维的关键技术。

城市综合管廊设施表观缺陷及识别分析具有如下的一些特点：

（1）设施表观缺陷形成和演变机理复杂。

从因果关系角度分析，可以将设施表观缺陷的形成机理分成内部因素和外部因素。内部因素包括设施内部化学、热、力、电、磁等因素导致设施产生表观缺陷，包括设施的外观形状变化、温度异常、裂纹、渗漏、变色、剥落、振动等形式，其中一些表观缺陷是设施内部缺陷在设施表面的一种体现形式，如隧道及管道的裂纹、渗漏等。这些内部因素可能源于设计、设施建设中的缺陷，也可能由运行工况以及环境的变化产生，这些内部因素产生的早期表观缺陷对于设施的运维非常重要，它们往往是设施运行事故的征兆，但由于表观缺陷的形成具有一定随机性，其演变过程也难以描述和建模，使得早期设施表观缺陷的识别与分析相对困难。外部因素包括人为活动、自然灾害等，例如运维活动中人员的不当操作造成的设施部件缺损以及异物，地震以及暴雨造成的设施垮塌、断裂等，外部因素造成的设施缺陷具有一定的预见性，但其危害性可能非常严重，需要及时被发现。

（2）设施缺陷种类多、难定义。

设施缺陷复杂的形成及演变机理导致设施表观缺陷的种类很多，仅管廊结构本体就包括裂纹、渗漏、剥落、塌陷、孔洞、锈蚀、异物等，这些缺陷很难进行特征建模，也难以准确定义，这也导致缺陷的识别与定量分析比较困难，例如裂纹的不规则形状以及渗漏与裂纹、剥落等多种缺陷叠加，增加了表观缺陷图像识别难度。因此，设施表观缺陷种类多、难定义的特点导致设施表观缺陷的识别与分析技术异常复杂，很难有统一的技术能够实现设施全部表观缺陷的识别、分析与评价，应从识别与分析技术角度对表观缺陷适当进行分类，采用不同的识别、分析与评价技术，这无疑增加了工程实施的复杂性。

（3）设施表观缺陷图像采集环境复杂、要求高。

设施表观缺陷图像的采集不同于工业场景的视觉图像采集，对于智能巡检机器人而言，光照的不均匀导致的明暗差异、视觉遮挡，机器人运动导致的振动等因素都会对图像采集产生影响，从而增加算法与实现的复杂性。由于设施出现缺陷的位置具有一定的随机性，对于大场景的检测对象，需要尽可能遍历设施表面，以免造成设施漏检，这会对图像采集的效率带来影响，增加技术实现难度（例如增加了检测设备的可达性、数据存储、通信带宽要求）。因此，能够适应大场景复杂光学环境的高效图像采集技术是实现设施表观缺陷图像智能识别与分析技术的基础，是确保设施缺陷检测质量的根本。

（4）缺少设施表观缺陷图像数据样本集。

综合管廊设施运行时间较短，积累的设施缺陷图像样本往往有限，行业也缺乏专业的用于图像智能识别与评估的数据集，这很大程度上是因为建立专业的图像数据集不仅需要一定的专业知识，其本身也是一件劳动密集型的活动，需要投入大量的人力和多个部门的协同。此外，从设施缺陷出现的频率考虑，建立设施缺陷图像数据集也需要大量历史数据的积累，一些缺陷可能很长时间也不会出现，导致样本数量稀少。构建高质量的设施缺陷图像数据集，需要尽可能地收集图像样本，因此，行业应尽可能地建立经验反馈和数据共享机制，以持续积累设施缺陷图像样本，并由专业的技术人员开展典型缺陷图像数据集的建立、维护和评价，制定相关设施缺陷图像数据集设计与运行的相关标准规范，为设施缺陷图像的智能识别与分析奠定技术基础。

为了兼顾效率与质量，采用阵列式视觉检测技术可以提高图像采集的空间覆盖率和采集效率，降低视觉检测的盲点。此外，也需要考虑不同缺陷对处理时间的需求，对于容易造成事故的缺陷应尽可能实时识别，对于其他潜在缓变缺陷应尽可能减少漏检。图 3-38 给出了一种基于阵列式视觉检测技术的图像采集与处理方式，采用传统的视觉识别技术实现具有快响应处理的缺陷，利用机器学习和离线分析的方式可实现早期缺陷的智能识别。为了降低阵列式视觉检测带来的大量数据存储与处理需求，采用图像拼接融合处理的方式，降低检测数据的冗余性，也有利于人员对图像检测结果进行甄别、标记和记录，增强数据的可视化效果。采用迁移学习的方法，利用一些比较成熟的深度学习模型（如 inceptionV3，VGG16，ResNet）参数构建识别模型，从而大规模减少模型训练对数据集大小的要求。

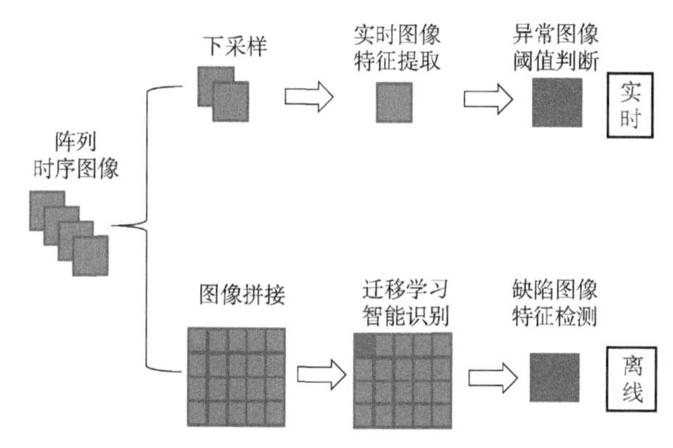

图 3-38 基于阵列式视觉检测技术的设施缺陷智能图像识别与分析

2. 异常环境的图像智能识别与分析

设施运行环境的异常变化往往会对设施的安全运行带来严重的影响，甚至造成运行事故，威胁人员生命安全，如甲烷气体的聚集、积水、火灾等。因此，设施运行监测除了识别设施缺陷情况，也需要识别异常的环境并实时反馈给监控平台进行预警和处理，从而及时消除运行隐患，确保设施和人员的安全。

异常环境的监测难点在于时间和空间位置的不确定性，传统的在线监测方式往往对早期异常现象难以探测，且固定式的监测传感器也容易存在漏检。巡检机器人可以弥补传统在线监测方式在空间探测能力的不足，然而，异常环境的发生属于小概率事件，依靠人工识别显然难以满足要求，这就要求监控系统、巡检机器人能够及时自动识别异常环境并发出报警信息。对于温湿度、气体、火灾等环境监测的方式已经非常成熟，且检测技术能够满足实时响应的要求。但是，受制于动态探测检测技术的制约，利用视觉信息包含丰富的讯息的特点，在巡检技术上除了搭载必要的环境探测器外，普遍采用视觉检测技术，利用视觉技术实现对异常环境的识别，不仅是对现有探测技术的补充，也能直观地给出现场直观的信息，使得人员能够快速综合多种传感器信息，进行异常运行环境的响应和应急环境调查。

对于城市综合管廊设施来说，危险气体、水淹、火灾是三大异常运行环境，它们严重影响设施和人员安全，是环境监测的主要方面，传统的在线监控设施都有相应的在线监测传感器和联动控制响应。对于巡检机器人，除了携带必要的环境探测传感器，也需要配置红外和可见光视觉传感器，利用机器视觉对异常环境进行识别和探测，弥补固定式探测在空间覆盖不足的问题，提升运行异常环境识别能力，其中火灾的预防和探测是地下空间设施日常运行环境监测的最重要的内容。采用可见光和红外成像的数据融合分析，可以用来对火灾进行识别和预测，其中红外图像的识别主要用来判断火灾的发生（早期），可见光图像用于现场火灾隐患的识别（如现场动火作业、可燃物、火苗等），并对现场火灾发生的情况进行预测。此外，可见光图像与红外图像进行增强和融合，能提高红外图像的可视化效果。火灾异常环境的图像智能识别与分析如图 3-39 所示。

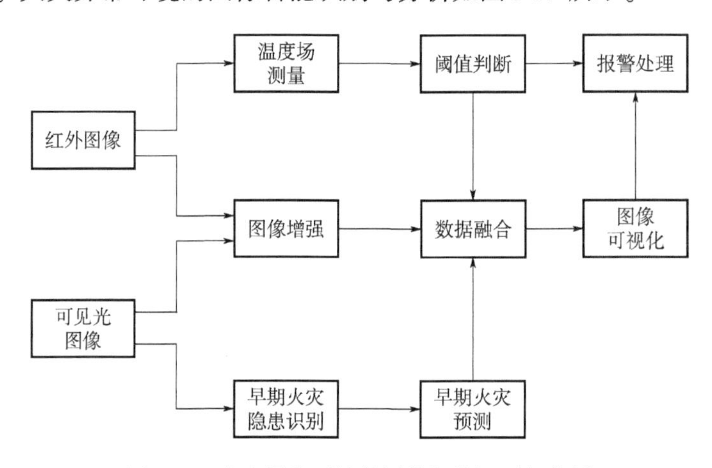

图 3-39　火灾异常环境的图像智能识别与分析

3. 人员异常行为的图像智能识别与分析

人员是除现场设施外进行运营管理的重要管控对象，这包括对进入现场的人员进行识别，并控制人员数量、作业权限与行为，可以预防人因破坏对设施安全运行造成的威胁，并在发生事故时尽可能降低人员伤害风险。有研究表明，人员侵入是影响城市综合管廊设施安全运行的重要因素，除了进行视频监控、出入口物理管控措施外，利用巡检机器人可以弥补固定式检测盲点，并能在人员作业时提供必要的环境监测预警，并对违规作业进行识别监视，降低人因失误和非法人员的侵入。

利用图像的智能识别与分析，规范现场人员作业，防止人员入侵，是一种提升现场人员管理水平的技术保障措施。然而，利用图像识别人员及其行为可能会存在如下挑战。

1）人员的移动特性，增加了探测的难度。

2）异常行为的判别存在一定的主观性，缺乏量化评价方法。

3）缺乏人员异常行为数据集，增加了算法研究难度。

4）缺乏人工智能伦理的支持，现场人员的干扰增加监测难度。

在防止入侵方面，现有的人脸识别技术已经非常成熟，可以结合出入口权限管理进行管控。对于采用非正常途径的侵入，利用巡检机器人对进入人员进行识别和排查，是一种有效的手段。在人员异常行为识别方面，需要建立相应的人员规范和数据集，利用巡检机器人的可移动特点，来实现现场人员的监控与预警，增强人员作业与安全防护水平。

可以利用在线监控系统（出入口管理）和巡检机器人的视觉系统对现场实现大范围的人员监控和异常行为识别与预测，降低人因危害和人员伤害风险。图 3-40给出了一种利用图像对现场人员异常行为进行识别与分析的技术架构。可以利用人脸识别技术实现人员的身份快速识别，通过人员作业管理（如出入口管理、作业工单）系统等，从而控制现场人员，防止人员入侵和现场人员超限。可以利用机器学习的方法对人员行为进行识别，降低现场违规作业行为，并预测人员安全水平，提前预警。

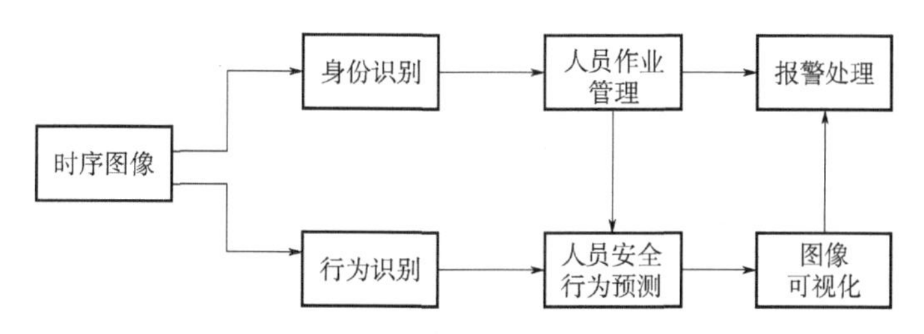

图 3-40　人员异常行为图像智能识别与分析

3.2.3　设施运行状态的智能预测与分析

现代预测理论能够降低不确定性导致的决策失误风险，它能对无知或随机的后果进行数学分析和描述，发现数据的变化趋势，有助于实现发现事物运行规律，为决策者提供支持，避免风险和重大损失。它的本质是对数据进行分析与处理，包括定性预测和定量预测。定性预测综合性强，需要历史数据少，一般取决于预测者的经验、专业水平、分析水平等，容易受主观性影响。定量预测需要相对完整的历史数据和先进的数据处理方法，受主观性影响小。因此，在实际中定性预测和定量预测常结合起来使用，例如利用各种定量预测方法对核动力设施运行状态进行故障诊断与预测。图 3-41 给出了常用的预测方法。

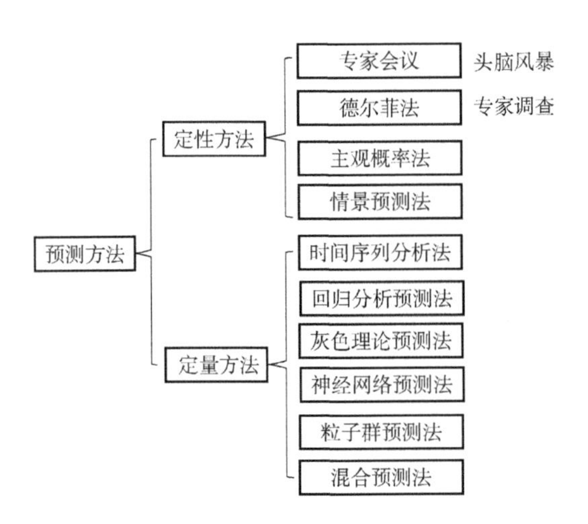

图 3-41　常用预测方法

要实现设施的经济与安全运行，就需要准确评估设施的运行状态，对早期设施缺陷进行识别和预测分析，并制定合理的维修策略，避免过度维修。在设施发生故障并引发运行事故时能够根据运行监测数据进行快速的故障诊断，并对事故序列进行分析和预测，完善相关的运行规程，确保设施的安全运行。图 3-42 给出了设施运行状态的智能演变趋势分析技术框架。

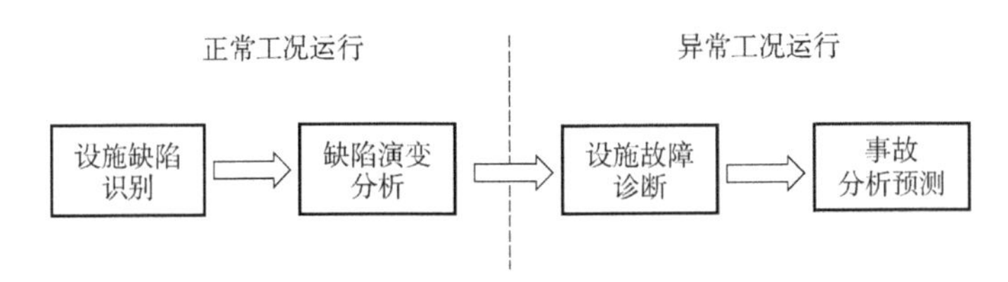

图 3-42　设施运行状态的智能演变趋势分析

基于网络的现场数据感知实现了综合管廊巡检的信息化，通过积累综合管廊在全寿命周期中的运行数据，采用大数据深度分析技术从海量的历史巡检数据中定量识别综合管廊及其设施的早期病害以及发展趋势，可以预防事故的发生，减少过度检修造成的成本浪费，并根据设施运行规程，利用数据融合的方式对设施开展故障诊断与事故分析预测，从而提升城市综合管廊的运行的经济性与安全性水平，降低事故危害，这是城市综合管廊智慧运维的最重要目标。

1. 设施缺陷预测与分析

缺陷是设施由正常运行状态向异常运行状态过渡的表现形式，及早识别设施的缺陷有利于及时发现设施运行隐患，保障设施的正常安全运行。在大型复杂机电设备运行过程中，为了尽可能利用全部信息，减少时变、随机、模糊等因素对预测的影响，常采用混合预测方法，将多个不同预测模型信息组合，从而改善预测模型的拟合能力，提高预测精度，例如改进灰色系统—支持向量机—神经模糊系统的混合预测模型。

预测的目的是确定最优化的检修策略，因此，应对缺陷演变趋势预测的结果进行分析评价，以评估缺陷对设施运行的影响，在满足预设的安全裕度基础上，尽可能降低设施检修的成本，例如对电力设备海量数据进行快速准确的分析，预测和评估电力设备健康状态，结合典型数据分析方法，实现电力设备状态智能预警。图 3-43 给出了城市综合管廊设施缺陷演变趋势预测与评价技术框架。

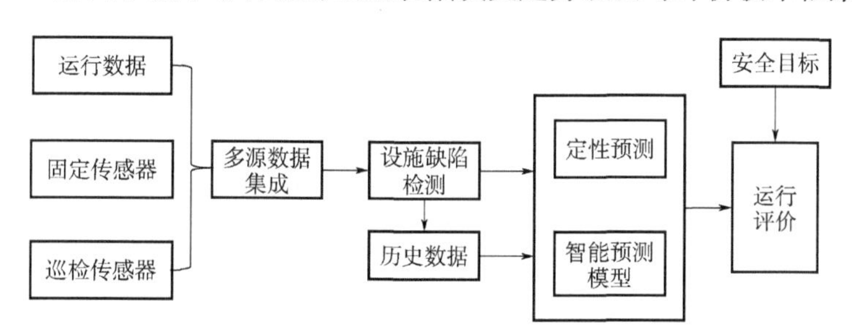

图 3-43　城市综合管廊设施缺陷趋势预测与评价

由于预测的结果会影响设施运行的安全水平，为了增强预测分析结果的可靠性，采用混合预测和评价模型，并通过运行规程的更新融合专家的知识与经验。图 3-44 是采用混合模型预测设施缺陷演变趋势与分析的技术框架。状态机的判别是根据设施运行规程进行实时判别和预警，用于需要快速响应的监控和应急维修业务，并识别不同设施之间缺陷的相互影响，例如管廊渗漏缺陷与集水坑排水

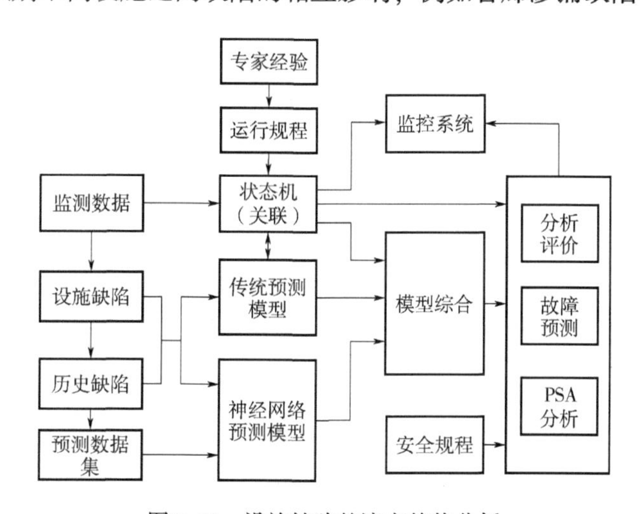

图 3-44　设施缺陷的演变趋势分析

泵故障、缺陷状态的预警水平应不同。它与PSA分析技术一起用于分析设施缺陷以及其他设施缺陷之间耦合关联对运行和检修的影响。传统的阈值判别、灰色理论、马尔科夫预测、时序预测、线性回归等预测方法用于对显著性的缺陷演变进行快速识别和预测。基于遗传算法和机器学习的神经网络预测模型则用于对复杂条件下的缺陷进行预测，如关联设施之间的缺陷预测，它主要依赖于数据集的构建，因此能够快速地进行模型升级，并对早期缺陷演变进行必要的预测。

2. 设施故障诊断与分析

随着自动化技术的发展，设施故障往往会影响整个生产系统的运行，要使系统安全、可靠运行，必须重视复杂系统的故障诊断技术。故障诊断技术已经发展了几十年，形成了多种多样的诊断方法，主要分为：基于动态数学模型的方法、基于信号处理的方法、基于知识的方法三大类。基于数学模型和信号处理的方法，具有较高的实时性，往往用于在线监控系统的故障诊断处理。基于知识的方法主要包括遗传算法、神经网络、专家系统、模糊推理、故障树、贝叶斯网络等，基于知识的诊断方法算法复杂，对计算资源要求高，一般用于辅助诊断分析。随着人工智能技术的发展，基于知识的诊断方法发展迅速，更适用于结构复杂、自动化程度高、大量部件相互耦合且故障具有并发性的复杂系统。

城市综合管廊设施关系到城市生命线的安全，无论是管廊本体还是市政管线设施，一旦发生故障都会影响城市人民生产和生活，造成巨大经济损失。对于城市综合管廊运行系统，不仅包括管廊本体设施的运行，还涉及不同管线的运行系统，且各系统故障可能会相互耦合，造成巨大经济损失。因此，采用智能故障诊断技术来提升设施的安全管理水平，降低维护成本，是城市综合管廊智慧运行的重要内容之一。图3-45给出了城市综合管廊设施智能诊断系统架构。

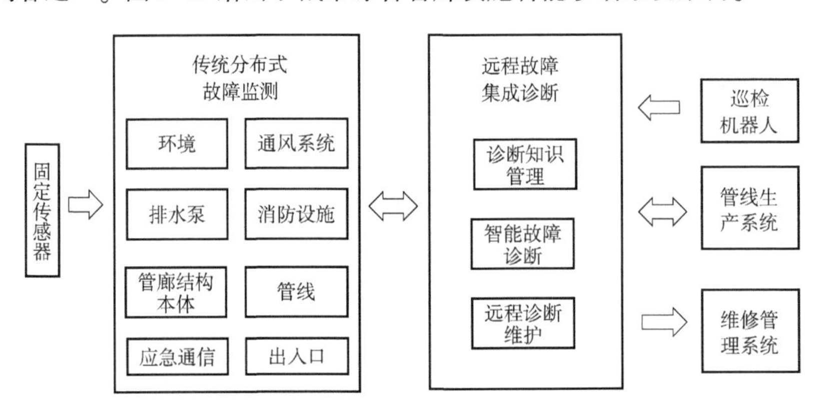

图3-45　城市综合管廊设施智能诊断系统架构

智能故障诊断系统的核心是智能故障诊断与分析，实现复杂故障的辨识和维修策略的优化，实质上是多源数据融合分析技术在设施运行管理中的一种应用形式，包括利用信息网络构成的远程监控平台和分布于各业务部门的远程诊断维护子系统。故障智能诊断的数据来自于利用传统诊断技术构成的在线监控系统设计、巡检设备数据以及关联的管线生产系统信息，其核心是诊断知识管理和故障诊断，通过诊断知识管理来集成专家的知识以及各种有效的诊断技术，提升智能诊断的技术水平，智能故障诊断则是利用先进的机器学习、模糊推理等方法对数据进行融合分析，预测设施故障水平和可维护性，例如通过分析部件模块故障失效数据，利用马尔科夫模型预测部件寿命，从而确定维修策略。此外，通过故障的关联分析，结合数据挖掘技术（如大数据分析），可以根据设施故障情况，制定合适的维修策略，从而优化维修成本。

3. 事故预测与时序分析

事故的发生与安全生产的条件相关，这些条件包括人员、环境、设施、安全管理等诸多因素，直接建立事故发生概率与安全生产条件之间的函数关系（数学建模）是相当困难的，但是统计表明一个企业或一个部门在一定时期内，只要其生产性质、生产规模和管理体制不发生重大的和明显的变化，其安全生产条件就具有相对稳定性和连续性，这也为事故的预测和分析提供了可能，例如煤矿的重大事故和航空飞行事故短期预测。一种简单的预测方法是根据历史数据，采用传统的最小二乘法相关性进行分析，也可采用灰色理论、神经网络和时间序列分析等对事故进行短期预测。

由于城市综合管廊运行时间短，缺乏相关的事故数据，对于采用机器学习的事故预测方法研究带来挑战。此外，事故的发生具有随机性，事故数据显然不完全是线性的，采用时间序列、最小二乘相关性等方法，对非线性数据的处理会产生较大的偏差。图 3-46 给出了城市综合管廊事故预测与分析技术的框架。

利用预测理论与方法构建城市综合管廊事故智能预测模型，包括基于灰色理论、时间序列、神经网络等方法，积累运行数据，利用专家知识和经验，不断利用混合预测方法，提供事故预测的准确性，从而为制定中长期的事故预防措施提供决策依据。此外，利用 PSA 模型具有较全面的安全分析能力，可以根据设施缺陷预测模型结构，分析系统存在的薄弱环节，并为检修管理提供依据。当事故发生时，也可以根据 PSA 模型对事故发生的序列进行模拟，从而为应急管理提供技术支持。例如，为了加强城市综合管廊地下空间的火灾灾害预防，可以通过积累火灾事故数据，构建火灾事故预测模型，评估当前火灾灾害风险等级，并根据缺陷预测模型，利用 PSA 火灾模型，识别当前火灾应对措施的薄弱环节，优化当前

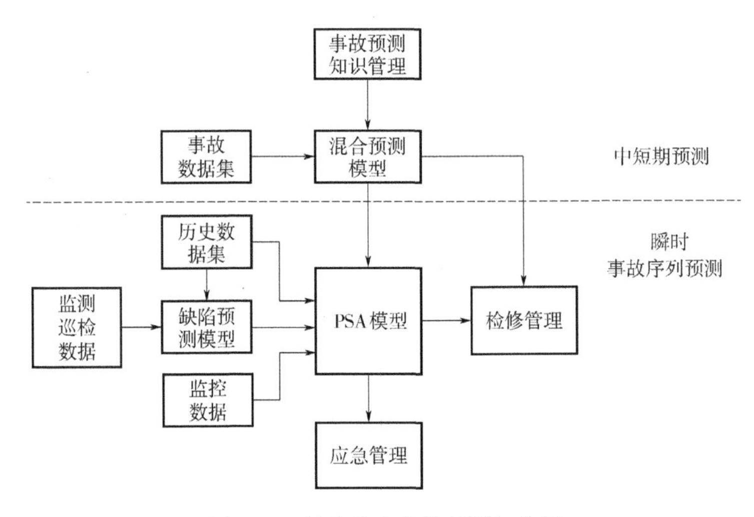

图 3-46　综合管廊事故预测与分析

检修策略。当火灾发生时，能够利用预测模型和数据预测事故的发生过程，为火灾应急决策提供支持。

随着大数据以及多源数据融合分析技术的发展，利用监测和历史数据对事故进行预测和分析，提升综合管廊事故预防与管理水平，增强决策能力，降低事故损失，将会是城市综合管廊智慧运维的重要技术内容之一和显著特征。

3.3　城市综合管廊设施综合监控

与传统的设施监控不同，智慧城市综合管廊的设施综合监控（图 3-47）不仅要实现传统设施运行监控的功能，还需要满足融合机器人、管线生产与监管部门、业务部门等多源数据智能分析的需要，要能将数据变成资源并将其转化为经济与安全效益，是实现城市综合管廊智慧运维的硬件基础。在数据层面需要通过

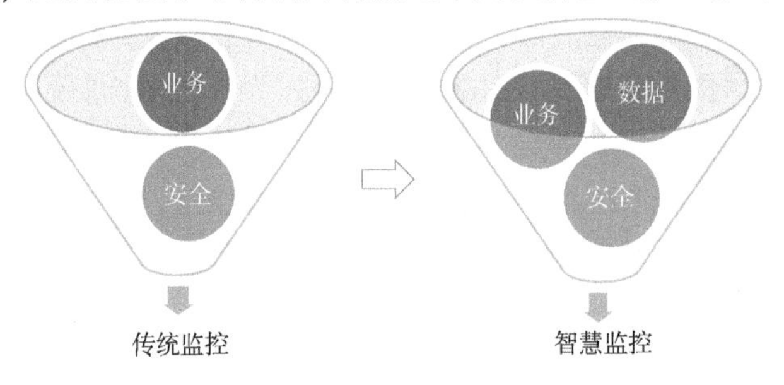

图 3-47　城市综合管廊综合监控

设施综合监控平台有效实现数据的治理，从而保障数据被有效、充分的利用。从业务层面，应能尽可能优化业务流程，通过智能分析技术，提升业务效率，实现统一平台下的业务管理，增强设施运行的经济性水平。从设施安全层面，要能充分利用智能技术在多源数据融合分析与决策方面的优势，通过综合监测与设施联动控制，提升设施运行的安全水平，从而增强设施运行的韧性，确保城市生命线的安全。

3.3.1　数据治理与标准化

充分利用数据来提升综合管廊的经济性与安全性水平是城市综合管廊智慧运维技术的本质特点和主要目标，然而，数据广泛存在于机器人、在线监控系统、管线生产系统以及各业务部门管理系统中。由于系统孤岛、数据烟囱和应用碎片化等问题，很容易导致这些数据难以共享形成数据孤岛。要解决数据孤岛的问题，充分发掘数据的作用，数据治理是一种有效的措施，它是有效运用数据所需的组织或执行层面的准则、政策、步骤和标准相关的实践活动，是通过建立数据标准体系提升数据质量，通过数据架构合理组织数据，通过元数据和主数据管理提升关键数据的管理水平。在数据的治理中，数据标准是关键因素，是实现数据治理的基础和关键方法。图 3-48 给出了数据治理模型与数据标准化的技术体系。

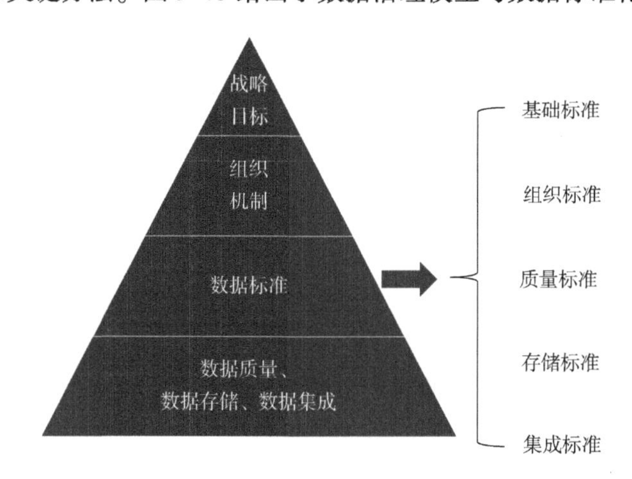

图 3-48　数据治理模型与数据标准化

数据是信息的载体，数据集成的本质是信息集成，信息集成包括技术集成、数据集成、应用集成和业务集成。尽管信息集成技术已发展了几十年，并在传统的设施监控中得到应用，但是基于数据的集成是制约信息技术集成向智慧化发展的技术瓶颈。没有有效的数据集成，智慧运维只能停留在传统的设施监控范畴，业务与应用也很难统一到监控平台上，难以消除“信息烟囱”。

数据的标准化是实现信息集成的有效手段，是实现多源数据共享和融合分析的基础，决定了信息集成的范围和成效，包括基础标准、组织标准、质量标准、存储标准和集成标准几个方面。基础标准包括术语、分类、分级、编码等。组织标准是对数据集成活动进行统一，包括数据集成的范围、协调和组织措施等。质量标准主要从数据产生、预处理、共享和应用等环节，对数据的质量要求和质量保证进行约定。存储标准包括数据存储的方式、交换、协议等。集成标准包括数据的传输、互操作、安全性以及应用和交互等。实现统一的数据标准，需要多方的参与和合作，需要充分认识数据治理领域标准的复杂性和客观性，结合数据治理的目标，重点围绕数据的智能分析和应用开展标准化。图 3-49 给出了围绕数据模型的数据标准技术开发应用流程。

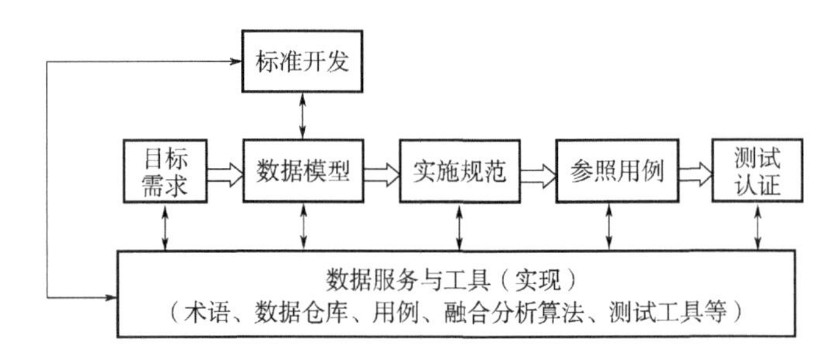

图 3-49　数据标准技术开发流程

3.3.2　统一监控与管理平台

城市综合管廊在大规模的建设中，在监控方面有如下的一些问题：

1）由于缺乏顶层设计，不同厂商的设备，在数据交互中，容易因为接口问题造成信息孤岛。

2）传统的人工管理方式和过程控制的运营管理，缺少城市综合管廊全生命周期数据支持，运维检修策略的优化、故障诊断以及事故分析缺少数据支撑，运营费用高。

3）管廊的长距离特性，导致现场数据采集不全面，容易存在监测盲点，制约了运营管理水平的提升。

针对以上问题，利用城市综合管廊统一监控与管理平台，构建城市综合管廊的全寿命周期过程数据采集系统，建立统一数据标准与集成共享的数据治理体系，利用机器人、大数据及人工智能分析技术，实现高效、经济和安全的运营目标，是实现城市综合管廊智慧运维的重要基础条件。

城市综合管廊统一监控与管理平台（图 3-50）是实现城市综合管廊智慧运维的技术手段和重要基础，它除了需要满足 GB 50838—2015 规定的城市综合管廊监控与报警系统的基本要求，还需要具有如下 4 个平台功能。

1）综合管廊环境与设备的实时监控与报警平台。

2）综合管廊设施全寿命周期多源数据与共享平台。

3）综合管廊设施运营管理业务深度融合平台。

4）综合管廊设施安全保障与应急管理平台。

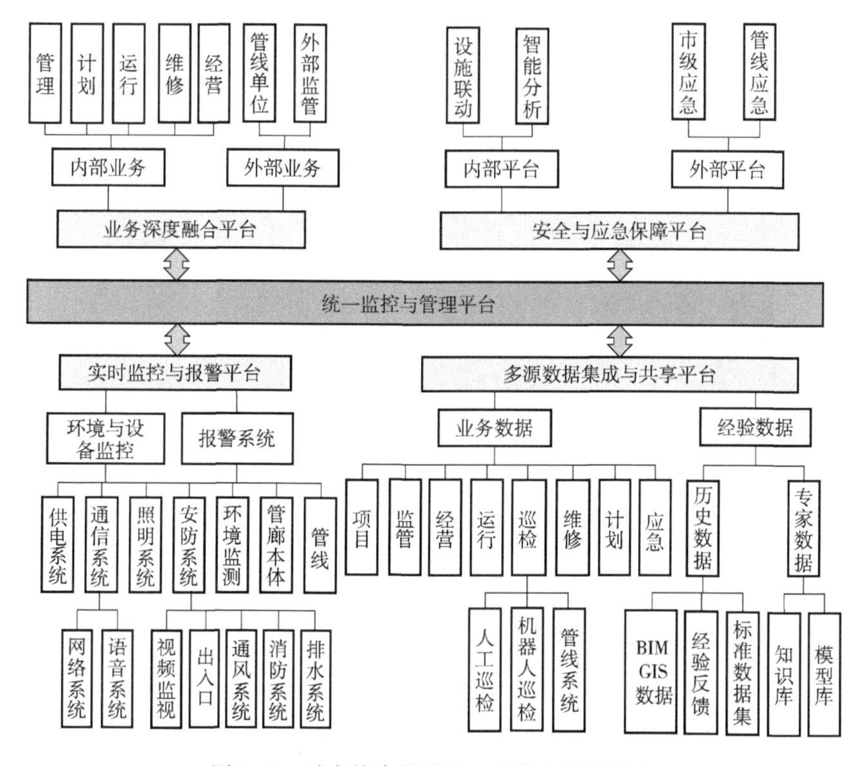

图 3-50　城市综合管廊统一监控与管理平台

城市综合管廊分布一般比较广泛，运营单位可能在同一地区运营多个城市管廊。这些管廊可能集中分布于多个区域，也可能相对分散，且某些管廊长度可能达到几十公里，采用集中监控的方式，显然难以满足未来城市综合管廊集群化的运营管理方式。此外，城市综合管廊长距离的运营环境，给人员的管理和数据采集带来挑战。因此，利用先进的物联网以及通信技术，构建分布式的智慧监控技术，形成统一监控与管理平台，是城市综合管廊智慧运维技术发展的主要目标。

图 3-51 给出了城市综合管廊统一监控与管理平台技术架构。它包括就地监控分区、就地监控中心、区域监控中心和远程监控中心。就地监控分区主要是根

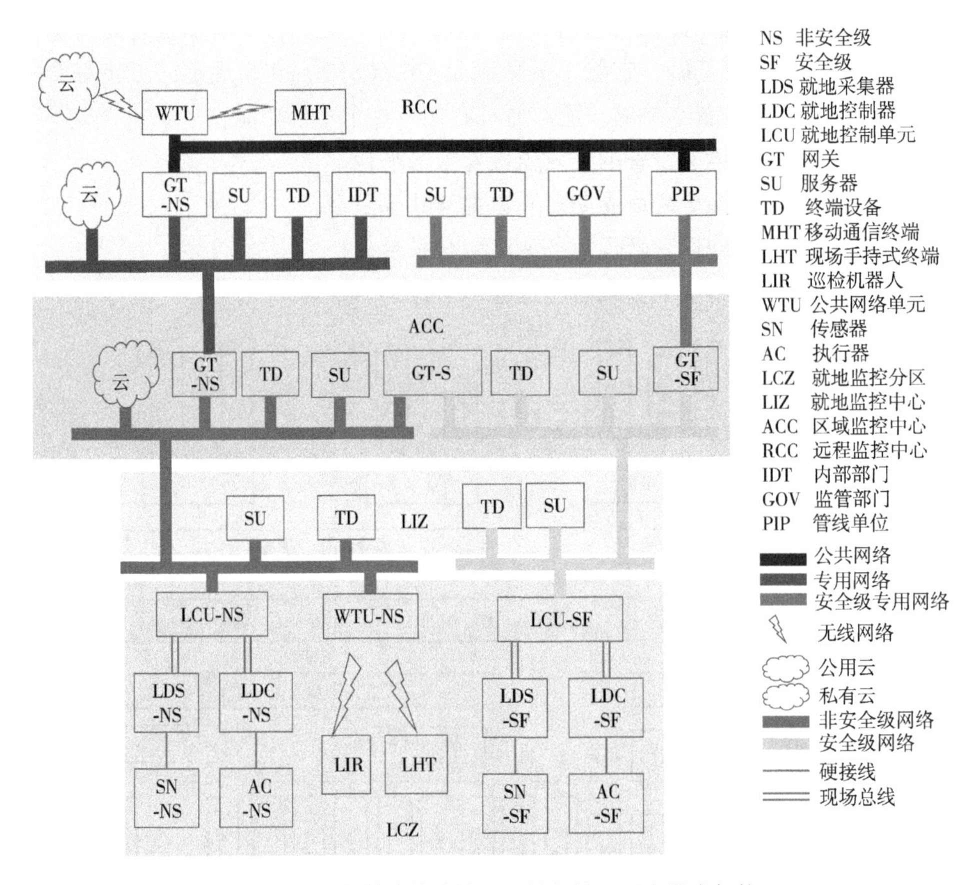

图 3-51 城市综合管廊统一监控与管理平台技术架构

据某一城市综合管廊设施的分区和长距离分散特性，采用分布式监控系统架构，实现环境和设备的监控，并为现场智能巡检终端以及机器人巡检提供通信网络。就地监控中心实现单个城市综合管廊就地集中监控，它包括针对该管廊运维的数据、算法和终端服务器，以及监控终端（如显示屏、键盘、打印机等），现场人员主要在该区域进行监控和运维管理。区域监控中心主要对区域中多个城市综合管廊进行集中管理，主要是为运营单位提供业务融合相关的服务，包括多源数据融合分析、故障诊断、应急、维修策略优化、大修管理等。远程监控中心，主要是为集团用户或内部业务部门、政府监管和管线单位的业务进行融合，包括利用公用网络以及云服务实现数据的共享和联动控制。由于城市综合管廊事关城市生命线安全，因此采用安全与非安全级的通信网络架构，其中安全级网络主要用于安全防范系统以及其他与安全相关功能的系统监控。在巡检业务中，利用巡检机器人解决人工巡检以及检测盲点问题，并利用监控平台数据采集与共享计算性能，实现智能分析与监控算法，辅助人员决策，优化检修策略，提升安全管理水平。

3.3.3　设施状态监控与联动处理

状态监控是城市综合管廊设施运行管理的核心。对于复杂的系统，传统的运行模式主要是采用分布式数字控制系统（DCS）实现设施的监控状态，状态监控以传感器获取的数据进行逻辑判断为主，实时性高，难以实现复杂的状态预测与控制。此外，传统的设施联动主要依靠逻辑判断实现，对于跨平台或系统的设施联动，状态检测、数据接口和控制逻辑的复杂性，造成联动控制技术实现困难，尤其是在长距离、分散的复杂系统之间。此外，联动控制对安全性要求较高，误动和拒动都可能产生严重影响。人员需要按照运行规程，进行手动控制，在故障或事故应急状态下，容易受到环境、心理等因素的压力造成人因失误，影响设施的安全水平。利用多源数据融合和数据预测技术，对跨系统和平台的设施联动策略进行智能分析和控制，可以减少人员干预，降低人员在复杂情况下的人因失误概率，是提升设施运行管理水平的一种重要技术手段。

图 3-52 是城市综合管廊典型的状态监控系统技术方案，偏重于现场监测的运营管理，其中监控和报警系统是基本功能。利用成熟的 DCS 架构和传统 PLC 系统，可以实现城市综合管廊环境与设备监控以及其他附属电气设备（如通风系统、排水系统、消防系统、供电系统）的监控与报警。

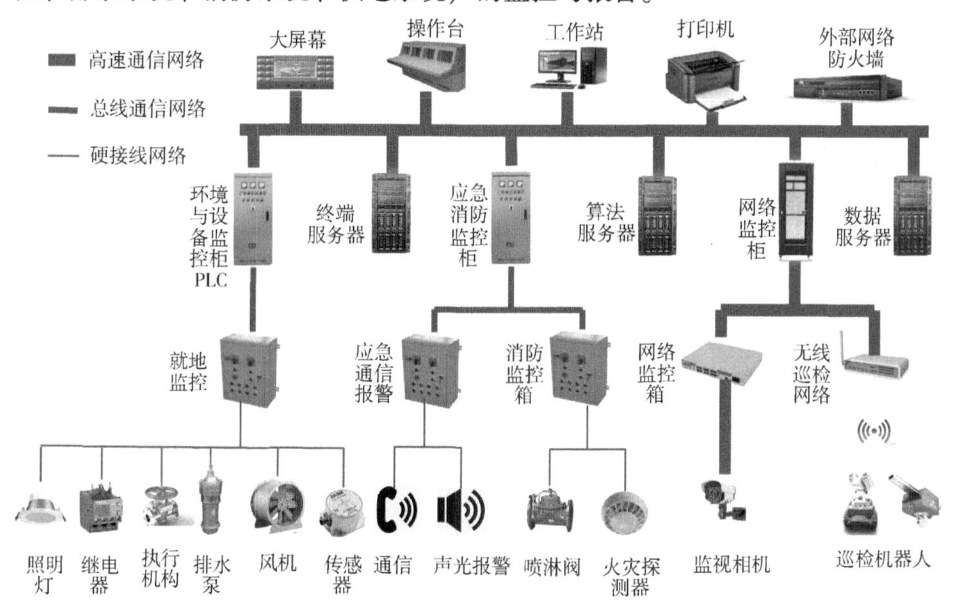

图 3-52　城市综合管廊线性状态监控技术方案

要实现城市综合管廊全寿命周期与全过程数据的采集，降低传统在线监测系统盲点，提升运维监测数据质量，除了采用巡检机器人技术对环境和设施进行动态监测外，也需要对监测数据进行多源融合分析，降低人员大数据分析的复杂度和劳动强度，例如采用智能识别技术对视频信息进行处理，识别设施缺陷和故障。与传统监控系统相比，智慧运维对监控系统的通信网络和数据处理要求较高，通常需要网络具有较低的延时和较大的吞吐量，并能实现多源异构数据的智能分析与决策，充分利用智能分析工具，降低人员决策难度，提升运维的经济性和安全性水平。这也要求集中控制中心，需要配置性较多的服务器，用于实现数据和各种算法的集成和共享。此外，多源数据的融合处理要求客服端具有较好的可视化效果，使得监控人员能够较好地利用数据分析的结果，快速准确地响应。

城市综合管廊设施联动控制对象包括视频、照明、供电、防火门、机器人、通风系统、消防系统、排水系统、报警系统、门禁等，也包括业务之间以及业务与设备的联动处理。传统的联动控制基于确定论设计，一般采用逻辑控制，用于实时性高的安全保护系统。对于跨系统或平台控制之间的复杂的联动控制，往往需要人工操作。此外，大量复杂的智能分析与策略，往往需要融合多种数据，计算和处理复杂度较高，通常用于预防事故。如何将智能分析的结果用于预防事故，采用联动控制策略是一种有效的措施，这是城市综合管廊智慧运维重要的特征之一，也是传统设施联动控制向业务联动处理融合发展的趋势。图 3-53 给出了基于状态机的事件触发智能联动控制技术架构。综合监控与管理系统中的每个数据融合分析模块之间建立一种消息-行为时间映射表，根据触发事件消息类型对联动控制策略进行分类和组织。

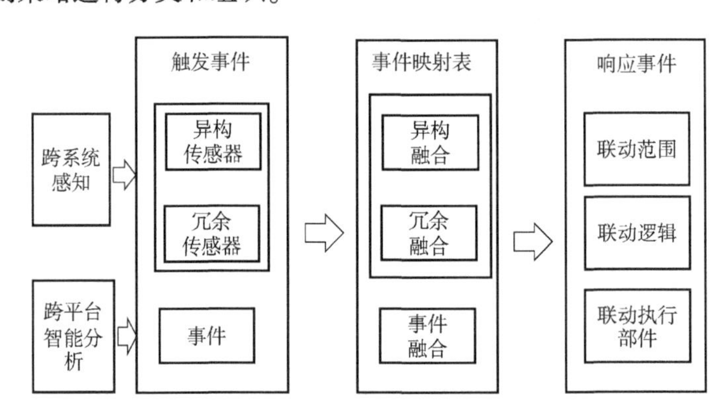

图 3-53　基于状态机的事件触发智能联动控制技术架构

在应急处理和跨平台系统信息处理中，建立城市综合管廊设施的智能联动控制，有利于实现快速应急响应，缩短应急时间，例如根据设施缺陷、故障以及事故的预测结果，触发相应的维修策略，并执行联动控制使得设施运行状态达到执行维修策略的条件（如报警或设备隔离），例如在线监控系统故障时，可以启动机器人进行巡检，并将检测结果传回后台进行确认。此外，通过响应事件的执行策略（如联动闭锁或解锁），人员可以实现比较灵活的运维管理策略，并将跨部门或平台的业务管理活动与系统联动控制结合起来，降低人因操作失误，例如在检修管理中可以根据管线检修平台，快速实现通风系统的启动并闭锁相关停止功能。

第4章 全寿命周期安全分析

从城市智慧运维管理技术体系来看，安全是城市综合管廊智慧运维的核心目标，而可靠性技术是实现设施安全的重要基础。无论采用何种先进的技术和管理手段，都应该在保障设施安全运行的条件下满足泛可靠性的设计准则，实现最佳的经济、社会和环境效益。因此，可靠性与安全分析是城市综合管廊智慧运维的关键技术手段，尤其是智能巡检机器人、大数据分析等技术手段的应用，都需要从泛可靠性和安全分析的角度进行评估，确定最佳的应用策略，从而在技术和管理两个方面提升城市综合管廊运维的安全和经济性水平。然而，可靠性与安全分析的基础是对城市综合管廊工程进行风险分析与评估，确定影响城市综合管廊的安全风险要素，并围绕风险评估确定合理的可靠性与安全目标，建立相关的分析与评估模型，构建以数据和模型驱动的智慧运维平台，实现对城市综合管廊全寿命周期的安全管理，从而优化管理和运维策略，降低运维成本。

4.1 风险评估与安全目标

风险评估的目的是识别影响城市综合管廊运营管理各个方面的风险，并对风险进行评估，是实现城市综合管廊智慧运营安全管理与经济性能提升的关键技术手段，也是大数据智能分析技术应用的主要方向。由于风险可能存在于城市综合管廊的各个阶段，且早期风险的传递有可能导致后期巨大的安全和经济风险。因此，应对城市综合管廊的全寿命周期风险进行识别和评估，尽可能地在早期识别风险并在设计和建造阶段提升综合管廊的固有安全水平，从而降低运行安全风险，实现经济效益的最大化。风险评估的目的是确定最佳的安全目标，这个安全目标是在一定的经济、技术以及环境条件下确定的，随着经济、技术的发展，应该不断地被优化。因此，风险评估是一个动态的过程，从而使得可靠性与安全分析也随着风险评估的过程而不断优化和提升。

4.1.1 风险评估

可靠性与安全分析是建立在对风险的识别与评估的基础之上，只有科学地识别风险并对风险进行评估，才能合理地量化确定相关的可靠性与安全指标，从而建立动态分析的优化目标。城市综合管廊是一个复杂的系统工程，风险识别与评估只有涵盖规划、设计、建造、运维以及退役的全寿命周期，才能实现最佳的安全目标和经济与社会效益。规划阶段的风险识别和评估可能会极大地影响城市综合管廊的经济性和安全水平，例如在地震断裂带和沉降地段修建城市综合管廊，势必会增加造价和运维的安全风险和经济性水平。设计阶段的安全设计系统很大程度决定了城市综合管廊的固有安全水平，固有安全性能水平影响了城市综合管廊运维的整体安全水平和经济性，应该通过加强设计阶段的安全分析与优化过程来尽可能提升固有安全水平降低后期运维成本和安全风险。建造阶段工艺和质量风险也会影响城市综合管廊的固有安全水平。图 4-1 给出了城市综合管廊全寿命周期风险评估与安全分析应用的典型过程，其中在动态安全水平过程中实质上也涵盖着新的风险识别与评估过程。

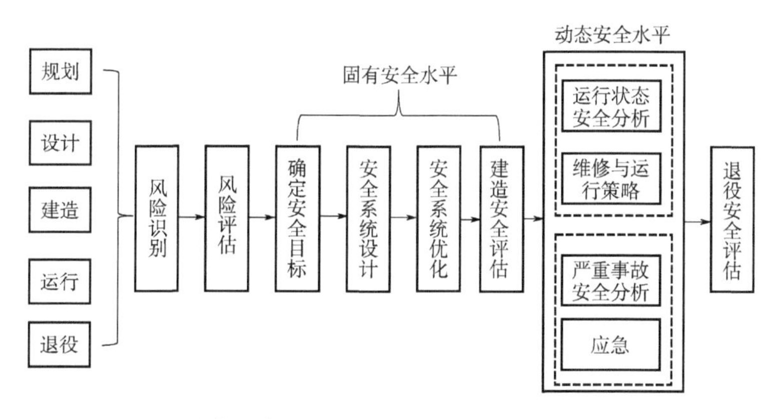

图 4-1　城市综合管廊的全寿命周期风险评估与安全分析

我国城市综合管廊目前还处在集中建设阶段，建成并投入使用的综合管廊较少，运维管理经验相对不足。国内外关于综合管廊运维阶段的风险研究相对较少，对运维阶段的风险因素辨识缺乏系统性和完整性。要实现城市综合管廊的安全目标，需要对城市综合管廊规划、设计、建设与运维全寿命阶段的风险进行辨识，并制定相应的应对措施，开展有效的安全分析与评估，从而既经济又安全地提升运维管理水平。

风险识别是开展安全系统和可靠性设计的基础，只有科学地对风险进行识别并对风险进行评估，才能合理地确定安全系统和可靠性设计的目标，从而避免不合理的设计和运维策略对资源的浪费和损失，最大限度地确保设施的安全、稳定运行，从而产生最佳的经济效益。对风险识别常用的方法是专家法，其中典型的有肯特法，它是管道风险识别的常用方法，图 4-2 给出了肯特法识别风险的流程图。

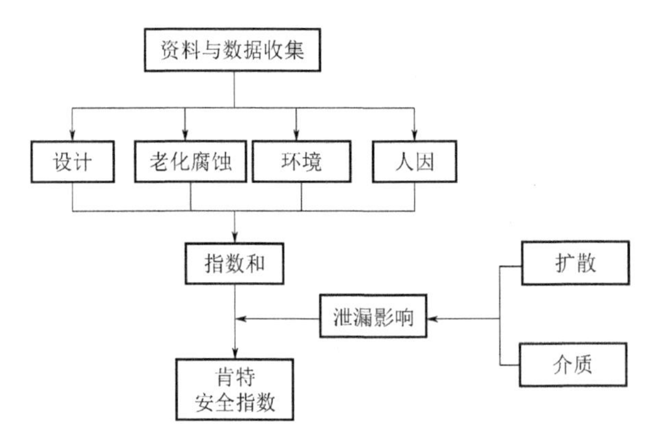

图 4-2　肯特法风险识别方法

目前，城市综合管廊运维管理面临的主要风险可以分为内部和外部两个方面，并可以从设施、环境和管理层面进行分类，设施方面的风险主要是内部风险，管理和环境方面的风险可能包含了内部和外部两种风险，图 4-3 是城市综合管廊运维阶段的主要安全风险因素。

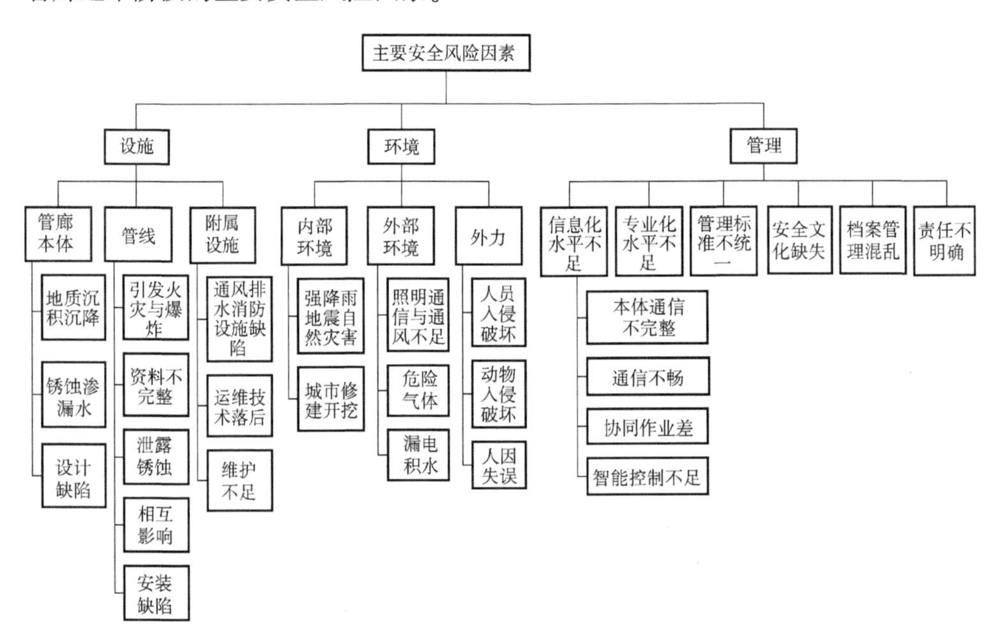

图 4-3　城市综合管廊运维阶段的主要安全风险因素

为了应对城市综合管廊面临的这些安全风险因素，除了进行标准统一、建立专业化管理队伍，关键是要对风险进行评估和管理，建立智慧化的运维管理平台。对城市综合管廊进行安全分析与评估是实现风险管理的重要技术手段，主要包括以下几个方面。

1）在早期规划设计阶段，识别城市综合管廊全寿命周期风险因素，对城市综合管廊工程设计开展安全分析与评估，利用先进技术提升城市综合管廊固有的安全水平，降低后续安全管理成本。

2）在运行阶段，对设施运行状态进行安全分析与评估，及时识别城市综合管廊的各种风险因素，为城市综合管廊的运维管理提供技术支持。

3）在事故应急阶段，对可能发生的严重事故开展安全分析评估，确定事故可能的演变过程和危害程度，为事故预防和应急提供技术支持。

城市综合管廊的安全目标是确保管廊、管线等设施与人员的安全。在对城市综合管廊全寿命周期风险评估的基础上，对影响管廊、管线设施以及现场人员安全的风险进行识别，建立安全风险评估模型，并根据风险的大小和危害程度对相关的风险进行评估，确定合理的安全设计目标，并给出量化的概率安全指标。表 4-1给出了城市综合管廊风险大小和危害程度分级评价标准，显然这是一种定性的评价方法。定性评价主观性较强，难以覆盖复杂的随机情况，因此通常需要采用定性和定量相结合的方式。一种常用的方法就是采用模糊理论，根据评价标准建立模糊评价模型，从而可以利用贝叶斯网络等分析方法对复杂的耦合关联风险进行分析评估，并建立风险源的风险指标控制体系。此外，故障树、灰色聚类法等也被用于风险评估。

表 4-1　城市综合管廊风险大小和危害程度分级评价标准

风险与危害大小评价等级	1	2	3	4	5
评价标准	非常低	较低	中等	较高	非常高

此外，为了更加全面地对风险进行定量分析，往往需要对风险进行多级分级分解，并建立风险评估的模型，采用数值计算的方式对风险进行定量评估，这是确定可靠性与安全性定量指标的重要手段和实现方法。此外，可以利用统计学的原理，基于样本对风险进行建模和评估，构建复杂得多源数据融合分析方法，提升风险评价的科学性，从而为后续的可靠性与安全分析提供数值计算模型基础。图 4-4 给出了比较常用的故障树风险评估方法，它实际上是对风险进行分解和综合的过程，也是建立安全分析的重要工具。基础数据的整理和分析是故障树分析的基础，它包括城市综合管廊基础资料和基本要素，基础资料包括城市综合管廊相关的法规、标准、规划和各种调研、经验反馈等，基本要素包括城市综合管廊

的基本构成及设计要素。

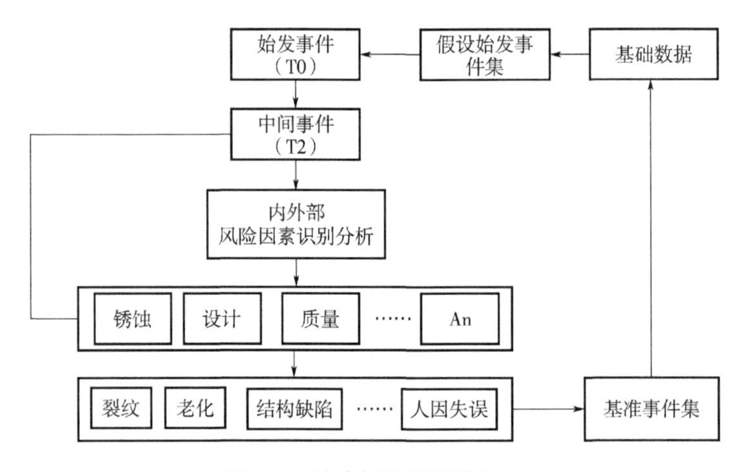

图 4-4　故障树风险评估方法

4.1.2 安全目标

城市综合管廊的管理需要遵循经济效益、社会效益和环境效益统一的原则，并加强安全生产，不断提高服务质量。城市综合管廊关系到城市“生命线”安全，此外，地下有限空间也对现场人员健康和生命带来危害，要确保城市“生命线”和人员的安全，就需要配置必要的安全系统和管理手段，例如通过通风、消防与报警系统降低人员伤害，利用巡检手段确保设施安全。由于社会效益和环境效益往往难以量化，为了不断提升安全生产和服务质量，可能需要牺牲经济效益。在一定程度上，经济效益和安全生产是对立统一的。因此，需要在安全分析与评估的基础上，确定城市综合管廊的安全目标，在确保城市“生命线”与人员安全的条件下取得经济效益、社会效益和环境效益的最佳收益。

城市综合管廊的安全目标应包括设施安全和人员安全两个方面，设施安全主要包括城市综合管廊本体以及管线的安全，这些设施投资巨大，直接关系到城市“生命线”的安全运行。此外，地下有限空间内的人员安全是城市综合管廊可持续健康发展的重要基础，也间接影响管线的安全生产。不能保障运行人员的安全，势必造成运维成本的提升和巨大的社会风险。图 4-5 给出了城市综合管廊安全目标应考虑的因素。

为了进一步降低安全系统的经济性，应根据风险评估结果，对影响系统安全的程度进行分级，从而避免在安全系统上投入不必要的资源，增加安全系统的成本。可以将城市综合管廊安全系统分为以下三个级别（表 4-2）。

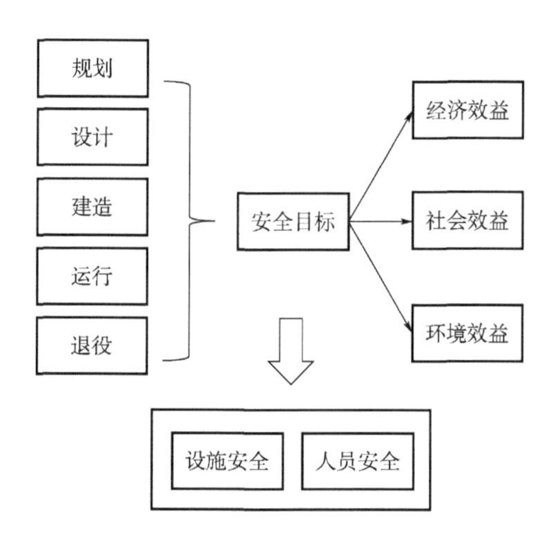

图 4-5　城市综合管廊的安全目标

表 4-2　城市综合管廊安全分级原则

安全分级	分级原则	分级说明
安全一级	能够确保管廊管线设施与人员安全，其失效将直接导致人员和设施损坏	用于实现管线安全隔离的传感器、阀门、电动执行部件和电气装置以及相关控制与报警设施等
安全二级	能够确保管廊管线设施与人员安全，其失效将间接导致人员和设施损坏	管廊及管线在线监测系统（不执行隔离功能）、消防系统、通风和排水系统、环境监测系统等
安全三级	确保管廊管线设施或人员安全，其失效可能会影响人员和设施安全	照明、视频监控、出入口管理系统、智能巡检机器人等
非安全级	其失效不影响人员和设施的安全	应急照明与通信，数据存储、信息监视与其他业务单元等

城市综合管廊的安全目标涉及城市综合管廊的规划、设计、建造、运行和退役全寿命周期。规划阶段需要调查人口、地质、自然灾害条件等合理确定灾害预防的目标，尽可能降低地质条件与地震、强降雨等自然灾害对管廊设施的影响，能够极大地降低安全系统成本。设计阶段需要合理确定系统及各子系统的安全任务和目标，防止老化以及随机运行事件对设施和人员造成的伤害，但也需要避免安全设施和管理手段的过度冗余造成不必要的经济投入。在运行和退役阶段，除了加强管理，也需要根据运行经验和事故的情况，对安全系统不断进行改进，不断提高安全运行管理水平，降低管廊运维成本，实现最佳的社会和环境效益。显然，安全目标关系到城市综合管廊的健康可持续发展，经济效益、社会效益和环

境效益应统一在安全目标之下。图 4-6 给出了城市综合管廊安全目标的动态优化过程的示意图，其中促进安全目标动态优化的因素包括新技术的应用和安全监管目标的提升。

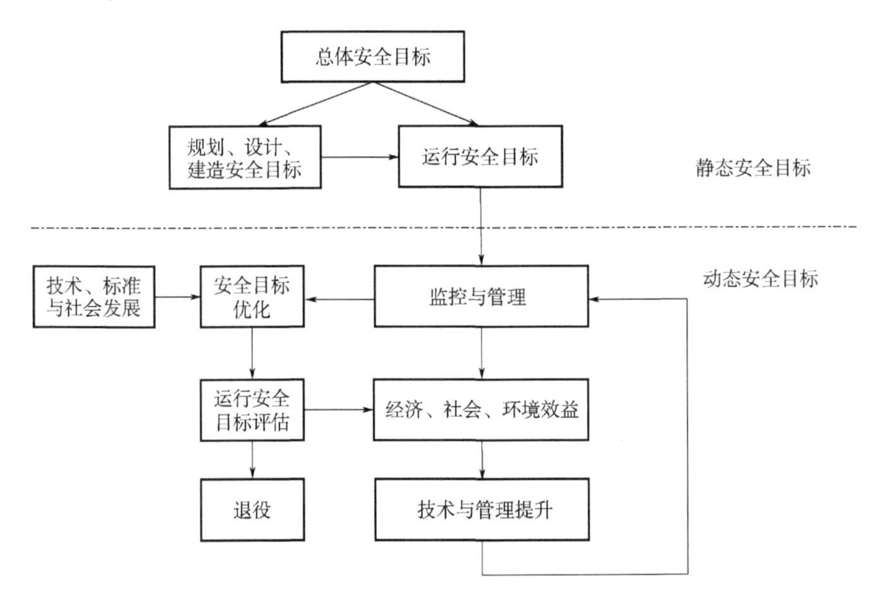

图 4-6　城市综合管廊安全目标的动态优化

城市综合管廊的安全目标的确定应遵循技术与经济协调性原则，立足社会发展水平，满足管线安全生产以及监管单位的安全目标，并满足城市综合管廊相关的国家法规和标准在安全方面的要求，尽可能提出量化指标，为安全目标的优化提供基础。显然，安全目标也会随着国家法规和标准的提升而改变，对于特定条件下的城市综合管廊，随着社会经济与技术水平的发展以及经验反馈的积累，安全目标也会动态进行发展和优化。

智能巡检机器人的应用在很大程度上能够降低对运维人员需求和伤害风险，并提升城市综合管廊安全监控的水平。然而，智能巡检机器人的应用也会增大建设和运维的成本。如何客观评估智能巡检机器人的技术应用，则需要从两个方面进行评估。首先，智能巡检机器人技术的应用对城市综合管廊安全目标的作用是增大还是减小，合理优化在线监控系统的配置，尤其是固定式监控设备，在满足必要的安全目标基础上减少不必要的冗余监控设备。此外，应从经济、社会和环境效益方面，从全寿命周期运维角度，考虑社会发展水平，分析智能巡检机器人的效益。

4.2　安全分析与评估

城市综合管廊的安全分析与评估实质与风险评估密切相关，也是需要建立全寿命周期的安全分析与评估方法，包括规划、设计、建造、运维和退役阶段的安全分析与评估。由于设计阶段往往考虑了建造、规划、运维和退役等各个阶段的需求，因此设计阶段的安全分析与评估制约了城市综合管廊的安全运维水平。因此，城市综合管廊的智慧运维除了要考虑运行状态和事故的安全分析和评估外，也需要考虑设计阶段的安全分析与设计优化。

4.2.1　安全分析与设计优化

传统安全系统设计需要考虑故障安全、冗余与多样性设计原则，是建立在确定论基础上的，实质上是大量经验设计的积累，对随机不确定性因素造成的危害往往设计考虑不足，例如管理和人因失误。为此，应采用概率安全分析方法构建城市综合管廊安全分析模型，从而建立城市综合管廊工程设计的概率安全分析与优化流程，并为智能巡检机器人等智慧运维技术的应用，提供评估手段。基于概率的安全分析与优化过程，是建立安全风险评估模型、量化安全目标与概率安全分析模型基础上的。安全目标需要通过安全系统和设施的管理来实现，应在技术可行的条件下（例如技术和经济风险可接受）尽可能降低管理的复杂度，从而降低运维阶段的费用，例如利用智能巡检机器人技术来替代人工巡检，提升设施监控的覆盖率和安全水平，也就是合理分配安全系统的功能和安全指标。建立安全分析模型的目的是针对安全系统的设计开展安全评估，寻找设计中的薄弱环节，从而确保系统具有较高的固有安全水平。这个过程与可靠性设计优化的过程类似，应对安全子系统的各个部分进行安全分析评估，并根据评估结果来更新和优化当前的设计，直至满足安全设计的量化指标。图 4-7 给出了基于概率安全分析的城市综合管廊安全系统设计优化过程。

设计阶段的安全分析模型不仅是评估设计安全水平的工具，也是设施运行以及严重事故分析的重要手段基础。城市综合管廊设施寿命长达百年，其安全目标及系统的设计随着技术的进步和标准的发展也会不断变化，设计阶段的安全分析模型是后续运维阶段模型评估的基准，也是利用安全分析技术实现城市综合管廊全寿命周期智慧运维管理的重要技术基础。此外，严重事故的预防和应急处置是城市综合管廊设施管理的重要内容，利用安全分析与评估技术提前识别严重事故的演变过程和危害程度，是制定应急预案和研制应急装备的重要技术保障。因此，应尽可能在设计阶段开展城市综合管廊的安全分析与评估，并在城市综合管廊全寿命周期应用安全分析与评估技术，从而在确保安全的前提条件下，实现最佳的运维管理策略，获得最大的经济、环境与社会效益。

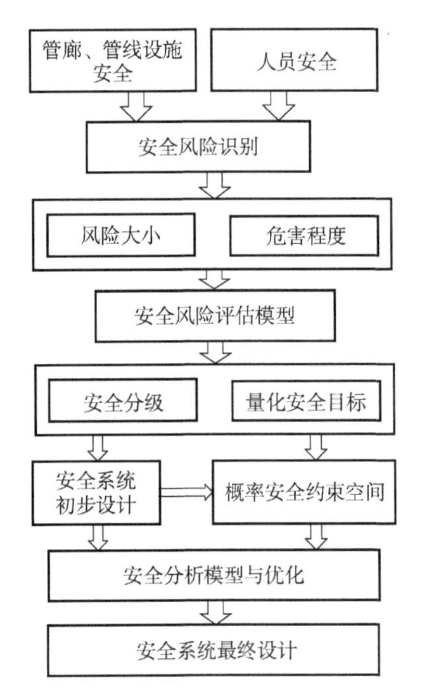

图 4-7　基于概率安全分析的城市综合管廊安全系统设计优化过程

4.2.2　运行状态安全分析

相比传统管线运维方式，城市综合管廊集中了多种管线，管线集中布置在一个有限的空间，相互产生干扰，容易耦合引发多种严重事故。根据城市综合管廊安全风险分析，可以将城市综合管廊的事故类型按照成因分为自然、技术和管理 3 种类型，如图 4-8 所示。

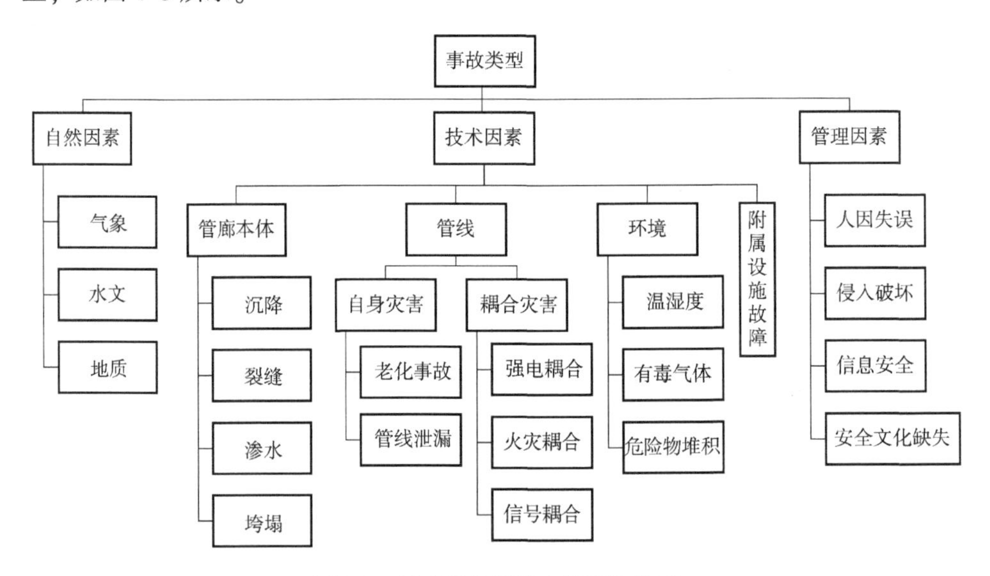

图 4-8　城市综合管廊中的事故类型

从图 4-8 中可以看出，导致综合管廊事故的因素很多，要确保城市综合管廊的安全需要在规划、设计、施工和运营的全生命周期考虑防灾减灾的措施。采用基于可靠性和安全分析的方法，可以提高综合管廊在设计阶段的固有安全性。现行国家标准也明确规定了城市综合管廊的监控报警以及附属设施功能，并要求加强城市综合管廊的信息化管理水平，在一定程度上降低了事故发生的概率，但是受制于前期地质调研数据的缺失、技术和管理上的漏洞，发生事故的可能性依然存在，尤其是设施缺陷引发的事故。

在城市综合管廊运行阶段运用安全分析技术的目的是用来识别设施运行过程中的安全风险，并对相关风险进行评估，为运行管理策略的决策提供技术依据。虽然在城市综合管廊设计阶段进行了比较全面的安全风险识别与评估，并建立了相应的安全分析模型，但是城市综合管廊运行周期长，早期基于概率安全分析模型的一些参数无法满足运行过程中出现的一些意料之外因素的影响，一些简化模型的假设也需要通过运行阶段进行验证和优化。因此，城市综合管廊运行阶段的安全分析模型需要进行不断的优化和更新。

安全分析的作用是对城市综合管廊运行过程进行安全风险管理，避免早期缺陷演变为运行事故。图 4-9 给出了智慧城市综合管廊运行过程的安全风险管理方法。它是建立在基于确定论确立的风险评估模型和基于概率论的安全分析评价方法基础之上的，本质是多源数据的融合分析。风险评估模型是在设计阶段风险分

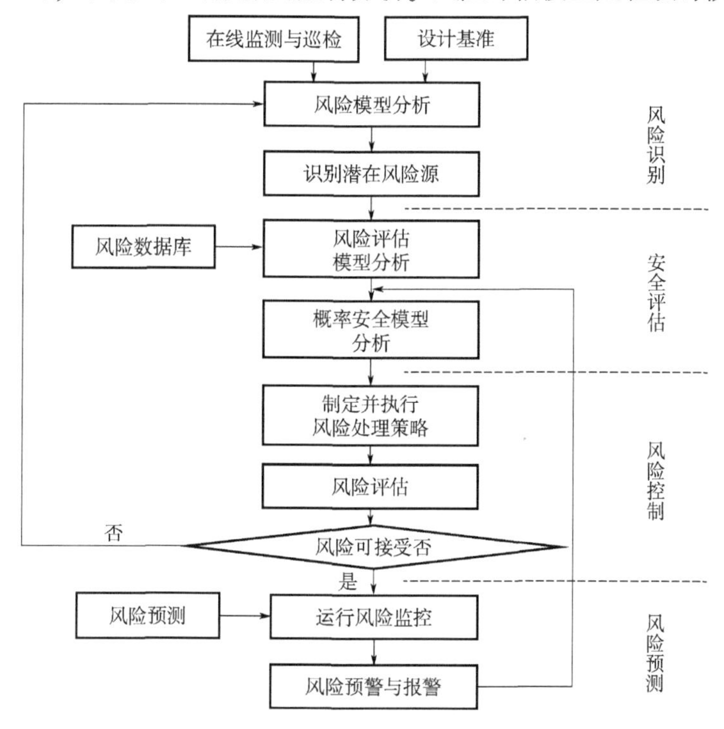

图 4-9　城市综合管廊运行安全风险管理

析模型基础之上根据在线监测与巡检业务的发展建立起来的，它也可以采用融合处理机器学习、专家决策以及可靠性分析等方法获得。

传统的设施运行管理方式主要是事件驱动，例如监测过程中的报警事件触发相应的系统处理规程。这种方法对运行管理人员要求较高，需要人员具有跨系统处理的能力和经验，容易引发人因失误。因此，复杂系统的运行管理逐渐发展到以状态驱动为主的管理方式，这样可以避免系统之间复杂的耦合关联影响，降低人员的系统综合分析要求，从而提升运行的安全水平。然而，无论是事件驱动还是状态驱动，对于运行事件中早期缺陷的识别和监测都是运行安全风险管理的难点，要加强对缺陷的监测、预警和处理需要对可能产生的事故进行安全分析评价，从而制定合适的运行策略。

在进行运行状态安全分析时，除了对单一运行事件情况进行分析，也需要对可能的耦合情况进行分析，因此，建立比较全面的安全分析模型是至关重要的。

4.2.3 严重事故安全分析

城市综合管廊的严重事故是指发生概率极低但危害程度极大的小概率事故。典型的严重事故包括极端自然灾害引发的管廊次生灾害，例如水淹和地震事故等。根据现行的标准规范，城市综合管廊配置了比较完备的设备与环境监测系统，其管线的运营环境相比传统方式更容易维护和管理，因此发生严重事故的概率是极低的，这也可以通过安全分析进行论证和评估，根据风险评估的结果来确定严重事故的范围。对严重事故的处理策略主要是减灾，尽可能将事故规模和损失限制在一定范围内，由于管线事故可能存在耦合因素，因此对严重事故的处理需要从顶层设计考虑，加强应急管理，配置必要的应急处置资源。

对严重事故进行安全分析是城市综合管廊智慧运维管理的重要技术保障，是提升人员在复杂环境下的处置能力，建立应急保障体系的重要技术基础，也为严重事故应急装备的研制以及应急预案的准备提供基础数据。从应急技术角度，事故的演化方式分为转化、蔓延、衍生和耦合四种方式。引发严重事故的因素可以分为内部和外部因素，包括地质、气象灾害和人因操作失误等。表 4-3 给出了事故演化模式与特点。

表 4-3　事故演化模式与特点

演化模式	主导因素	事件存续	必要条件	特征
转化	内部	始发事件消失	新事件生成	此消彼长

（续）

演化模式	主导因素	事件存续	必要条件	特征
蔓延	内部	始发和新事件同时存在	始发事件加深	始发和新事件具有相似性
衍生	内部	始发和新事件同时存在	人为措施	人为措施
耦合	内部、外部	始发和新事件同时存在	叠加和聚类	普遍存在

根据可能发生的频率和危害程度，城市综合管廊引发的基本严重事故包括管廊结构坍塌、管线泄漏、爆炸和火灾、水淹，随着事故的演化可能导致人员中毒、管线服务和社会交通中断等衍生事故，详见图 4-10 所示的严重事故体系。

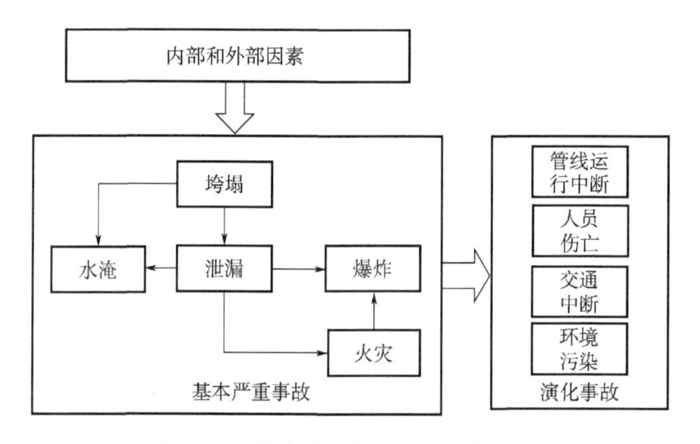

图 4-10 城市综合管廊严重事故体系

为了研究严重事故的演化机理，为应急预案的制定提供依据，应建立城市综合管廊严重事故体系，揭示严重事故之间的演化规律，图 4-11 给出了城市综合管廊严重事故可能的演化路径。

根据事故的演化机理可以构建事故的演化路径，并建立事故的概率安全分析模型，从而可以估计可能发生演化的事故概率，揭示事故本身以及事故之间的关联关系，从而为应急救援和管理提供决策依据，并在运行管理过程中尽可能地避免严重事故的发生，从而减少事故造成的经济和环境损失，避免形成重大的城市公共安全事件。

由于智能巡检机器人具备远程操作能力，因此可以利用智能巡检机器人在发生严重事故时，执行特定的应急监测和辅助救援任务，这提升了严重事故的应急处置能力，但是，智能巡检机器人的应用也需要对系统的安全影响进行评估，避免智能巡检机器人成为引发严重事故的因素，例如机器人的供电系统有可能引发火灾或爆炸。因此，在进行事故分析中，应将智能巡检机器人作为城市综合管廊的一部分进行综合考虑和分析。

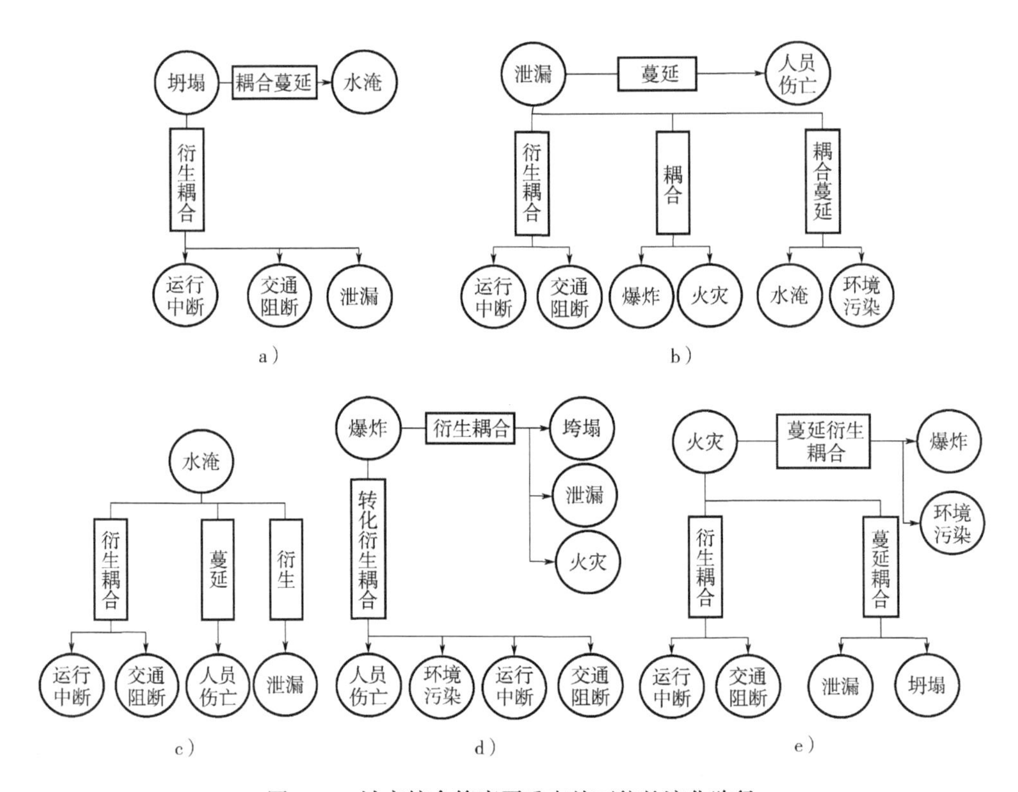

图 4-11　城市综合管廊严重事故可能的演化路径

a）坍塌事故演化　b）泄漏事故演化　c）水淹事故演化　d）爆炸事故演化　e）火灾事故演化

4.3　可靠性分析与评估

采用可靠性分析与评估方法的目的是在安全目标的约束下实现最佳的经济效益。城市综合管廊是一个复杂的系统，设计寿命长达 100 年，要实现最佳的经济效益，就需要从全寿命周期来考虑可靠性分析与评估方法的应用，并尽可能在设计阶段采用可靠性分析与评估的方法，提升城市综合管廊的可靠性指标，从而节省维修和保障费用。在运行阶段，能够利用可靠性分析方法，识别设备或部件可能的故障和系统薄弱环节，从而为维修策略的优化提供技术支持。

4.3.1　可靠性设计优化

城市综合管廊包括各种市政管线和多种监控设施，是一个费用巨大的复杂系统。复杂系统不仅表现在设计和建造费用昂贵，而且还表现在维修和保障费用在全寿命周期成本中占绝大部分。对于复杂系统，人们容易将注意力集中在设计和建造成本上，而容易忽视维修和保障的费用，最终造成维修保障费用过高而得不偿失。因此，应从全寿命周期、全系统的角度研究复杂系统的费用，保证在有限资源的约束下，以最低的花费实现使用方对系统性能的要求。当复杂系统进入运行阶段，其可用性和可靠性等性能已基本确定，此时要想节省占比很大的维修和保障费用就比较困难。为了达到最低的全寿命周期费用，应在城市综合管廊设计阶段，采用创新技术提高系统的可靠性、维修性及保障性等性能，以利于后期费用的节省。例如智能巡检机器人技术的应用可能会大幅提升安全监控的能力，并降低人工巡检费用。

城市综合管廊由若干构筑物、系统和机电设备部件构成。传统的可靠性设计集中在构筑物、系统或部件的设计与建造中，采用安全裕度和监控报警手段来降低可靠性失效后的后果，例如采用自诊断和单一故障设计。这是一种基于确定论的方法，建立在经验和质量控制手段基础之上，并且往往为了保证可靠性而过度牺牲系统性能，容易增加建造成本。然而，城市综合管廊是一个复杂系统，采用确定论的方法难以覆盖自然灾害、人员等因素造成的不确定性对系统的影响以及构筑物、系统和机电设备之间关联失效的复杂情况。利用可靠性设计优化方法，研究不确定性对系统的影响，并在设计阶段平衡系统安全与可靠性设计指标，是提升系统固有可靠性减少运行维护费用的重要方法。图 4-12 给出了可靠性设计优化的双层循环示意图。

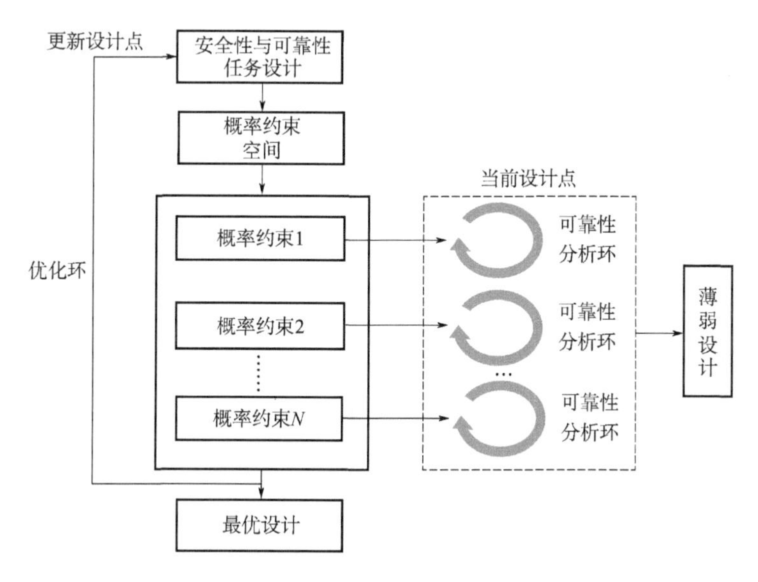

图 4-12　可靠性设计优化的双层循环示意图

利用概率论和随机过程等方法，建立合适的可靠性模型是实现可靠性设计优化的关键，包括约束边界模型。然而，采用模型的可靠性优化方法，可能会带来建模与解析计算的困难，特别是考虑时变不确定性因素的约束，因此，需要综合考虑采用不同的建模与优化方法，例如采用概率解析的模型和代理模型评估设备性能。此外，可以采用复杂系统多学科设计优化的方法（MDO）开展综合管廊各系统之间的可靠性设计优化。

在智能巡检机器人的应用中，可以采用如图 4-13 所示的任务与目标分层分析方法，将在线监控系统和智能巡检机器人系统作为独立任务分解。根据设施监控系统的安全性和可靠指标，对任务进行指标分解，确定合适的可靠性指标和优化约束空间，并利用可靠性设计优化的方式进行分析，合理确定在线监控系统和巡检机器人系统的功能和传感部件，从而降低过度的冗余设计。

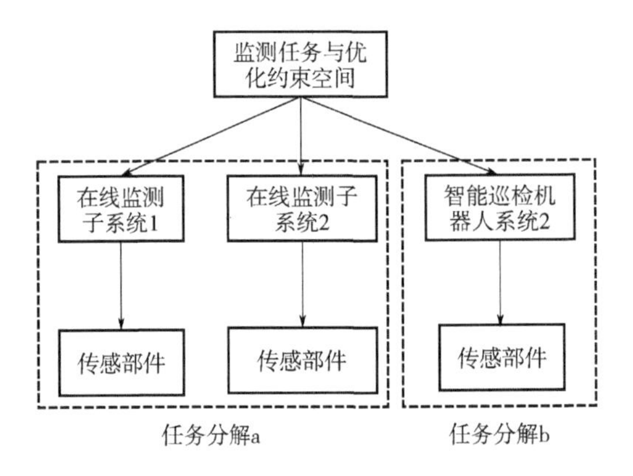

图 4-13　机器人的任务与目标分层分析方法

对于已经运行的城市综合管廊，可以根据检测任务目标，确定约束条件，建立可靠性设计优化的模型，分析现有设计的薄弱监控环节，从而确定智能巡检机器人的任务和设计边界条件，从而避免巡检机器人功能不足和过度冗余，减少巡检机器人的设计和建造成本。

4.3.2　可靠性分析与评估

在设施运行过程中开展可靠性分析与评估，可以识别安全相关功能系统的失效概率，并根据设施退化的情况，确定合适的维修策略，从而保障设施的安全水平和维护的经济性水平。可靠性分析与评估的方法可以分为解析方法和统计分析方法。

解析方法主要是通过建模进行数值计算分析，最常见的是利用基于退化轨迹进行的性能可靠性评估，它实质是在确定退化轨迹模型的基础上，通过既定失效阈值来确定产品的伪寿命变量，进而将退化数据转换为寿命数据进行可靠性评估。然而建立轨迹模型通常比较困难，需要大量的数据进行拟合来提高模型准确性。

统计分析的方法主要是采用概率分析来评估系统失效概率，例如蒙特卡洛法和基于退化量化分布的统计分析法。统计分析需要大量的样本，对于小样本长寿命的高可靠性的系统和产品，按照大样本统计方法估计分布参数是非常困难的。采用时间序列的时域分析方法是解决极小样本可靠性评估的有效途径之一。由于平稳时间序列的均值为常值，可以将包含可数多随机变量的均值序列转换成只包含一个随机变量的常值序列。这样，序列中随机变量的个数被减少到一个，需要被评估变量的样本数量被等效增加了。可以利用残差自回归模型来评估非平稳的退化数据样本，得到时间序列均值和方差。然后根据它们与退化变量分布参数的关系，确定退化量分布函数，进一步结合可靠性理论，评估产品的时变可靠性。

在复杂系统的可靠性分析与评估中，应综合应用解析法和统计分析方法。统计分析方法可以用来确定设备及部件的可靠性水平，解析法可以结合多源数据融合分析的方法如贝叶斯网络，对跨设备及系统的设施性能进行可靠性分析与评估，例如可以利用巡检机器人缺陷检测数据与在线监测数据的可靠性评估数据进行融合分析并给出最终的结果，或者利用机器学习的方法对失效数据集进行训练和预测，构建可靠性分析与评估模型。

第 5 章 全寿命周期经济分析

城市综合管廊是由管廊本体、管线及其附属设施构成的，从规划、设计、建造、运行和退役长达上百年，涉及政府监管、建设、运营以及管线等多个部门和单位，是典型的复杂系统。它的建造费用巨大，仅单舱造价就超过 4000 万元/km，投资费用是传统直埋管线的 2 倍之多，且需要高昂的投入成本，安全与经济性是城市综合管廊运营可持续健康发展的关键问题。

复杂系统全寿命周期费用的构成特点是运行维护阶段的费用占全生命周期费用的绝大部分，早期设计和建造因素会决定后期的运维成本，图 5-1 是复杂系统全寿命周期费用的帕劳托曲线示意图。从该曲线可以看出，要确保设施的全寿命周期成本最优，需要重视设计建造阶段和运行维护阶段的决策和消耗费用，通过对设施全寿命周期费用进行分析，确定合适的设计建造方案，采用优化的运行维护策略，可以降低消耗成本，从而节省费用。

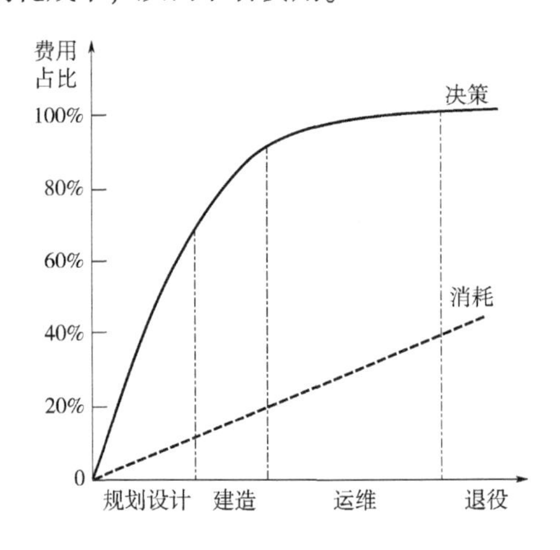

图 5-1　帕劳托全寿命周期费用曲线示意图

显然，在城市综合管廊早期阶段考虑智能技术的应用，会大幅降低后期决策对成本的影响，尤其是早期阶段消耗成本较低，从而可以实现最优的经济收益。在安全目标确定的前提下，采用信息化的技术手段对运行维护的策略进行优化，是降低运行阶段决策费用的最佳技术手段，也是降低消耗成本的重要方法，例如对监测数据进行融合分析和故障预测，采用精准运维策略和备件管理方法来降低维护费用。

5.1　全寿命周期成本分析

5.1.1　全寿命周期成本

城市综合管廊全寿命周期成本包括从规划设计、工程建造、运维以及退役全过程所投入的全部资源，包括全寿命周期资金成本、全寿命周期社会成本和全寿命周期环境成本，如图 5-2 所示。

全寿命周期资金成本是指城市综合管廊全寿命过程中直接体现为资金耗费的投入总和，主要包括工程建造成本和运维成本。从经济性效益来说，城市综合管廊能够减少管线运维和应急管理成本，延长管线使用寿命，提高管线生产效益，节省城市宝贵的土地资源和社会大众出行成本，有效拉动基础设施建设投资带动经济增长。在城市综合管廊使用年限内，综合管廊较直埋管线总建设和维护成本降低 11%，经过效益分析和比较，综合管廊较直埋管线总的成本降低 23%。

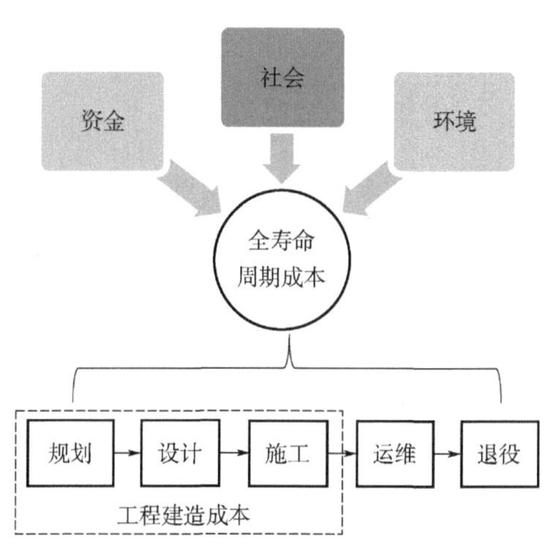

图 5-2　城市综合管廊全寿命周期成本

全寿命周期社会成本是从城市综合管廊前期规划、设计、施工、运维、退役全过程中对社会所产生的负面经济影响，一般不直接以资金形式体现而往往容易被忽略，例如城市综合管廊严重事故造成管线泄漏及人员伤亡的损失。从社会效益来说，城市综合管廊可以扩大城市发展空间，提高城市地下空间利用率，改善城市环境，节省市政管线维修时间，消除高压线安全隐患，降低社会大众出行成本，促进综合管廊建设区域周围的土地升值，提升城市形象、社会工作效率与大众生活品质以及市政管线综合管理水平与防灾能力，增强城市功能。在人口规模较大的城市建设综合管廊所能产生的社会效益价值要高于人口规模少的城镇。在城市交通主干道下建设综合管廊的社会效益大于城市次要道路下建设。老城区建设综合管廊的社会效益比城市新开发区域显著。城市越早规划建设综合管廊，其产生的效益价值越高。若综合管廊项目与道路、地铁等工程同步一体化规划和建设即可降低成本，也能更好发挥管廊的社会效益。

全寿命周期环境成本是指在城市综合管廊全寿命周期过程内对环境造成的潜在不利影响，包括环境资源消耗费用、维护环境质量水平的费用和环境损失成本，例如工程造成的地质下沉，以及事故中通风系统可能排出的灰尘和有毒气体对环境造成的污染。

由于城市综合管廊设计寿命达到100年，建设和运营的资金成本巨大，是全寿命周期费用管理和优化的主要方面，但是，也不能忽视建设与运营阶段的社会和环境成本，尤其是在地下有限空间中，发生的严重事故可能造成巨大的社会和环境损失，并直接导致较大的经济性损失，因此，增强建造和运营的安全性也是增强城市综合管廊经济性的重要手段。

5.1.2 工程建造成本

从工程建设活动过程角度分析，城市综合管廊工程建造成本主要包括规划、设计、采购、建造、调试阶段的费用，图5-3给出了城市综合管廊工程建造成本的主要组成部分。工程建造的前期阶段主要包括规划和设计，虽然它们在工程建造中的费用相对较少，但是却决定了主要的建造成本，尤其是规划设计阶段，它决定了城市综合管廊的设计和建造方式，对地下环境进行详细的勘探，结合城市管线现状与发展规划制定最优的工程建造方案在一定程度上可以大大降低城市综合管廊的建造成本，并节省运维费用。此外，在设计阶段，考虑地下环境以及管线运营管理需求，利用先进的技术，提升设计的固有安全水平和运维管理效率，能够有效降低运维阶段的人力成本和管理成本。

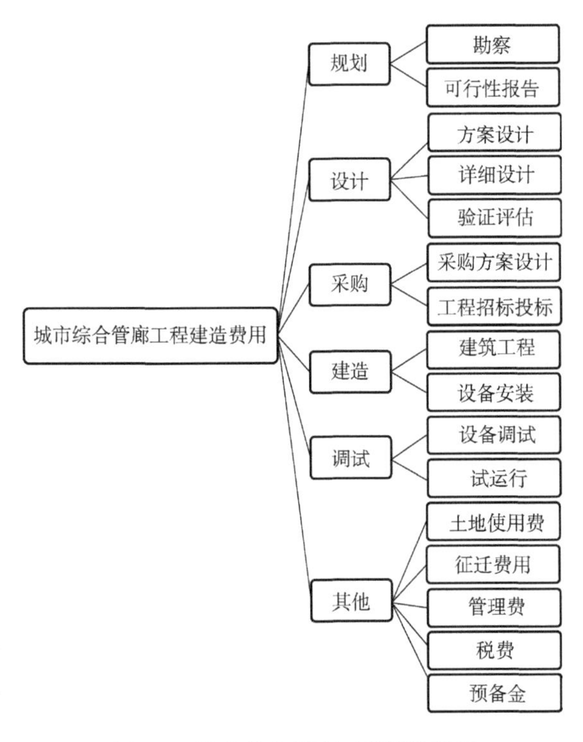

图5-3　城市综合管廊工程建造费用

设备采购和建造费用主要包括城市综合管廊本体结构、管线以及附属设施（通风、排水、消防、监控、标识等），其中管廊本体结构的建造和管线等设备的采购和安装费用是主要组成部分，也占据了工程建造费用的绝大部分。据测算，每米城市综合管廊本体结构直接工程费用为 6.1 万元，每米城市综合管廊管线铺设或更换的直接工程费用为 2.8 万元，对于长达几千米的城市综合管廊，仅管廊本体结构和管线铺设的直接工程费用就高达上亿元。由于管线运营寿命低于城市综合管廊本体结构寿命，显然，管线更换成本也是城市综合管廊运维阶段重要的成本支出，为了尽可能降低管线更换成本，应加强对管线的运维管理，尽可能地延长管线寿命，一旦发生管线事故，管线更换带来的运维成本增加将非常显著，有可能会对管线运维的经营活动带来巨大的经济风险，导致城市综合管廊提前退役，极大地降低了城市综合管廊的经济效益。

此外，在工程阶段也需要考虑占用城市土地资源造成的相关使用费用和征迁费用，且城市综合管廊建造费用巨大，工期一般长达几年，工程预备金（费率 8% ~10%）、人工成本、管理费用和贷款利息以及其他税率的支出也不容忽视，因此，也需要重视建造阶段的降本增效，提升施工与管理的效率和信息化水平，降低建造过程的成本，例如利用 BIM 信息对工程建造活动进行优化和管理。

城市综合管廊工程建造的社会和环境成本也不容忽视，尤其是在城市老城区，工程建造可能会极大地影响城市交通和沿线区域的商业活动。此外，城市综合管廊建设过程也不可避免给周围环境带来空气、水、声和生态环境的破坏，例如对绿化的破坏。要降低工程阶段的社会和环境成本需要在规划阶段增强城市环境勘察和规划的水平，并在施工阶段尽可能地降低工程对城市生产生活和环境质量的影响。

5.1.3 运维成本

随着我国大规模规划和建设的城市综合管廊逐渐投入运营，城市综合管廊年运营成本将超过 45 亿元，城市综合管廊运营的成本问题将逐渐变得突出，并影响管线单位入廊意愿和管廊的经济效益。因此，规范城市综合管廊的运营和成本指标，利用信息化技术降低运维成本，成为城市综合管廊智慧运维技术发展的主要方向，也是城市综合管廊可持续发展的必然要求。

采用成本要素分析法对城市综合管廊运维阶段的成本进行分析，运维成本主要包括材料费和燃料动力费、人工工资及福利费、固定资产折旧费、固定资产修理费、无形资产及其他资产摊销费、财务费用和其他费用等，图 5-4 给出了城市综合管廊运营成本的主要组成。某已运营的 10.51km 城市综合管廊年运营成本定量分析表明，每年平均的年维护费用高达817.42万元，其中人工费（不包括维护人员以外人员人工成本）和电费均超过了300万元，见表5-1。

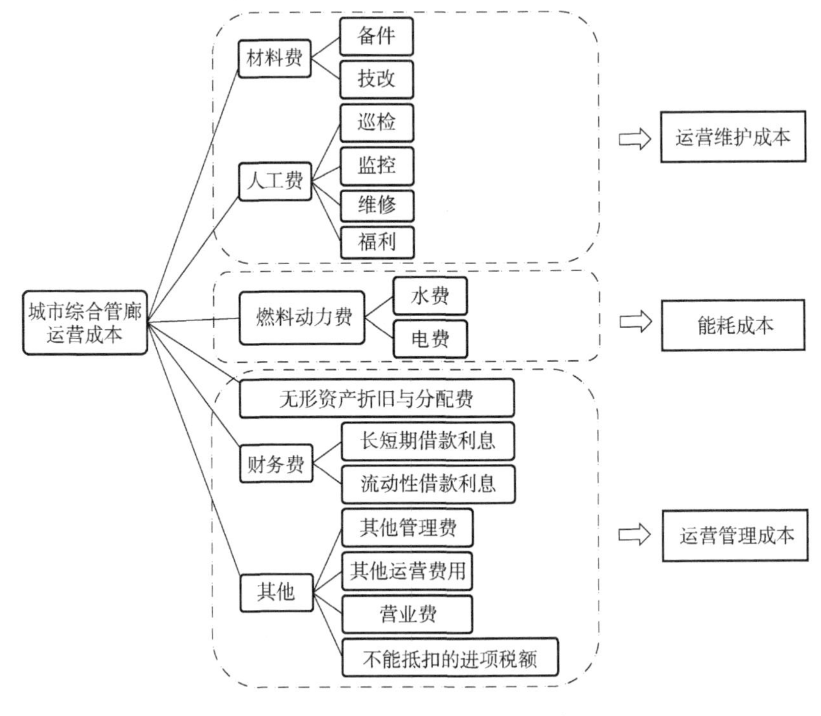

图5-4　城市综合管廊运营成本

表5-1　某城市综合管廊年平均运营成本

成本	人工费	水费	电费	取暖费	维修费	其他
年平均费用/万元	323.42	3.16	349.48	5.63	61.42	74.31

从以上成本分析可以看出，城市综合管廊运营成本可以分为如下几个方面：能耗成本、运维成本和运营管理成本、社会和环境成本。

能耗成本是维护城市综合管廊全天24h正常运行以及事故和应急状态下各类设施、设备消耗的水和电所产生的动力费用，主要包括：配电系统设备运行费用、照明系统设备运行费用、给水排水系统设备运行费用、火灾消防系统设备运行费用、温湿度检测系统设备运行费用、通风系统设备运行费用、空气监测设备运行费用、视频监控设备运行费用等。

运维成本是确保管线生产和运营的一系列活动产生的人工费、材料费等的总和，例如日常巡检、在线监控、维修等活动产生的费用。运维成本一般按“年”来进行结算，综合管廊的日常保养和维护成本包括综合管廊舱体结构如主段、通风口、投料口等的一般保养、清洁，辅助设备如供电照明设备、通风设备、消防设备等的维护、更换，运营控制中心以及设备用房等附属工程的清洁、修复所产生的人工费、机械费和材料费。另外，综合管廊为钢筋混凝土结构，结构使用年限一般都为 100 年，随着使用时间的增加，综合管廊主体结构必然需要进行部分维修，综合管廊的修复性保养可分为大修和中修，综合管廊的大、中修一般每 5 年进行一次，有大修时不计中修，大修工程费用按日常养护费用的 10 倍计，中修工程费用按日常养护费用的 5 倍计。

运营管理费用支出相对比较固定，用于招聘相应岗位员工、采购、财务等人员成本支出，包括需要支付相关人员的工资、福利待遇以及自身的运转、日常开销资金。社会和环境成本主要是运营过程中发生严重事故后对城市交通、生产生活以及环境带来的不利影响，显然提升城市综合管廊的安全管理水平，是降低城市综合管廊和环境成本的有效方式。

信息化的技术可以提升安全运营管理的效率，降低人工成本，尤其是人工智能与机器人技术的发展深刻影响设施管理领域的分工和协作方式，采用智能技术替代危险环境下的大量重复性作业是当前设施运营管理的重要技术发展方向。地下环境的运营管理不可避免地需要将有限空间下的设施与人员的安全放在重要位置，并利用先进的技术提升安全运营管理和灾害应急管理水平，避免运营过程造成巨大的社会和环境成本。

为了合理评估先进技术的应用前景，应从安全性和经济性两方面进行综合评估。目前，吊轨式形态的巡检机器人已经开始比较广泛地应用在城市综合管廊中，但是对巡检机器人经济性方面的研究较少。吊轨式巡检机器人的建造或改造成本主要包括机器人（包括远程监控设备）、供电（包括电缆）、通信、导轨（包括辅件）、防火门（包括控制设备，用于机器人穿越防火间）等设备的采购及建筑安装费用，根据系统设计和工程经验，按照每千米折算成本预估不超过 67.5 万元（表 5-2）。

表 5-2　每千米机器人建造成本分析

设备	每千米套数	预估综合单价/万元	费用/万元
机器人	0.1	200.0	20.0
供电	1.0	5.0	5.0
通信	5.0	2.5	12.5
导轨	1.0	20.0	20.0
防火门	5.0	2.0	10.0
合计（万元）			67.5

综合管廊设计使用寿命100年，而机器人的平均寿命可达20年，并且在运行条件有利的情况下，这个期限可以大大延长。不考虑价格变动因素的情况下(无法有效预测人工及设备的长期价格变化)，每千米综合管廊全寿命周期使用机器人的建造成本约为337.5万元（全寿命周期内更换5次），在100年综合管廊使用寿命内综合管廊较直埋管线总成本降低23%。可见，机器人建造成本约为综合管廊建造成本的3%，机器人的增加成本只是综合管廊产生收益很小的一部分（10%）。

由于国内综合管廊及机器人运营时间较短，缺少相关评价模型和数据，机器人对综合管廊运维成本的影响采用定性分析法。虽然采用机器人会增加综合管廊设备运维成本，但是机器人可以降低人工检查的劳动强度和频次，实现更加精细化的检测，并获取较全面的数据，从而可以利用大数据分析技术提升综合管廊的安全水平，降低人员安全伤害风险并节约人工成本，具有明显的经济和社会效益。伦敦地铁采用轨道式机器人检测技术对隧道进行了检测，相比传统人工检测节省了48765英镑，也间接证明了机器人可以比人工检测便宜。

5.1.4 延寿退役成本

目前，国内城市综合管廊还未面临退役的问题，但是随着城市综合管廊的运营，城市综合管廊可能面临着延寿或退役的问题，尤其是在发生严重灾害事故的情况，城市综合管廊可能面临寿期缩短或退役的问题。由于没有相关的经验数据可以参考，参考工程阶段的成本分析，将延寿和退役看作工程项目进行成本分析，其成本主要包括勘察、设计和施工成本，在成本要素上包括实施退役和延寿活动中需要支出的各种材料、人工、财务、管理成本等，图5-5给出了城市综合管廊延寿或退役成本的主要构成。

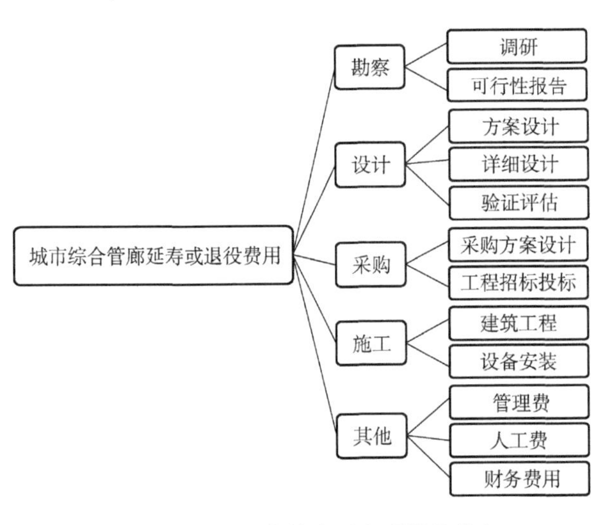

图5-5　城市综合管廊延寿或退役成本

显然，施工成本是城市综合管廊延寿或退役成本的主要部分，城市综合管廊的退役也不是简单地将设施拆除和封堵。城市综合管廊延寿或退役需要充分考虑城市综合管廊的社会和环境成本，防止城市综合管廊给城市的生产生活带来不利的影响，例如报废的设施在台风、地震等自然灾害情况下可能对周围环境产生巨大的危害或引发次生灾害。因此，在延寿或退役中需要对延寿或退役拆除方案进行论证，并结合数据分析评估结果，综合利用智慧运维技术的成果（例如可靠性与安全性评估、事故预测等），制定合理经济的施工方案。

5.2　全寿命周期费用建模

从基础设施的特点和复杂系统角度考虑，实现最优的全寿命周期成本是城市综合管廊智慧运维技术的重要目标，然而城市综合管廊涉及多个单位和部门，也关系着城市人民生产生活，这增加了实现最优全寿命周期成本的复杂性和难度。要实现最优的全寿命周期成本，需要对城市综合管廊全寿命周期费用进行建模分析，利用数据科学的方法来平衡不同单位之间的利益诉求，从而可以利用信息技术等手段识别影响城市综合管廊经济性的薄弱环节，制定相应的优化措施。

此外，缺乏科学的管线使用费用定价模式，也极大地影响了管线单位的入廊意愿和城市综合管廊的经济效益。城市综合管廊和管线的运行寿命长达几十年甚至上百年，定价模型需要综合考虑城市综合管廊的短期和中长期收益，并平衡管线单位的经济利益，这需要政府的监管和价格管控。建立科学合理的费用定价模型和实施必要的政府监管也需要对全寿命周期费用进行建模和分析。

5.2.1　费用综合建模

从城市综合管廊全寿命周期费用成本的构成来看，建设阶段的费用在城市综合管廊前期阶段已经确定。对于城市综合管廊全寿命周期成本来说，运维阶段的成本占总成本的绝大部分。对于建设阶段的费用分析和评估方法已经有比较成熟的方法，但是对于长达百年的城市综合管廊运维阶段的费用分析评估一直是影响城市综合管廊经济性分析的难点。因此，对城市综合管廊运维阶段的成本进行综合建模与优化是智慧城市运维需要解决的关键问题。

能耗成本是相对缓变的，在一定的时间内可以认为是相对不变的。管理成本与城市综合管廊的运营规模、信息化水平和管理效率相关，管理成本在短期内也是相对缓变的。在特定的城市综合管廊运营规模和管理措施下，能耗和管理成本可以近似线性变化，可以利用近几年运营成本数据进行线性拟合。社会和环境成本与运营的安全水平相关，可以将社会和环境成本耦合到运维成本中。因此，城市综合管廊全寿命周期的成本可以用式（5-1）进行表示。

$$P = P_0 + \int_{t=0}^{t=T} [K(t) + P_m(t)] dt \tag{5-1}$$

式中，P 是全寿命周期成本；P_0 是静态成本；K 是线性成本因子；P_m 是运维成本；t 是时间。

静态成本表征了城市综合管廊建造成本和退役成本，线性成本因子与城市综合管廊的能耗和管理水平相关，P_m 是运维成本，显然 P_m 是一个非线性函数，也就是说城市综合管廊全寿命周期成本的变化是非线性的。因此要确定城市综合管廊的全寿命周期成本，需要对非线性函数进行建模和求和，这是一个复杂的建模和计算的过程。对于复杂的非线性系统模型，可以采用机器学习的方式对成本进行预测，但是采用机器学习对城市综合管廊进行成本建模，由于模型的可解释性较差，可能难以识别影响经济性的关键要素。图 5-6 给出了利用多源数据分析和机器学习方法进行成本模型建模与优化的过程。

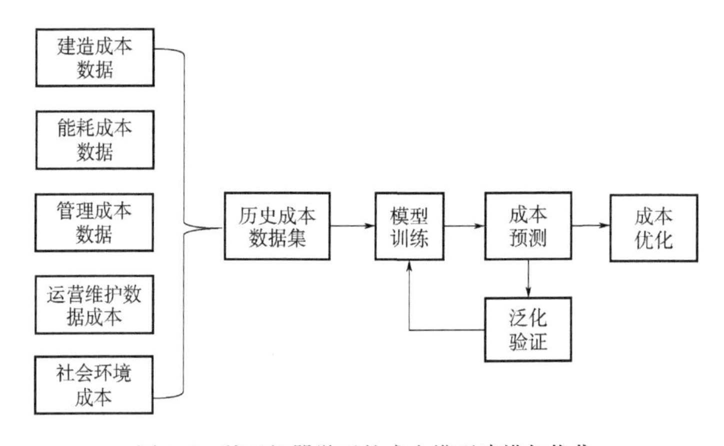

图 5-6　基于机器学习的成本模型建模与优化

在有大量有效数据的基础上，采用机器学习方法可以建立相对准确的全寿命周期非线性成本模型。在缺乏有效数据支撑的基础上，采用这种方法建立的模型误差较大，难以有效评估成本。然而，对于长达百年寿命的城市综合管廊，我们的目标并不是要知道全寿命周期的总成本是多少，而是在长期和短期利益之间取得最佳的经济性平衡，因此，对全寿命周期成本的变化进行预测和控制才是研究和关注的重点。

从全寿命周期成本变化率角度分析，我们可以对城市综合管廊全寿命周期成本模型进行简化。运营阶段的城市综合管廊能耗成本和管理成本的变化一般比较缓慢，因此，可以将 K 在一定时间内看作是定值，但是运维技术的进步会促使 K 值减小，因此能耗和管理成本的优化目标变成了使得 K 值尽可能小。此外，利用小样本数据机器学习方法可以对 K 值进行预测和反馈，从而可以评估能耗和管理成本优化结果，实现动态的经济性评估，从而降低全寿命周期成本。

运维阶段的成本构成了城市综合管廊全寿命周期成本的大部分，因此也是费用建模的主要研究对象。运维的策略和方法关系到运维阶段的成本，此外，城市综合管廊的社会和环境成本与城市综合管廊的安全性密切相关，且城市综合管廊的安全事故可能会引发巨大的社会和环境成本。在城市综合管廊运维阶段的成本建模中，与安全相关的社会和环境成本不可忽视。但是社会成本和环境成本的建模和评估过程通常难以量化，为了进行量化分析可以将社会成本与环境成本的问题转化到概率安全空间，将经济性优化的目标转化成概率安全目标的优化，因此运维阶段的费用模型可以表示成式（5-2）。

$$P_{m}(t) = P_{r}(t) + P_{s}(P_{r}) \tag{5-2}$$

式中，P_r 是与运行维修活动相关的成本；P_s 是与概率安全相关的社会与环境成本。

显然，控制运维阶段的成本与运维阶段的技术和策略相关，因此，经济性优化的目标也就转变为在一定的概率安全约束下的运维技术和策略的优化，这也启发我们采用先进的技术来降低运维阶段的成本来优化城市综合管廊全寿命周期成本，例如，采用智能巡检机器人降低人工成本，采用精准维修策略降低城市综合管廊维护费用。

5.2.2 费用定价模型

根据城市基础设施管理理论，城市综合管廊是城市基础设施，需要依靠政府财政支持。然而，城市综合管廊建设和运营成本巨大，政府财政能力有限，单纯依靠财政支持发展城市综合管廊，政府将面临财政压力。为缓解政府财政压力，吸纳社会资本推进管廊建设，PPP 成为城市综合管廊建设的推广模式。在此模式下，社会资本为保证自身的经济效益的可获得性，各管线单位需向管廊运营单位缴纳入廊费用，合理的入廊收费定价模式将有利于 PPP 模式的正常运作，降低财政压力。

国外针对管廊入廊费用主要通过租赁方式和融入建设费用两种方式解决管廊收费的问题，我国对管廊入廊费用的定价模式则采用了直埋成本法、专用截面分摊法和专用 - 公用截面分摊法，但是存在如下的问题：

1）入廊费用的分摊主体不确定。

2）入廊费用的测算方法的影响因素不确定。

3）入廊费用付费模式不确定。

4）缺乏法律和标准规范的支持。

城市综合管廊利益相关方有代表公众利益的政府、投资机构、管线运营单位和管廊运营单位，入廊费用定价模型需要平衡各方的利益。根据“谁受益，谁付费”的原则，城市综合管廊利益相关各方应对全寿命周期成本进行合理的分摊。然而，要准确确定全寿命周期成本本身就是极其困难的事情，也几乎是不可能的，必须在短期和长期利益之间进行必要的平衡。

当管廊进入运营阶段，管廊运营的收入主要来自政府和管线单位。根据城市基础设施运营收支平衡的要求，政府和管线单位的支出应该与工程建设和运维阶段的全寿命周期成本基本相抵。因此，入廊费用定价模型需要考虑如下因素：

1）城市综合管廊工程建造阶段的费用及建设投资的合理回报。

2）管线占用空间的比例。

3）管线在不入廊情况下的全寿命周期成本。

4）管廊入廊单位的经济承受能力。

5）其他重大成本，例如事故造成的社会和环境成本。

对于政府来说，过重的财政支出势必会影响城市其他方面的发展，因此在城市综合管廊的规划建设阶段需要平衡综合管廊长短期利益，合理控制建设规模，防止后期运维成本的增长导致财政吃紧，影响城市综合管廊的安全运行。对于管线单位来说，早期的投入可能带来经济效益的损失，但是从长期利益的角度来看，综合管廊会给管线单位带来巨大的经济收益。然而，科学合理地确定城市综合管廊以及管线的全寿命周期成本一直都是管廊和管线单位的难题，投资的时间成本可能会给单位的运营带来巨大的经济风险，并可能最终转嫁到城市人民的头上，从而影响城市的可持续发展。管廊入廊费用的确定，也是各方利益博弈和平衡的过程。因此，从入廊费用定价模型需要考虑的主要因素角度，建立了如式（5-3）的动态定价模型。

$$p_i(t) = \frac{D(T_i)}{T} + \left[P - \sum D(T_i)\right]K_i(t) \tag{5-3}$$

式中，p 是 t 时刻的入廊费用；D 是采用传统直埋方式的管线全寿命周期（T_i）成本；i 表示需要支付管廊费用的单位序号，包括政府和各管线单位；K 是分摊因子，它是全寿命周期内管线相关投资的回报率与管线空间占比的乘积。

由于很难准确确定城市综合管廊的全寿命周期成本，况且各利益方必须在长期和短期利益之间进行平衡，显然管廊入廊费用的定价模型必然是个动态的调整的过程。由于城市综合管廊的建设投资是个相对静态的过程，且政府的财政、管线及管廊单位的经济状况在短期范围内相对稳定，也不是不可预测和评估。因此，可以将全寿命周期费用的分摊转变为在特定时间内的城市综合管廊成本的动态收支平衡，从而解决管廊入廊费用的分摊和定价模式。假定投资回报率和管线空间占比为固定值，则全寿命周期管廊的相对收益为 P' ，定价策略变为如式（5-4）和式（5-5）的形式。

$$\nabla p_i(t) = \frac{\nabla D(T_i)}{T} + K_i \nabla P' \tag{5-4}$$

$$P' = P - \sum D(T_i) \tag{5-5}$$

定价模型的问题转化成了对管线直埋全寿命周期成本和城市综合管廊全寿命周期收益的动态评估。显然在一定的运维时间期限和条件内，管线直埋全寿命周期成本和城市综合管廊全寿命周期收益的变化相对缓慢，可以采用定期递增策略的方法来确定管廊入廊费用，这样也就可以用机器学习等方法对成本进行预测和评估。

由于技术的发展和管理水平的提升，例如基于智能巡检机器人的智慧运维技术的应用，管线及城市综合管廊全寿命周期成本也是一个动态变化的过程，因此，合理评估管线和城市综合管廊全寿命周期成本的变化情况是确定城市综合管廊入廊费用的基础，也是动态确定政府与管线单位费用承担的重要依据。这个过程需要建立在比较全面的成本数据基础之上，只有建立了相应的基础数据，才能利用信息技术的手段，发现数据中蕴含的规律，建立相关的动态成本预测模型，从而实现长期和短期利益最佳平衡的定价策略，让城市综合管廊各利益方实现最优的经济效益，发挥城市综合管廊的效能，促进城市经济发展。

5.3　动态经济性评估与优化

对城市综合管廊的经济性进行评价和优化是实现城市综合管廊智慧运维的关键目标。经济性的评价和优化是建立在全寿命周期成本分析与建模基础上的，只有对城市综合管廊的经济性进行动态的评估和优化，才能评估当前的技术和策略是否能够促进城市综合管廊的经济效益提升，从而保障代表公众利益的政府、投资者、管廊和管线单位的利益，打造可持续发展的生态体系。这种生态体系会推动那些能增强城市综合管廊运营安全性和经济性水平的技术发展与应用（例如智能巡检机器人技术、大数据分析技术等），从而深刻影响城市综合管廊运营管理的模式，并在一定的社会环境（例如智慧城市）和技术基础之上，实现城市综合管廊安全性与经济性的平衡，达到降本增效的目的。

5.3.1 经济性评价体系

现有的一些经济性评价体系主要是针对建设过程中的经济性评价，其目的是为城市综合管廊的规划建设提供决策依据，其评价体系主要围绕技术、经济与社会环境因素的关键指标进行分析，具有一定的时间局限性。技术性因素主要是考虑综合管廊建设项目需要具有专业的技术要求和一定的建设条件，包括技术方案、地质条件、管理体制等方面。经济性因素主要是评估管廊建设的合理性，既需要考虑投资方的经济承受能力，又需要从全生命周期的角度来考虑，包含管廊的投资和长期运维费用，以及管廊使用后带来的效益所产生的费用节省。社会环境指标主要是考虑在“因需而建”原则下，能否产生的良好的社会与环境效益。

显然，这种评价体系不能适用全寿命周期的经济性评价，尤其是占全寿命周期成本绝大部分的运维管理的经济性评估。对于城市综合管廊的经济性评价体系应涵盖全寿命周期，并考虑城市综合管廊经济性的时变特点和复杂性，重视安全水平对城市综合管廊经济性的影响。

对于复杂系统的评价，可以从时间、逻辑和知识三个维度进行系统的分析，其中任一维度又可分层次，形成立体的结构体系，这也体现了系统工程方法的系统化、最优化、综合化、程序化和标准化的特点。图 5-7 给出了基于以上三个维度的城市综合管廊经济性评价体系。

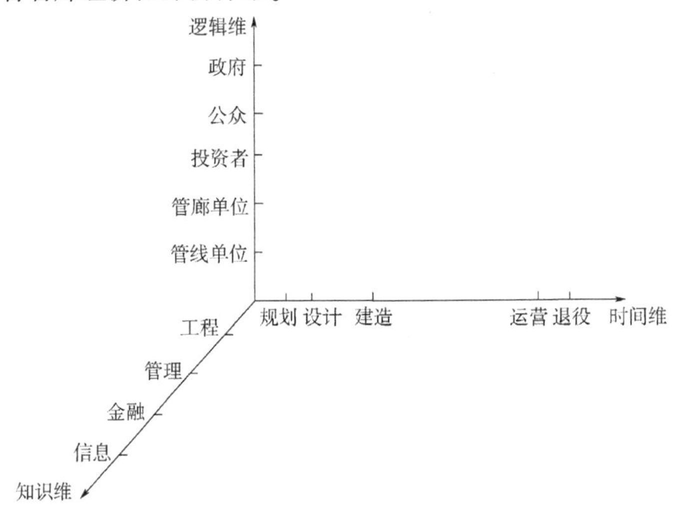

图 5-7　城市综合管廊三维经济性评价体系

时间维主要从城市全寿命周期角度对不同阶段的目标和不同的工作内容，制定不同的评价指标，有利于解决全寿命周期成本时变特性对经济效益的影响，避免模型过于简单，不能体现运维阶段成本变化的复杂性。此外，在运营阶段，还可以根据城市综合管廊的安全和寿命评估，将运营分为早期、中期和后期几个阶段，并根据维修策略（例如预防性维修周期）在更细的维度进行评估，从而将经济性与运营活动密切结合。

逻辑维是指在时间维度中每阶段要进行的工作内容应遵循的思维程序。对于经济性评价，逻辑维主要考虑各利益相关者的需求和职责，它体现在城市综合管廊的各个时间阶段必须要平衡各方的利益，是城市综合管廊可持续发展的基础。城市综合管廊的利益方主要是政府、公众、投资者、管廊和管线单位。任何有损利益方的技术和措施，都可能打破经济利益的平衡，从而威胁城市综合管廊健康发展和安全运营，并导致公众利益受到损失。

知识维主要是指在不同的时间阶段和不同的利益相关方进行经济性指标评价时所需要的领域知识。显然，经济性评价的过程也是一个多源数据和知识融合分析的过程。传统的知识融合主要依靠专家，这种方式带有强烈的主观性，在各利益方利益平衡的过程中，容易造成利益冲突。随着信息技术的发展，数据和知识的融合分析将变得越来越容易和准确，这为城市综合管廊的经济性评价体系的发展提供了客观技术基础，也是城市综合管廊智慧运维技术的重要技术发展方向。

根据以上评价体系，可以根据不同时间阶段的特性和目标，从利益相关方选取关键技术指标进行动态评价，避免繁杂的技术指标影响评价过程。在选取经济性评价指标过程中，可以遵循以下的原则。

1）基本原则：安全性、经济性、效率性、有效性、公平性。

2）Smart 原则：具体、可度量、可实现、相关性、有时限。

3）平衡性原则：平衡利益相关者的需求。

5.3.2 动态经济性评价

根据城市综合管廊三维经济评价体系，从利益相关方和城市管廊全寿命周期两个方面进行关键经济评价指标的识别和选取，并采用成本分析与建模的方法，利用数据与知识融合的方法，建立城市综合管廊全寿命周期动态、客观的三维经济性评价方法。

城市综合管廊的利益方包括政府、公众、投资者、管廊公司与管线公司，投资者是作为政府财政支出的补充，有利于城市综合管廊的发展。城市综合管廊全寿命周期包括规划、设计、建造、运营和退役 5 个阶段。表 5-3 给出了城市综合管廊全寿命周期主要阶段的经济性评价指标体系。

表 5-3　城市综合管廊全寿命周期经济性评价指标体系

利益方	规划	设计	建造	运营	退役
政府	可行性 必要性 运营模式 标准规范	设计进度、质量、成本管理	建造进度、质量、成本管理	安全、成本与应急管理	可行性 必要性 标准规范
公众	信息公开度 支持度	信息公开度 社会环境影响	信息公开度 社会环境影响	信息公开度 社会环境影响	信息公开度 社会环境影响 支持度
投资者	收益率	设计成本管理	建造成本管理	运营收益管理	成本管理
管廊公司	收费制度	固有成本 设计进度、质量管理	进度、质量、成本、安全管理	管廊安全、成本管理	安全、进度、成本、质量管理
管线公司	运营规范 入廊费用	管线设计质量	管线建造质量	管线安全、成本管理	成本管理

1. 规划设计阶段的经济性评价

城市综合管廊的规划和设计阶段，决定了城市综合管廊的建设规模和内容，也决定了大部分的建设和运维成本，早期若能解决运营的经济性问题，将会节省大量的资本和社会环境成本。

作为城市基础设施，城市综合管廊的发展需要政府结合城市发展进行规划建设。政府在规划和决策阶段，为了降低财政压力，推动城市治理与发展质量，鼓励社会资本参与城市管廊的建设，并对社会资本方进行把控和维护公众利益。社会资本方参与城市综合管廊的建设，其目的是尽可能多地获得稳定的收益，这与基础设施运营的微利特性是相互矛盾的，也会影响公众的利益。

对于管廊和管线使用单位，需要建立可持续的经营模式。一方面作为管廊的业主单位，管廊运营单位需要通过收取尽可能多的费用来维护管廊设施，发展运维技术，确保设施的安全。另一方面，管线单位作为用户，需要管廊公司提供服务，并尽可能少地支付入廊费用。这两者在费用收支上的矛盾，会影响城市综合管廊的经济效益，从而制约着新技术和管理手段的应用，因此解决收费问题是促进管廊可持续发展的关键。

社会公众的贡献在于为综合管廊的建设决策提供支持，公众作为综合管廊项目产品或服务的最终消费者，其接受程度影响着综合管廊的发展。据此可以提取出利益相关者对应的主要评价指标以及相关评价内容，见表 5-4。

表 5-4　城市综合管廊规划和设计阶段经济性评价指标体系

利益方	经济评价指标	定性描述
政府	可行性与必要性	建设内容和方案的经济性以及项目风险的识别和评估
	费用与运营模式	投入成本和运营收支范围
公众	信息公开和支持度	对建设投入成本的评价情况
投资者	合理收益率	以中长期贷款利率为基准
	资金投入	全寿命周期的投入资金
	综合实力	业绩、资金规模、财务状况
管廊公司	成本	根据费用综合建模方式评估成本
	运营管理模式	根据运营模式评估收入
管线公司	入廊费用与权益	根据运营模式评估支出和运营边界

2. 建造退役阶段的经济性评价

在建造和退役阶段，政府由发起者转变为监督者，投资者和公众也会参与到项目的监督过程，政府需要确保城市综合管廊的建造和退役质量，并与社会资本和公众进行沟通。社会资本需要根据合同支付控制项目的进度、质量和安全，从而确保城市综合管廊具有较高盈利水平，并降低社会和环境成本。管廊运营和管线使用单位需要管控建设的进度和质量，配合项目公司的协调管理，保证安装或退役活动的顺利进行。公众会更加注意综合管廊在建设或退役过程中造成的环境污染、出行不便等问题。据此可以提取出利益相关者对应的主要评价指标以及相关评价内容，见表 5-5。

表 5-5　城市综合管廊建造和退役阶段经济性评价指标体系

利益方	经济评价指标	定性描述
政府	进度与质量目标	建造或退役过程的进度和质量目标达成情况进行评估
公众	社会环境成本	建造或退役过程造成的交通、环境等成本进行评估
投资者	进度与质量目标	建造或退役过程的进度和质量目标达成情况进行评估
	安全目标	建造或退役过程的安全目标达成情况进行评估
	资金成本	建造或退役过程的资金使用情况进行评估
管廊公司	资金成本	建造或退役过程的资金使用情况进行评估
	进度质量目标	建造或退役过程的进度和质量目标达成情况进行评估
	可维护性目标	根据建造质量评估设施可维护性目标达成情况
管线公司	进度质量目标	建造或退役过程的进度和质量目标达成情况进行评估
	管线可维护性目标	根据建造质量评估管线可维护性目标达成情况

3. 运维阶段的经济性评价

运维阶段占据了城市综合管廊全寿命周期的绝大部分时间，也是影响城市综合管廊经济性评价的关键环节。虽然城市综合管廊运营时间可能长达上百年，但是在短期内城市综合管廊运营的收支情况不会发生较大的变化，除非发生严重的运行或灾害事故。为了平衡各方的长期利益，应定期对运营阶段的经济性进行评价。

在运营阶段，政府不仅是监督者也是城市综合管廊权益的归属者，它最大的诉求是城市综合管廊能够达到最佳的经济性和安全性水平，确保公众和投资者的收益不被损坏。社会资本方最大的诉求是获得合理收益，其主要职责在于对管廊的运维，包括管廊自身和附属设施的养护维修、安全管理、成本管理等方面，此阶段时间跨度长，价格调整的灵活性影响着经营的收入，而经营经验的缺乏可能会有成本超支的风险。管廊运营单位最大的诉求是获得政府财政支持和管线单位的入廊费用，降低运维成本，并尽可能提升安全管理水平，为管线单位提供服务并支付投资者的收益，延长城市综合管廊的寿命，增加收益。管线使用单位最大的诉求是获得满意的管廊服务，按时支付入廊费和运维费，并及时维修管线，为公众提供服务。对公众来说，其作为监督者，监督综合管廊运营过程中对社会、环境的影响，及时反馈意见。据此可以提取出利益相关者对应的主要评价指标以及相关评价内容，见表5-6。

表5-6　城市综合管廊运营阶段经济性评价指标体系

利益方	经济评价指标	定性描述
政府	经济性与安全目标	运营过程的经济性与安全目标达成情况进行定期评估
	财政资助额	根据经济性与安全目标定期评估财政支出金额
公众	社会环境成本	运营过程造成的交通、环境等成本进行定期评估
投资者	盈利水平	运营过程的盈利情况进行定期评估
	回报率	运营过程的收益达成情况进行定期评估
管廊公司	安全目标	运营过程的安全目标达成情况进行定期评估
	运营支出	运营过程的资金成本进行定期评估
	运营收入	运营过程的资金收入情况进行定期评估
管线公司	经济性与安全性目标	运营过程的经济性与安全目标达成情况进行定期评估
	入廊费用	运营过程的入廊费用进行定期评估

第6章 智慧城市综合管廊与运维策略优化

城市综合管廊集成了多种市政管线，关系到城市生命线安全。城市综合管廊的设施必须要确保管线的安全运行，这使得城市综合管廊设施监控和运维管理的准确性和时效性要求较高。城市综合管廊为管线单位提供运营服务，从而为投资者、社会公众创造价值，这种价值是以服务的质量和效益为基础的。城市综合管廊运营管理的水平会影响管线单位的经济利益和政府财政支出，并最终影响投资者和公众的利益。政府、投资者和公众作为城市综合管廊运营单位的监督者会不断促使城市综合管廊运营单位提升技术和管理水平，降低管廊及管线运营成本，这是城市综合管廊智慧运维技术发展的原动力，也是城市综合管廊运营单位提升服务质量、增强经济效益的根本措施。

城市综合管廊智慧运维的目的是通过信息化的技术手段，提升运营管理的安全性和经济性水平，增强城市综合管廊的经济效益，为社会创造价值，实现可持续发展，主要包括如下两个方面：

1）采用物联网、人工智能与机器人等技术增强城市综合管廊的监控能力，提升城市综合管廊的固有安全水平，降低决策成本，防止发生重大的运营事故，造成巨大的经济、社会和环境损失。

2）采用大数据、多源数据融合分析等信息化手段，优化运营管理服务和维修策略，降低运维活动的成本，实现降本增效，提升城市综合管廊的经济效益。

此外，城市综合管廊的智慧运维构成了智慧城市的一部分。管线及城市综合管廊智慧运维技术应相辅相成，在智慧运维架构和技术体系上需要与智慧城市的顶层设计与架构相协调，避免成为智慧城市治理中的孤岛系统。

智慧运维与传统设施运维的显著区别在于采用了信息技术运营方式，利用多源数据融合的方法实现传统设施监控与运营服务的融合，从而提高管理效率降低运维成本，增强设施安全管理水平和经济效益。智慧运维的对象不仅包括城市综合管廊的各种物理设施、人员等，还包括算法、数据等无形资产。将数据作为资源，利用信息技术进行运营管理，提升组织的安全管理水平和运营效率，是城市综合管廊智慧运维最本质的特点。

城市综合管廊是典型的复杂系统，复杂系统的维修策略关系到设施的安全和运营成本，是影响城市综合管廊可持续发展的关键因素。因此，如何在实现安全目标的基础上利用智慧运维的技术手段对运维策略进行优化并降低运维成本，是城市综合管廊智慧运维技术发展的重要方向，也是降低城市综合管廊全寿命周期成本的有效措施。

6.1 智慧城市综合管廊顶层设计

智慧城市综合管廊是运用人工智能、机器人、物联网、大数据等新一代信息技术，促进城市综合管廊规划、设计、建造和运维、管理和服务的智慧化的新理念、新模式和新形态，包括全寿命周期、技术要素和应用领域 3 个方面的因素。图 6-1 给出了智慧城市综合管廊概念模型。

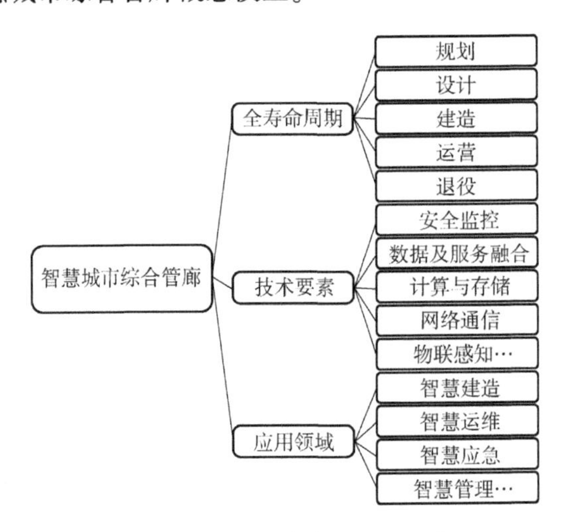

图 6-1　智慧城市综合管廊概念模型

管廊类型、建造方式、地理环境、运营模式等的差异，可能影响智慧城市综合管廊的管理范围和技术条件。因此，应根据不同的城市综合管廊类型和实际情况，确定智慧城市综合管廊的目标，并对目标进行细化和分解，针对每个细化目标，设计相应的建设内容和实施路径，明确相关的信息技术手段和相关的资源。这需要开展智慧城市综合管廊的顶层设计，避免智慧城市综合管廊的定位和内容出现差异。此外，通过建立统一管理与信息服务平台，采用传统的基于设施在线监控的运营模式与信息技术运营模式相结合的方式，并考虑与智慧城市架构体系的统一与兼容性，构建智慧城市综合管廊的技术架构和体系。

由于运营占据了城市综合管廊全寿命周期的绝大部分时间，因此，智慧城市综合管廊的核心应用应围绕运营阶段设计。城市综合管廊的运维安全与经济性关系到城市综合管廊可持续发展，因此，智慧城市综合管廊在运营阶段必须要解决好安全与经济两方面的因素，通过人工智能与机器人等技术不断优化维修策略，将数据与服务进行融合提升管理效率，使得城市综合管廊的运营达到较高的安全水平和经济效益，实现智慧运维。

6.1.1 顶层设计

智慧城市综合管廊的顶层设计是从城市综合管廊可持续发展的需求出发，运用系统工程方法和信息技术手段协调城市综合管廊全寿命周期的各个要素，开展智慧城市综合管廊需求分析，对智慧城市综合管廊目标、总体框架、建设方案和实施路径等方面进行整体性设计的过程。

智慧城市综合管廊的顶层设计需要考虑如下的因素：

1）应与城市综合管廊、智慧城市发展规划相结合，并与城市其他相关规划和政策衔接（例如5G通信网络和城市综合管廊运营规范）。

2）应能促进城市综合管廊的安全与应急管理水平和经济效益的提升。

3）应从城市综合管廊可持续发展角度和智慧城市发展战略层面开展城市综合管廊智慧运维的顶层设计，围绕安全与经济两个层面，提升安全运营水平，重点围绕运营阶段开展设施监控与信息服务融合、全寿命周期安全与经济性评估等进行设计。

4）应考虑政府、投资者、公众、管廊与管线单位等多元主体的实际需求，重点围绕跨部门、跨领域、跨层级的资源统筹、数据共享、业务协同，从体制机制和技术应用两方面进行创新。

参照智慧城市顶层设计原则，城市综合管廊智慧运维顶层设计应遵循如下的基本原则：

1）以人为本：降低地下有限空间人员的安全风险和劳动强度，维护公众利益。

2）因地施策：根据城市综合管廊类型以及智慧城市发展规划和建设水平，合理进行资源配置，有针对性地进行规划和设计。

3）融合共享：以“实现数据融合、业务融合、技术融合，以及跨部门、跨系统、跨业务、跨层级、跨地域的协同管理和服务”为目标。

4）协同发展：建立政府、管线单位在信息化技术以及业务等多方面的协同发展体系。

5）多元参与：应考虑政府、投资者、公众等不同角色的意见及建议。

6）绿色发展：考虑城市综合管廊全寿命周期成本，以实现可持续发展为导向。

7）创新驱动：体现人工智能与机器人等新技术在智慧城市综合管廊中的应用，推动统筹机制、管理机制、运营机制、信息技术创新。

图 6-2 给出了城市综合管廊智慧运维顶层设计过程。

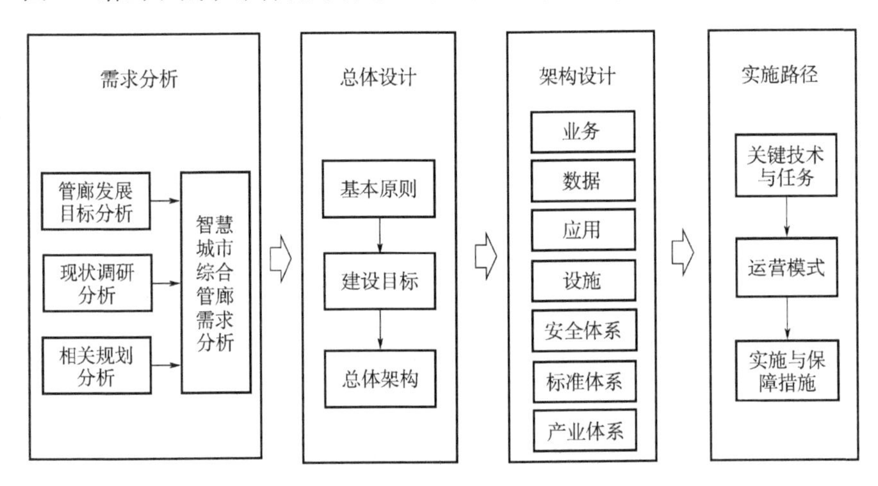

图 6-2　城市综合管廊智慧运维顶层设计过程

需求分析的目的是确定智慧城市综合管廊的目标和总体要求，它是建立在城市综合管廊发展规划与智慧化愿景、城市综合管廊与智慧城市建设现状以及管线、信息化、应急保障等相关规划基础之上，包括如下主要分析内容：

1）目标分析。

2）用户分析。

3）业务需求分析。

4）系统功能需求分析。

5）信息资源需求分析。

6）信息共享和业务协同需求分析。

7）信息基础设施建设需求分析

8）性能需求分析。

9）安全与经济需求分析。

10）接口需求分析。

总体设计是以智慧城市综合管廊需求分析为基础，包括基本原则、建设目标和总体架构方面的设计。应结合智慧城市综合管廊需求，以智慧运维理论和主要建设目标为指导，以解决城市综合管廊可持续发展为出发点，围绕城市综合管廊运维的降本增效，提升安全管理水平的实际需求，确定城市综合管廊智慧运维的基本原则。总体架构包括业务、数据、应用、设施、安全体系、标准体系、产业体系等设计内容。

业务架构应建立在城市综合管廊全寿命周期运营与设施管理基础之上，应涵盖政府、投资者、管线单位等业务对象多方面因素，采用多级结构，从现场监控、运营管理、政府监管、管线运营等维度进行细化。

数据架构应根据数据共享交换的现状和需求，结合业务架构，识别业务流程中的数据需求、共享环境与目标，包括数据资源架构、数据服务和数据治理。数据资源架构是对不同应用领域和不同形态的数据（也是多源异构数据）进行整理、分类和分层。数据服务包括数据采集、预处理、存储、管理、共享交换、建模、分析挖掘、可视化等。数据治理包括数据治理的战略、相关组织架构、数据治理域和数据治理过程等。

应用架构是根据智慧城市综合管廊技术现状和需求分析，结合业务架构及数据架构等，对应用系统功能模块、系统接口进行规划和设计，确定需要新建或改建的系统，识别可重用或者共用的系统及系统模块，明确系统、节点、数据交互关系。

设施架构包括现场感知设施、通信设施、计算与存储设施、数据与服务融合设施。现场感知设施包括各种在线监控传感设备和智能巡检机器人与智能巡检设备。通信设施包括监控网络、政务网络以及其他专用网络（如管线单位的专用网络）。计算与存储设施包括数据与算法服务器。数据与服务融合设施包括各种数据资源、应用支撑服务、系统接口与可视化交互终端等设施。

安全体系应根据城市综合管廊规范标准，结合管线运营安全、信息安全等要求从规则、技术和管理维度进行设计。规则包括建议遵循的及建议完善的安全技术、安全管理相关规章制度与标准规范。技术应根据设施安全及可靠性分析理论，明确应采取安全防护保障的对象，及针对各对象需要采取的技术措施。管理主要是从安全管理的组织机构、管理制度及管理措施等方面提出相应的管理要求。

标准体系应根据国家标准体系，可以从总体基础性标准、支撑技术标准、设施标准、管理与服务标准、产业与经济标准、安全与保障标准等维度开展标准体系的规划与设计工作，构建国家、行业、地方与团体标准相互配合的全方位标准体系。

产业体系应围绕智慧城市综合管廊目标，结合新技术、新产业、新业态、新模式的发展趋势，基于智慧城市和城市综合管廊产业现状，制定产业发展目标，规划产业体系，包括设施服务商（如智能巡检机器人）、信息技术服务商、系统集成商、公共服务平台企业、专业领域创新应用商、智慧化解决方案供应商等角度梳理、提出重点发展培育的领域方向，从创业服务、数据开放平台、创新资源链接、新技术研发应用等角度设计支撑智慧城市综合管廊的产业创新体系。

实施路径需要从智慧城市综合管廊目标出发，依据系统论和结构分析等方法论基础，结合总体设计和架构设计的内容，提出城市综合管廊智慧运维的主要任务和关键技术。关键技术涉及关键设施与平台、数据智能分析、业务融合等关系到城市综合管廊可持续发展的安全与经济性方面的内容。运营模式应结合城市综合管廊的运营现状，对城市综合管廊的投融资渠道与主体、市场能力、产业链、项目资金来源、财政承受能力、使用需求、市场化程度、回报机制、风险管理等多个维度进行定性定量分析，确定城市综合管廊智慧运营模式，明确不同角色的职责分工、投融资方式及运营方式。实施保障措施应包括组织、政策、人才和资金方面的需求，明确智慧运营的管控思路和运维措施。

6.1.2 技术架构

智慧城市综合管廊的技术架构是建立在城市综合管廊业务框架（图6-3）和知识管理基础之上的，其中业务是实现智慧城市目标的基础，知识管理是手段和方法，其目的是实现最优的城市综合管廊全寿命周期的安全与经济指标。

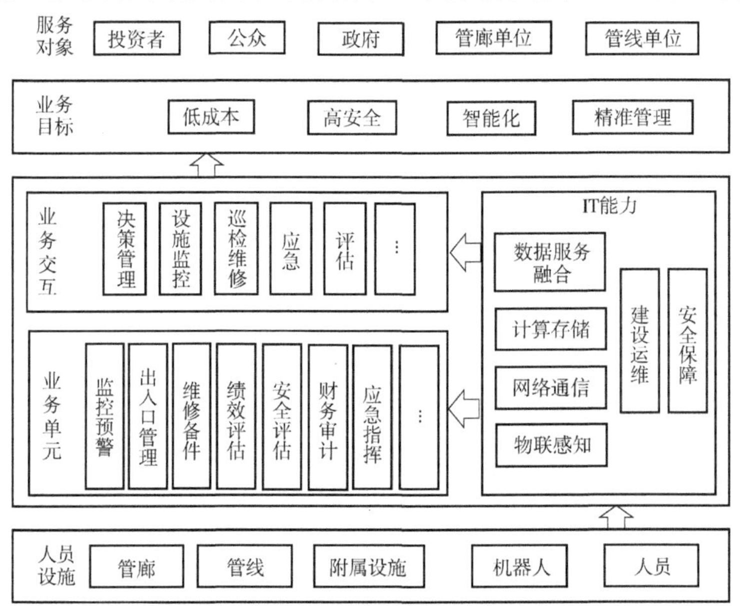

图6-3 城市综合管廊业务框架

智慧城市综合管廊的业务框架是建立在信息技术（IT）能力基础之上的，包括业务目标、业务单元、业务交互和 IT 能力四个部分。IT 能力支撑了业务单元和业务交互，为业务的实现提供必要的 IT 技术手段和能力。业务交互是建立在业务单元和 IT 能力基础之上，三者共同实现业务目标。业务目标的服务对象包括政府、公众、投资者和管廊及管线单位。IT 能力是业务框架中核心的部分，包括数据服务融合、计算存储、网络通信、物联感知四个层次的技术能力，并且以 IT 的建设运维和安全保障为支撑，通过数据与服务的融合实现了城市综合管廊设施、人员与业务的有机联系和整合。

智慧城市综合管廊的知识管理（图 6-4）包括知识管理平台层和领域知识模型层。知识管理平台层是知识管理的实施层，包括城市综合管廊相关领域的知识库，以及基于知识库形成的知识管理、获取、整理、挖掘、推理等关键共性技术。领域知识模型层，主要包含智慧城市综合管廊各个领域中的概念、概念的属性以及概念之间的关系所构造的领域知识模型及支撑领域知识模型构造的共性技术。领域知识模型包括跨领域的核心知识模型和特定领域的知识模型两个层面，底层是跨领域的核心概念模型，定义了跨领域的核心概念以及概念之间的关系，用于支持特定领域的知识模型构造（例如安全与经济性评价），同时也为不同类型的城市综合管廊领域知识之间的互通和互操作提供了基础。基于底层核心概念模型，补充各个领域中的特定知识，则可以扩展定义各个特定领域的城市综合管廊知识模型，各个城市综合管廊可以基于领域知识模型，扩展知识实例，从而构造各自的知识库。知识模型的构造技术包括知识模型的表示和演化技术。知识表

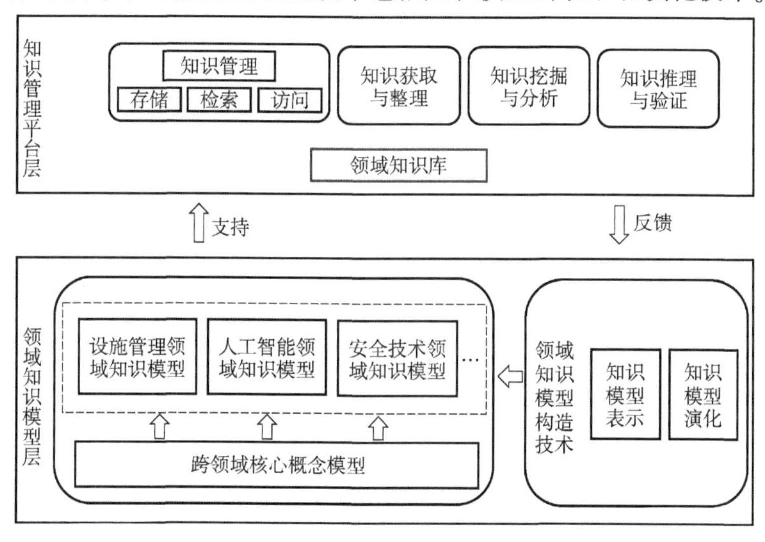

图 6-4　智慧城市综合管廊知识管理

示技术用于支持知识的形式化表示与描述。知识的演化则是探索知识模型持续演化规律和统一的演化管理过程，研究领域知识模型持续演化的质量评价以及质量保障措施，保障领域知识的可用性和时效性。

与传统的统一监控和管理平台的设施监控与管理建设目标不同，智慧城市综合管廊是以城市综合管廊全寿命周期信息化整体建设为目标，从信息通信技术的角度，根据城市综合管廊实际需求来构建 5 个层次与 3 个支撑的技术架构体系，图 6-5 给出了智慧城市综合管廊的技术架构体系。

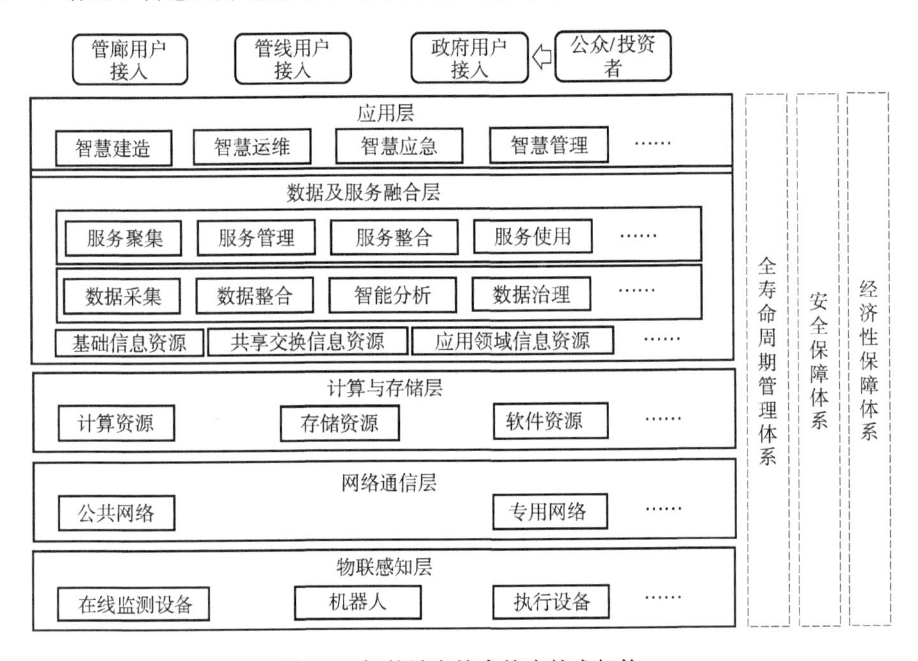

图 6-5　智慧城市综合管廊技术架构

物联感知层主要以物联网技术（包括各种工业物联网）为核心，通过身份感知、位置感知、图像感知、环境感知、设施感知和安全感知等手段以及执行器提供对城市综合管廊设施、环境、设备、人员等方面的识别、信息采集、监测和控制，使智慧城市综合管廊各个应用具有信息感知和指令执行的能力，主要由感知和执行设备构成。感知设备是智慧城市综合管廊获取数据的主要方式，实现对城市综合管廊各个单元的全面感知、识别和信息的获取与采集，主要包括人员身份感知、位置感知、图像感知、环境感知、安全感知、设施和其他感知。身份感知包括各种身份识别标签、传感器、读写器，具有对设施、设备、人员等单元进行统一身份编码、识别和管理的能力，并支持有线或无线网络传输协议。位置感知设备支持通过卫星、移动通信网络、无线网络等定位技术，能够对设施、设备、人员等进行地理位置定位以及实时或非实时的跟踪和追溯。图像感知设备主要是利用各种图像传感器对设施、环境以及人员等信息进行感知并对图像采集数据进行数字化编码。环境感知设备具备采集城市综合管廊各种有毒气体、温湿度等环境信息以及颗粒物浓度、噪声及污染物等的环境污染信息。安全感知设备主要用于感知结构垮塌、积水、有毒气体、燃气泄漏、火警以及其他涉及设施及城市公共安全的信息。设施感知设备用于采集管廊本体、管线及其附属设施的运行信息。其他感知设备主要用于支撑上层应用相关的信息和数据，可能来自管线单位以及智慧城市的感知系统。执行设备是用于对城市综合管廊设施、设备、环境、人员等要素进行管理和控制的执行器，使得城市综合管廊具有根据应用或指令进行自动或手动控制的能力。城市综合管廊的典型执行设备包括供电设施、通风设施、排水设施、消防设施、报警设施、智能巡检机器人以及各种阀门和电子门锁等。

网络通信层连接感知设备和应用终端，分为公共网络和专用网路。公共网络包括互联网、电信网、广播电视网等，涵盖了有线网络、无线网络和骨干传输网络。专用网络用于连接分布式的计算和虚拟化计算与存储的网络，以及设施、人员和设备信息连接的现场总线等网络，包括有线网络和无线网络。网络应支持自动上线、配置和远程实时管理与维护，采用高可靠性设计。

计算与存储层由软件资源、计算资源和存储资源构成，为城市综合管廊提供数据存储和计算以及相关软件环境资源，保障上层对数据的需求，包括集中式与分布式两种，并提供数据保护功能。软件资源是城市综合管廊各种应用所需的基础软件，包括操作系统、数据库系统、中间件和资源管理软件以及各种智能分析算法软件等。

数据与服务融合层包括数据来源、数据融合和服务融合三个部分。数据来源包括感知设备的数据、业务和其他应用及网络的数据，例如 BIM、GIS 数据。数据融合是根据智慧城市综合管廊的应用需求，融合物联感知层和应用系统的数据，实现数据挖掘分析，包括数据的采集与汇聚、整合与处理、数据挖掘、数据管理与治理等。数据的采集与汇聚支持结构化、半结构化和非结构化的多源异构数据，并对采集过程和采集对象进行管控。数据整合与处理主要实现数据的抽取、转换和加载，并对非结构化的数据进行识别、提取和标注。数据挖掘主要是利用统计分析、机器学习、文本与视频分析等方法和工具实现数据的描述性分析、诊断性分析、趋势性分析和因果分析等，提供可视化的表达工具。数据管理与治理提供元数据的管理能力，提供数据质量、全寿命周期连续性数据管理，支持数据质量规则的定义和用户指定明确的数据管理策略、过程和活动，实现数字内容的可追溯、可关联、可识别。服务融合支撑了城市综合管廊应用的基础技术服务，包括服务聚集、服务管理、服务整合和服务使用。服务聚集主要是接入各种服务，并对服务进行监控管理，包括业务流程的编排、通信协议的转换、服务的定时启动和事件启动。服务管理包括服务的目录、注册、审核、发布、注销以及启动和停止功能。服务整合可实现服务的路由选择和业务流程编排功能，支持顺序、循环、条件和异常处理等。服务使用主要是指向上层应用提供开放接口的功能，通过接口对各种资源进行使用、控制、分析和管理，包括对数据的读取、存储、修改和删除，这些接口包括鉴权、使用、管理和查询接口。

应用层主要是智慧城市综合管廊的各种业务目标，能够接入智慧城市的各种资源和服务。

全寿命周期管理体系包括城市综合管廊规划、设计、建造、运营和退役全过程项目的策划、实施、检查与改进体系，并建立相关的标准与规范。安全与经济性保障体系主要遵循城市综合管廊全寿命周期各个环节的国家和行业安全与经济性相关的管理标准与法规。

6.1.3 统一管理与信息服务平台

统一管理与信息服务平台是实现智慧城市综合管廊共享数据和服务的统一接入和访问，提供各项应用开放所需数据与服务能力的信息系统。与传统的管理平台不同，智慧城市的统一管理与信息服务平台侧重数据与服务的融合，突出的是信息能力的建设，业务流程更加优化，管理效能能够持续提升，安全和经济性水平能够得到保障，图 6-6 给出了统一管理与信息服务平台的总体功能框图。

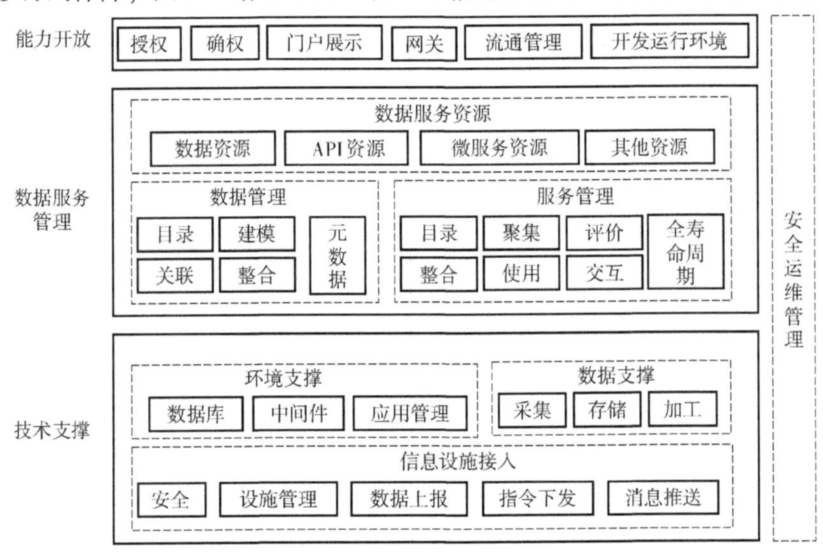

图 6-6　统一管理与信息服务平台总体功能框图

信息设施的接入包括管廊、管线等设施监控设备、智能巡检机器人以及环境、人员感知设备，将设备接入平台时应对接入设备的身份进行识别并进行必要的访问控制，确保接入平台不会危害信息系统安全。设施管理主要包括城市综合管廊的设备的信息、诊断和监控管理。数据上报主要是将采集的数据上报给平台。指令下发用于将指令传递给设备侧，实现对设备的控制。消息推送主要是平台提供根据用户权限定制可推送的城市综合管廊设备及设施的相关信息。

数据支撑包括数据的采集、存储与加工。数据的采集包括结构化和非结构化数据，支持批量数据、准实时数据和实时数据采集、导入导出、交换和任务调度，可以采用自动、手工上报，文件上传，接口调用等采集方式。数据的存储应支持海量数据的分布式不同维度存储、加密和文件系统的操作，提供快速检索、查询服务。数据加工包括数据建模、数据抽取、清洗、转换、可视化与分布式处理，支持数据挖掘算法和各种数据分析的能力，如统计分析、机器学习算法。

环境支撑主要是指实现智慧城市综合管廊业务所需的数据库、中间件及应用管理的要求。数据库需要考虑多源异构数据的共享，支持关系数据库、数据仓库等多维度分布式数据存储方式，支持大规模数据的并行处理。中间件包括终端显示、数据访问、远程调用、消息等的中间件。应用管理主要是对应用的全寿命周期进行管理，包括应用的建模、编排部署、资源调度、监控自愈等。

数据管理包括数据的目录、建模、元数据、整合和关联等功能模块。数据目录的管理是根据不同的应用主题，对数据进行分类，包括类目名称、编码等分类管理方式，支持元数据与目录编制、发布与维护等管理手段。数据建模包括物理、概念和逻辑建模，是确定数据及其相关过程、定义数据、验证数据完整性、定义操作过程、选择数据存储技术等过程。元数据管理包括对元数据的获取、存储、质量、责任、权限和监控进行管理和处置。数据整合是利用多源数据融合分析的方法对多源数据在一定准则下进行自动分析、综合以完成所需的决策和估计任务。数据关联包括静态与动态数据的关联，能够查找存在数据之间的频繁模式、关联、相关性和因果结构。

服务管理包括服务目录、聚集、全寿命周期、整合、使用、评价和交互等功能模块。服务的目录管理主要采用分层目录结构进行统一的服务目录视图管理。服务聚集提供通信协议适配转换、服务的目录、业务服务流程的编排和路由选择以及服务监控功能。服务全寿命周期管理包括服务的注册、审核、发布、启动/停止和注销等全过程的管理。服务整合包括服务路由选择及流程编排、全局参数配置、服务节点注册与退出、节点身份的辨识与分布式协调、同步与一致性处理。服务的使用包括提供鉴权、接口、权限、隔离、熔断以及对使用过程中的运行状态、信息进行统一管理。服务评价包括服务审计和服务影响评价，以及对服务资源访问、数据资源下载、事件和日志等审计信息的汇总、查询和备份，根据服务间的依赖关系，对服务变更和退出给其他服务造成的影响进行分析和评价。服务交互应提供服务寻址、组件通信以及协议转换等功能，实现服务间的互联和通信，为服务间的交互提供信息的载体，提高异构服务间的兼容性。

数据资源是平台接入并对需求者开放的数据类资源，包括管廊在线监控、巡检机器人、管线生产单位以及政府单位的数据，不限于通过物联网采集的数据，提供数据资源的查询、浏览、下载以及数据服务和数据算法的注册与管理，支持大数据的二次开发接口或开放的 API。API 资源包括应对聚集的数据集工具、模型等服务资源进行加工形成的 API，支持使用者接入并由平台统一管理和调度。微服务资源是对聚集的数据、工具、模型等资源进行加工，按照应用场景对资源进行融合，形成具有独立功能的微服务，包括提供可视化接口以及满足平台的要求。

能力开发包括资源授权、确权、网关和门户展示、流通管理、开发运行环境。资源授权是指将数据及服务管理方提供的数据及服务给第三方使用时，应经过授权才可以提供相应的服务，并具备灵活的控制结构和良好的扩展性与稳定性以及多种授权方式，如远程、行政审批等。资源确权包括数据所有权、管理权、使用权、处理权、知晓权、隐私权等的确权，支持确权的登记、管理、追溯。资源网关提供 API、微服务、SaaS 服务等资源管理，包括合法性校验、流水记录、黑白名单管理、鉴权、访问控制、动态路由等功能。门户展示提供了数据资源、API 资源、微服务管理和其他资源的统一接口的分类展示与资源的可视化操作，包括资源的增加、删除、检查和修改。流通管理包括资源共享、开放、交互等功能，提供资源需求、数据供应的发布和交互。开发环境提高 API、微服务、SaaS 服务等开发与数据建模、可视化设计等，兼容 C/S、B/S 架构，支持 XML、SQL 等多种格式输出。运行环境包括提供 API、微服务、SaaS 服务运行、模型与算法所需存储与计算资源，具备运行容器、缓存机制和安全防护机制等功能。

随着物联网、云计算等技术发展，信息基础设施的配置和建设向着更加灵活的方式发展，尤其是云存储和云计算，图 6-7 给出了基于物联网与云计算的智慧城市综合管廊统一管理与信息服务平台的典型架构，它包括智能巡检机器人以及人工采集与传统设施监控的传感器数据，利用云计算平台和边缘计算平台实现对城市综合管廊数据与服务的融合。

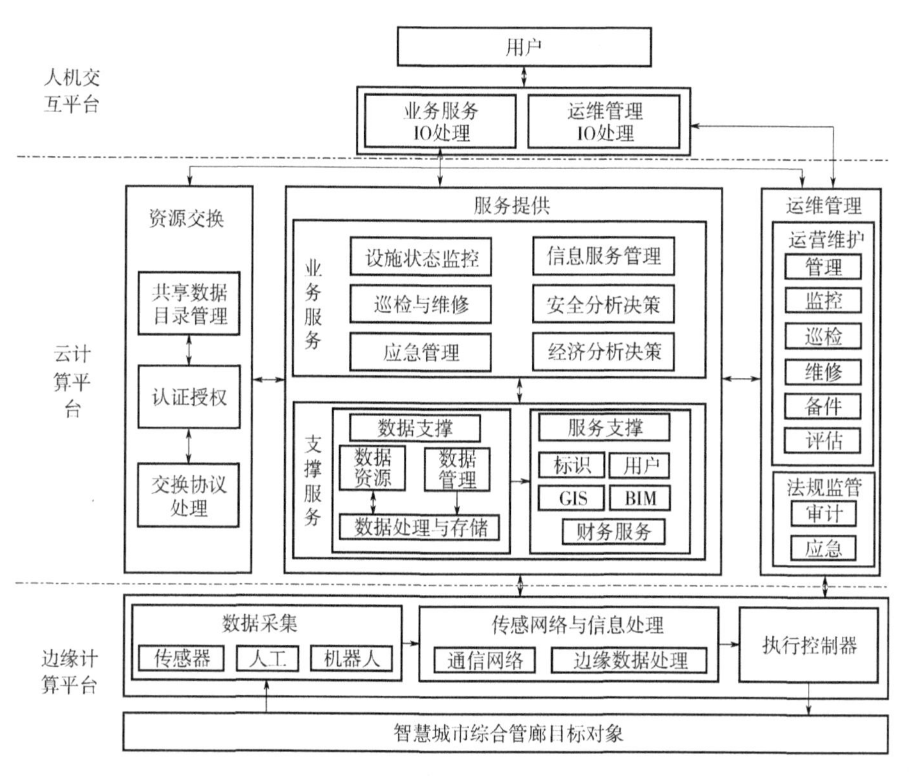

图 6-7　基于物联网与云计算的智慧城市综合管廊统一管理与信息服务平台体系架构

6.2　数据与服务融合

数据与服务融合是智慧城市综合管廊的主要特征，也是信息技术促进城市综合管廊安全与经济效益提升的技术手段，尤其是大数据、云计算以及机器学习等智能技术的应用，不断促使城市综合管廊发展模式的革新和进步，典型的应用就包括时空大数据以及多源异构数据的融合与分析。多源异构数据的融合分析使得知识挖掘的成本和效益得到提升，引发并支撑了城市综合管廊相关服务的融合，服务的融合会提升城市综合管廊全寿命周期安全水平与管理效率，从而降低城市综合管廊全寿命周期的成本，形成可持续绿色发展。

6.2.1　时空大数据

所谓时空大数据是指按照统一时空基准序化的结构化、半结构化和非结构化的大数据及其管理系统。城市综合管廊建设与运维阶段 BIM、GIS 数据融合技术应用推动了城市综合管廊时空大数据技术的发展。城市综合管廊时空大数据是智慧城市综合管廊不可或缺的部分，也是智慧城市时空基础设施的重要组成部分。图 6-8 给出了以物联网云计算平台构成的时空云信息平台为基础的城市综合管廊时空大数据应用与保障体系。

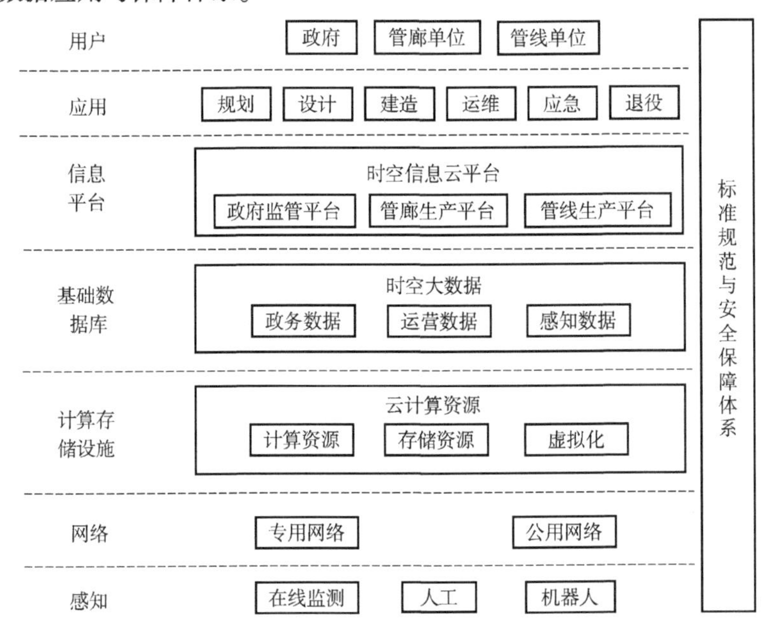

图 6-8　智慧城市综合管廊时空大数据设施与信息平台

智慧城市综合管廊的时空大数据应用是建立在信息化的时空信息设施基础之上的，这些时空信息设施包括时空基准、时空大数据、时空信息云平台及其支撑环境。图 6-9 给出了城市综合管廊时空信息设施的组成。

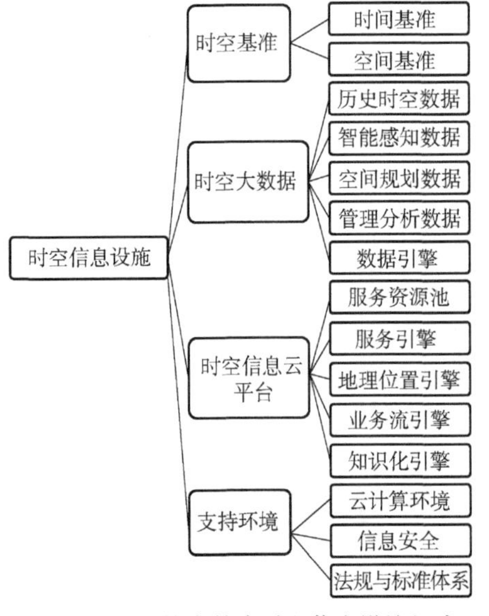

图 6-9　城市综合管廊时空信息设施组成

时空基准是时空大数据在时间和空间维度上的基本依据，其中时间基准主要采用公历纪元和北京时间。

时空大数据主要包括历史时空数据、智能感知数据、空间规划数据、管理分析系统和数据引擎。历史时空数据是反映历史和现状等时间特征的基础地理及空间位置信息数据，包括城市综合管廊 BIM 模型数据、测绘产品数据及其元数据、影像数据、城市历史时空数据等，测绘产品数据包括全景、可量测实景影像数据、激光点云等综合管廊地下空间及地理位置数据，城市历史时空数据包括城市综合管廊相关区域和设施的时空位置数据，主要用于城市综合管廊政府规划、建设、运营、退役以及应急中涉及政府及公众安全相关的监管与决策。智能感知数据是具有时间标识的即时数据，包括各类专业空间位置传感器感知的实时数据及其元数据，如人员实时位置信息、现场视频影像监测数据、管线与管廊空间监测数据。空间规划数据是反映未来城市综合管廊发展规划的数据，包括城市用地、管廊及管线规划数据。数据引擎的目的是为了满足高并发、大数据量下的实时性要求，实现时空大数据的统一管理，支撑云服务系统。管理与分析系统包括数据输入与输出、接收与调取、动态更新、处理、可视化、智能分析、安全管理等功能，为各种时空数据的综合应用提供集成环境和数据服务。

时空信息云平台包括服务资源池、服务引擎、位置地理引擎、业务流与知识化引擎以及相应的云服务系统。以计算存储、数据、功能、接口和知识服务为核心，形成服务资源池，建立服务引擎、位置地理引擎、业务流引擎和知识化引擎，连同时空大数据的数据引擎，通过云服务系统，为各种业务应用提供时空大数据支撑和服务。时空大数据的服务资源池包括计算存储、数据、功能、接口和知识服务功能。计算存储具有宿主和弹性分配服务，提供高可靠的云服务，支持宿主服务能够寄存用户数据和开发的系统，且可部署在云上，利用云操作系统，按需动态分配资源，提高资源利用率。数据、功能与接口服务主要是围绕时空数据进行实时位置和感知信息服务、数据的权限管理、查询、加密以及为应用程序提供数据解析、感知分析等接口服务。知识服务主要是利用智能分析技术开展时空大数据的智能分析，发现时空数据中隐藏的规律和隐形联系。

云服务系统依托地理位置、业务流和知识化等数据与服务引擎，围绕时空数据的服务与数据资源池，实现时空数据的智能化应用和按需服务，并提供时空信息设施的运维管理和数据同步服务功能。时空数据的应用需要建立在一定的支撑环境之上，包括相关的政策、标准与规划以及云计算与存储环境的建立和安全运维管理能力。

目前，围绕城市综合管廊时空数据的应用还处于初级阶段，主要围绕 BIM、GIS 以及各种视频数据开展应用，在数据与业务应用层面，缺乏系统性和协调性，难以构建面向政府、管廊以及管线单位的全寿命周期的时空大数据应用，其主要原因在于时空大数据的支撑环境还不完善，不利于与智慧城市融合发展，利用智慧城市的信息技术设施资源，降低城市综合管廊时空大数据应用难度和实现成本。

6.2.2 数据的融合

数据的融合是智慧城市综合管廊的典型特征，也是大数据、机器学习等信息技术在智慧城市综合管廊的主要应用方向。它是建立在数据资产和开放共享业务需求与技术要求基础之上，包括数据采集、数据描述、数据组织、数据交换与共享和数据服务五个部分，体现了从原始数据产生数据资产，从而将数据转化成信息和知识的应用过程。图 6-10 给出了数据的融合概念模型。

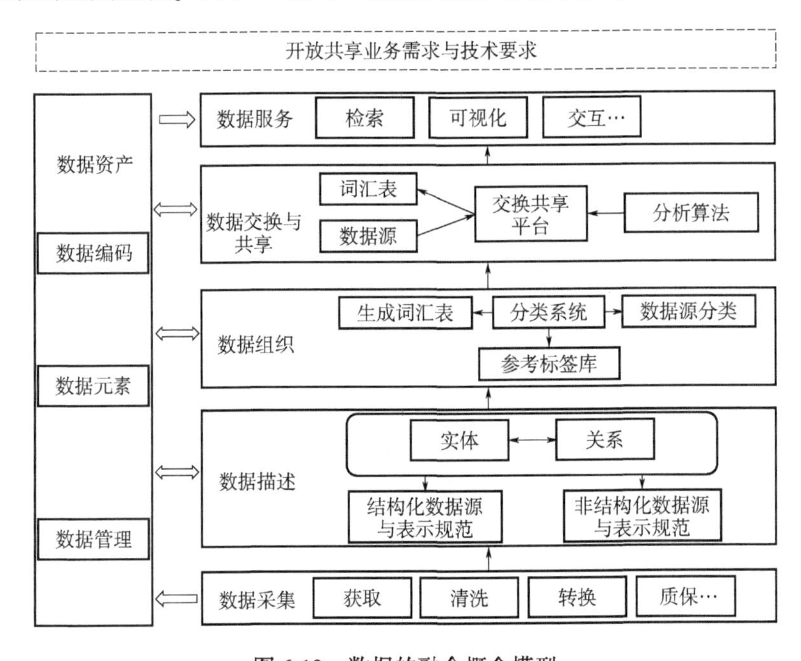

图 6-10 数据的融合概念模型

数据的描述、组织和交换与共享实际上是多源异构数据建模与分析的过程。数据的融合恰好是城市综合管廊数据资产的形成过程，包含城市综合管廊的数据以及数据融合过程中的其他信息，包括数据的编码、数据元素描述规范和数据的全寿命周期管理。

数据采集主要是利用机器人、人工、在线监测系统等设备或方式获取城市综合管廊全方位的数据，采用质量保证的方法并对数据进行清洗、转换，然后输入到数据资产中，保障数据的真实性、完整性、可用性、可追溯性和可靠性。

数据描述的过程实际上是数据建模的过程，包括结构化数据源和非结构化数据源的建模。结构化的数据源可以直接采用数据模式进行建模。非结构化的数据源可以采用非结构化建模的方法构建非结构化数据的表示规范，根据描述抽取数据模式，将数据源和数据模式汇聚到数据资产中。

数据组织主要是对数据源进行分类形成词汇表。它是建立在数据源的实体关系描述和参考的标签库基础上的，对数据源中的实体进行分类并生成词汇表的过程。

数据交换与共享是对多源数据进行统一管理和分析，是建立在信息设施平台基础上，利用各种融合分析模型对数据资产进行知识挖掘的过程，包括描述性分析、预测性分析、因果分析、故障诊断分析、安全与经济性评价分析等知识模型，也是大数据、机器学习等信息技术应用的主要方面。

数据服务主要是围绕业务需求对外提供数据资产的数据、信息、知识检索和可视化等。它是建立在开放共享数据的技术要求和规范基础之上的，包括数据质量、安全等方面的要求，目的是满足政府、公众、投资者、管线以及管廊等用户对数据的业务需求。

6.2.3　服务的融合

服务的融合是智慧城市综合管廊的主要目标和典型特征之一，也是利用信息技术降低城市综合管廊全寿命周期管理成本，提升安全与经济性的主要手段。它与数据的融合构成了各类城市综合管廊智慧应用的基础。服务的融合是建立在信息设施和数据的融合服务基础之上的，本质上是信息技术。图 6-11 给出了面向服务的体系架构（SOA）应用模型。

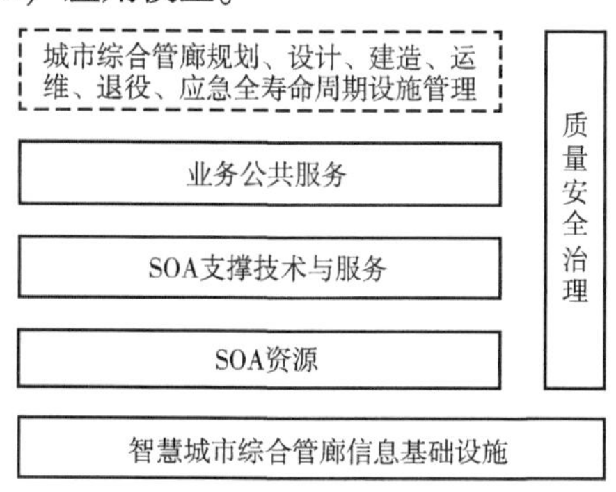

图 6-11　SOA 应用模型

城市综合管廊服务融合的目标是实现城市综合管廊全寿命周期设施管理业务，核心是 SOA 应用的服务分析与设计，包括业务公共服务、支撑技术与服务和相关的 SOA 资源，如图 6-12 所示。智慧城市综合管廊信息化基础设施和服务质量、安全和治理构成了服务融合的支撑环境。

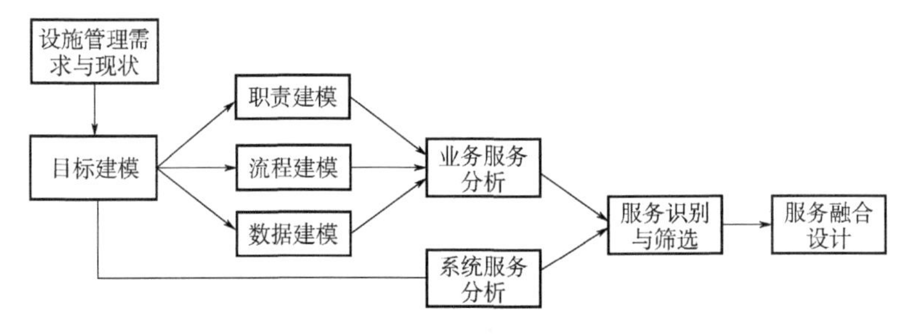

图 6-12　基于 SOA 的服务分析与融合设计过程

目标建模的目的是要解决城市综合管廊设施管理中存在的问题，根据智慧城市综合管廊的目标和业务中存在的问题，确定业务目标，并将业务目标作为服务分析的起点。降低全寿命周期设施运维成本，确保人员、设施和管线的安全，增强防灾减灾应急处置能力是城市综合管廊设施管理的主要核心业务目标。

职责、流程和数据的建模是围绕业务目标关键业务场景，了解组织结构，确定岗位职责，并逐个分析业务场景，梳理确定业务流程，建立数据模型，获取业务流程相关的数据需求。

业务服务分析是在职责、流程和数据的建模基础上，分析当前和未来业务发展需求，关注当前的组织结构、业务流程和数据情况，并考虑未来业务模式和所需的业务服务集。

系统服务分析是建立在当前系统提供的核心业务和数据基础之上的，目的是从系统的角度识别需要补充的服务。

服务识别与筛选主要是去除业务流程、功能及数据中不适合通过信息基础设施提供的服务去实现的部分，目的是确定服务融合设计的服务集，并形成迭代优化的过程。

服务融合设计根据分类、管理识别出的服务集，逐个定义服务，确定服务接口、协议和实现矩阵，用于开发具体的业务并将服务部署到信息基础设施之上。

面向 SOA 的服务融合技术的实现主要涉及服务的描述、注册与发现、服务的管理、数据服务接口、服务集成开发、服务交互通信、服务编制和身份管理服务。服务描述包括服务的基本描述、功能描述、非功能描述和统计特征描述。服务的注册与发现主要用于服务的使用者、提供者、服务注册中心之间的交互。数据服务接口包括数据的发布、订阅、通知和获取以及数据发布端、接收端实现方案。服务的管理包括服务资源管理、服务访问管理、服务监控管理和服务评价管理 4 方面内容。服务的集成开发包括业务服务开发和支持服务开发，以服务构件为基本元素，主要完成服务的实现、属性、接口、绑定、构件组合等功能。身份管理是建立在实体、身份、属性及其关联关系基础上的，包括服务相关的实体、服务提供者与使用者，使用请求应答模式和身份同步模式。

服务融合的过程实际上也是服务治理的过程，实质上是建立一种规则，用于关注服务的全寿命周期，确保服务的价值满足业务目标的要求，图 6-13 给出了服务治理过程中的主要要素。

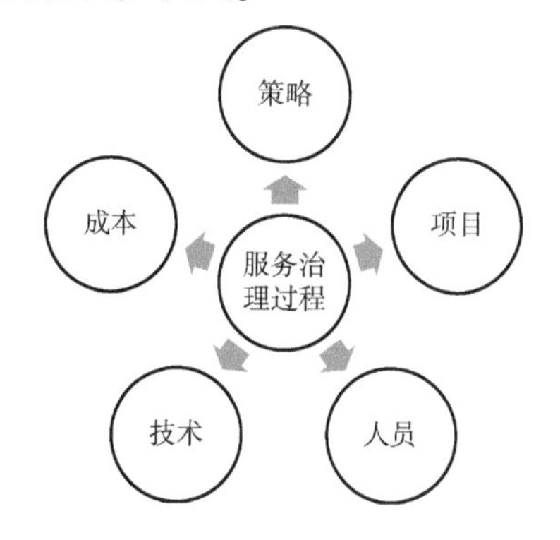

图 6-13 服务治理过程中的主要要素

服务治理是一个不断迭代的过程，包括服务的规划、定义、实施、验证和优化全寿命周期，与组织的目标、业务需求和流程密切相关，图 6-14 给出了服务治理的过程示意图。

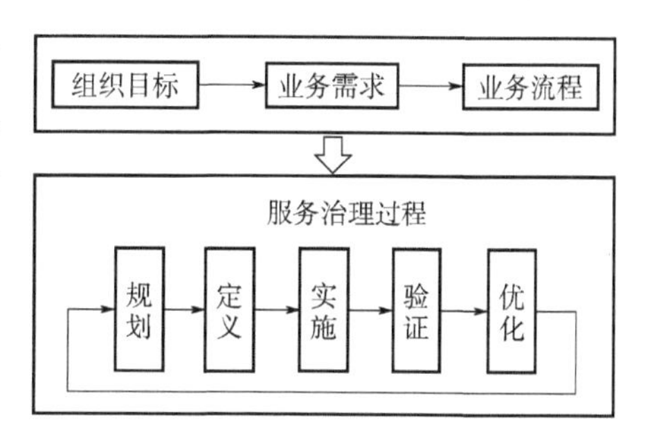

图 6-14 服务治理过程示意图

智慧城市综合管廊的服务是一个动态不断融合和治理发展的过程，推动这一过程的根本原因是政府、投资者、公众、管廊以及管线运营单位对城市综合管廊高效安全运行的目标追求，信息技术的进步和应用加速了这一过程。因此，对于智慧城市综合管廊的服务过程，需要在智慧城市综合管廊信息设施基础之上，从技术和管理方面，建立一个动态优化的过程，使得运营服务模式能够适应城市综合管廊的发展，增强设施管理的安全与经济性水平。

6.3 智慧运维与策略优化

城市综合管廊的智慧运维是智慧城市综合管廊最核心的业务目标，直接影响着城市综合管廊安全与经济性指标，决定了城市综合管廊的可持续发展目标。在城市综合管廊运维阶段，运行措施确保了城市综合管廊的基本安全水平，维护策略则决定了城市综合管廊的最高安全运行水平，也直接影响了城市综合管廊的运营成本，因此，围绕安全和经济性指标，开展城市综合管廊维护策略的优化，可以显著提升城市综合管廊的安全与经济性水平，达到智慧运维的目标。

6.3.1 智慧运维

根据城市综合管廊全寿命周期特点和经济性评价指标体系，运营阶段的经济性评价是影响城市综合管廊可持续发展的关键部分。运维技术的进步可能会使运营阶段的成本降低，并使得运营阶段的收支达到平衡。然而，一旦发生危害管线及管廊结构本体的重大事故，可能就会对城市综合管廊的运营带来巨大的财政赤字，使得政府、公众、投资者、管廊及管线单位等各方的利益受到重大损失。

为了避免重大安全事故对城市综合管廊可持续发展产生不利影响，保障各方的经济利益，需要利用先进的技术手段来防止重大事故的发生，包括利用智能技术加强对设施的监控，优化维护策略确保设施的安全运行。运营阶段的经济性优化策略必须要建立在安全目标达成的基础之上，围绕影响成本的主要活动进行优化，包括各种预防性维护策略。

根据智慧城市综合管廊顶层设计和技术架构，围绕统一管理与信息服务平台，利用大数据与数据挖掘分析等信息技术，根据城市综合管廊运营业务和目标，开展数据与运营业务服务的融合，提升城市综合管廊运维效率、安全和管理水平，是城市综合管廊智慧运维的主要目标和内容。此外，运行和维护也关系到管线单位与政府的监管和城市公共安全应急，且城市综合管廊地域分布的分散性和地下有限空间环境特性，使得城市综合管廊的运维面临内外部业务数量和接口多，信息设施建设和业务与数据管理复杂等问题。由于智慧城市综合管廊是智慧城市的重要组成部分，应从智慧城市的角度来构建城市综合管廊的智慧运维体系，图6-15给出了基于数据和业务融合的分布式城市综合管廊智慧运维的体系架构，其特点是从城市综合管廊地域分布和运营管理的隶属关系出发，采用集中与分布式技术相结合的方式，利用城市综合管廊与智慧城市的信息基础设施来构建城市综合管廊的智慧运维体系，并根据业务与数据的实时性要求建立网络通信设施架构与共享模式。

管廊运营单位建设城市综合管廊智慧运维技术体系时，需要结合管线单位和智慧城市的建设现状，充分利用已有的信息基础设施，来构建城市综合管廊的智慧运维平台，并利用规划、设计以及建造阶段的数据，根据运维业务构建数据驱动的运行和维护模式。

城市综合管廊智慧运维实质上是建立在不同层级的信息物理融合系统之上，通过数据驱动、软件定义、泛在连接、虚实映射、异构集成以及系统自治等构建城市综合管廊运维新模式，图6-16结合智慧城市综合管廊架构，围绕统一管理平台信息设施，给出了城市综合管廊智慧运维总体技术架构。

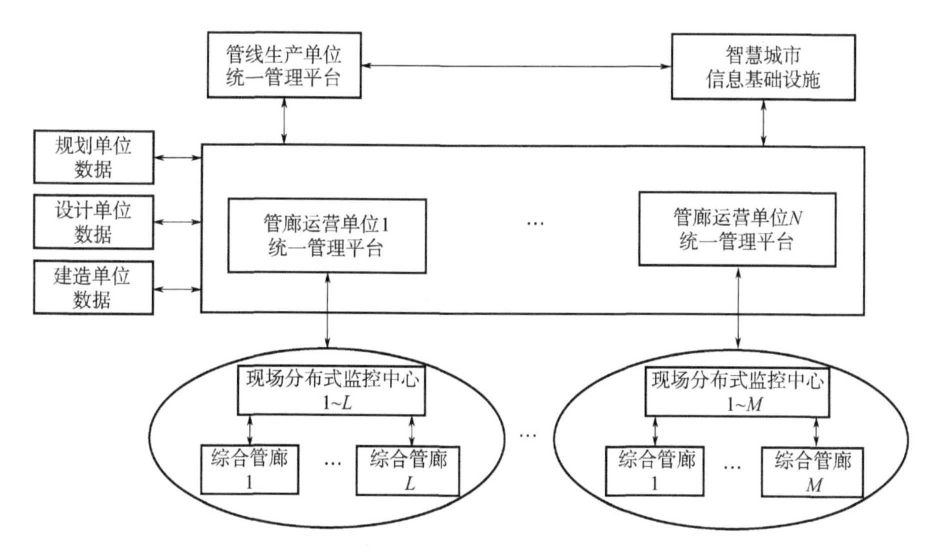

图 6-15　城市综合管廊智慧运维体系架构

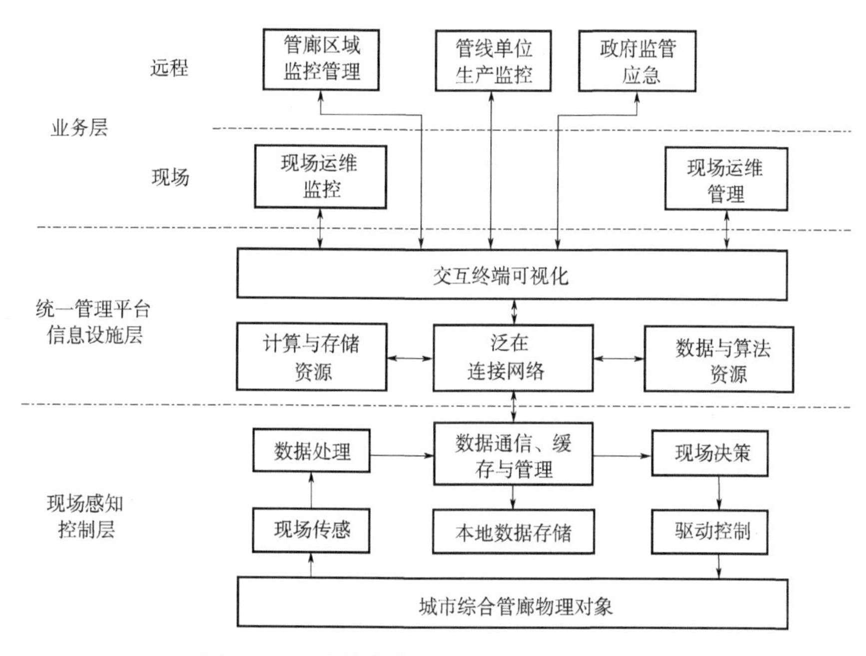

图 6-16　城市综合管廊智慧运维总体技术架构

城市综合管廊物理对象的运维监控和管理是城市综合管廊智慧运维的核心现场业务。管廊运营单位的区域监控和管线单位的生产监控以及政府的监管和应急构成了城市综合管廊智慧运维的远程业务。现场和远程业务构成了城市综合管廊智慧运维的核心业务目标，其目的是确保城市综合管廊的安全、经济运行。图6-17给出城市综合管廊智慧运维的主要核心业务的组成部分。

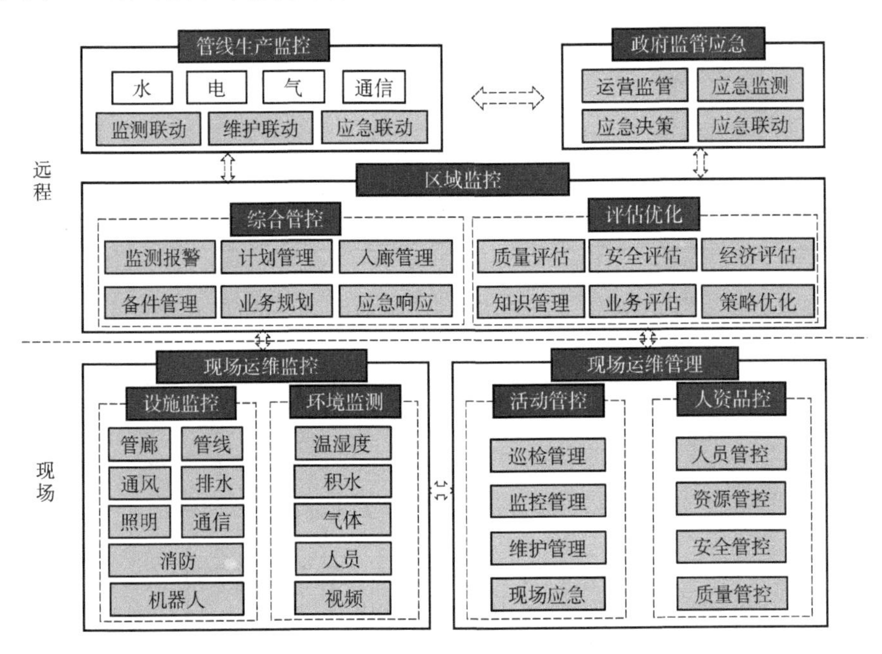

图6-17　城市综合管廊智慧运维主要核心业务

运维监控和运维管理是现场业务的主要内容。现场运维监控包括对管廊、管线、通风、排水、消防、照明、通信、机器人等设施以及温湿度、积水、气体（可燃与有毒气体）人员与视频环境的监控，是现场运行业务的核心内容。现场运维管理包括运维活动和人员、资源以及运维品质的管控，主要的运维活动包括巡检、监控、维护和应急，人员管控包括人员出入口管理、人员身份与授权管理等，资源管控包括运维活动中需要的工器具、原材料等的管理，安全和质量管控主要是为规范运维活动过程，采用的一些管理措施来确保设施人员安全与运维质量，例如安全设施的审批和运维活动的记录等。

区域监控、管线生产监控和政府监管应急是远程业务的主要内容。区域监控实现对现场重要设施和活动的监测和管理，围绕监测、业务规划、计划、备件、应急以及入廊管线对所属城市综合管廊（可能包括若干城市综合管廊）进行综合管控，并利用信息化技术开展质量、安全、经济、业务等评估、知识管理和策略优化。管线单位根据管线生产运维以及应急业务的需要，开展监测、维护和应急联动业务。政府根据监管和应急要求，实现管线与管廊区域监管之间的运营监管、应急监测、联动与决策业务。

统一管理平台信息设施主要包括泛在连接网络、计算与存储资源、交互终端以及数据与算法资源。泛在连接网络用于将现场感知控制层与分布在不同区域或系统的信息设施资源与业务交互终端进行连接，包括各种现场总线、工业以太网、公共网络等物联网技术。计算与存储资源可以是传统的计算和存储服务器资源，也可以是云计算与云存储资源。数据与算法资源包括 BIM/GIS 时空大数据、监测、运行、维护等领域的数据和知识，以及各种信息融合分析算法与工具，是构成数据驱动的智慧运维模式的关键要素。交互终端用于将业务和数据进行可视化，实现与业务人员的交互。这些资源一般根据业务聚集的情况，采用分布式的布置策略，主要分布在现场集控中心、区域监控中心和管线与智慧城市信息基础设施中。

现场感知控制层用于对城市综合管廊物理对象进行监测和控制，这些物理对象包括设施和环境，设施包括管廊、管线以及管廊相关的附属设施如通风、排水、消防、通信、标识、门禁等，环境包括内部地下空间的温度、空气质量和人员。现场感知控制层的存储与通信设施也是城市综合管廊智慧运维信息基础设施的一部分，但是这些信息基础设施仅仅提供单元级的信息感知与融合处理，也包括各种边缘计算与存储资源，例如智能巡检机器人的控制单元。

6.3.2　运行策略优化

城市综合管廊运行策略优化的目的是发现城市综合管廊系统与运行过程中的安全隐患和不足之处，提升城市综合管廊运行安全水平和经济性。利用数据驱动，发现城市综合管廊全寿命周期运行相关的数据中蕴含的知识和规律，采用安全与全寿命周期成本分析的方法动态地对运行安全与经济性指标进行优化，合理确定城市综合管廊智慧运维的安全与经济性指标。

运行策略的优化是建立在对城市综合管廊全寿命周期运行状态的识别与评估基础之上的，通过利用多源数据融合分析的方法，采用智能的大数据与机器学习和知识管理的方法对城市综合管廊运行状态进行识别和故障预测，对运行中的风险和成本进行评估，并根据安全与经济性指标开展运行策略的优化。运行策略的优化是建立在运行策略空间的建模和优化算法基础之上的，根据城市综合管廊运行业务、模式和系统设计配置情况，对可能的运行策略进行分析建模，围绕运行系统、状态规程、巡检程序以及管理方法开展安全与经济性评估和优化。通过优化过程，识别运行过程中的薄弱环节，并制定相应的措施，确定运行系统的改造方案，并修订相关规程、程序，完善运行业务模式。图 6-18 给出了城市综合管廊智慧运行策略优化的过程和主要内容。

随着智能巡检机器人的应用，城市综合管廊的运行监控和巡检策略逐渐向地下空间的无人巡检发展。由于机器人的巡检与在线监控、人工巡检在功能上的重

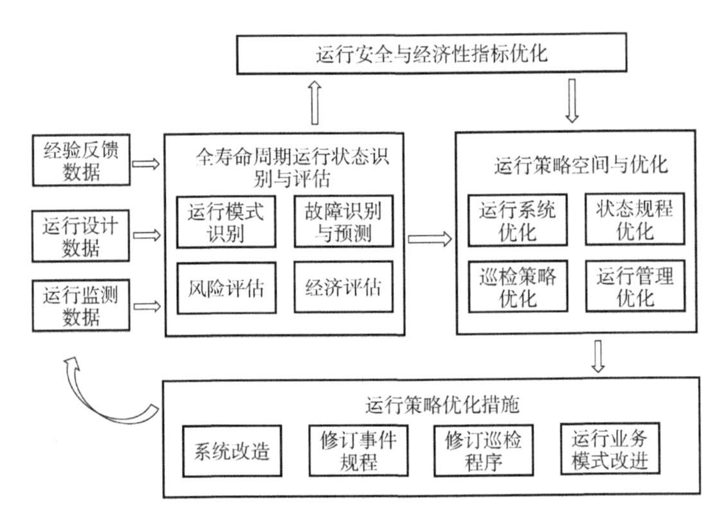

图 6-18　城市综合管廊智慧运行策略

叠和补充，无人巡检模式的发展需要机器人与在线监控系统以及运行管理模式的相协调，避免智能巡检机器人技术无法提升运行的经济和安全效益。图 6-19 给出了智能巡检机器人应用评估的过程。

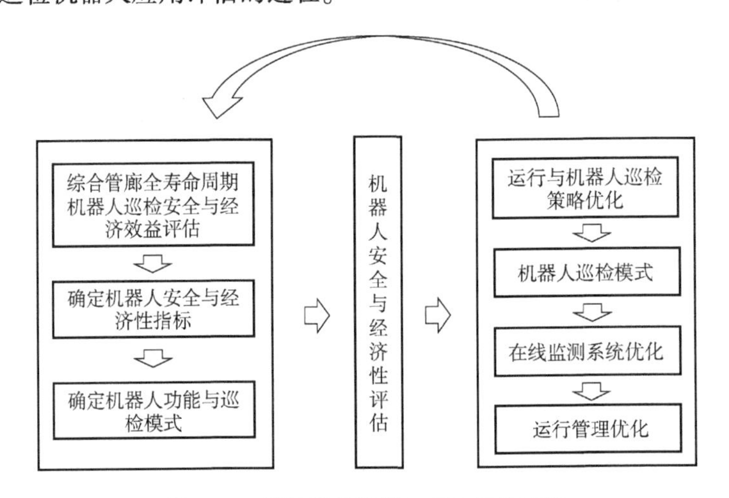

图 6-19　智能巡检机器人应用评估过程

机器人的安全与经济性目标和城市综合管廊运行系统与模式的相互协调，决定了智能巡检机器人在城市综合管廊中的安全与经济效益。机器人的安全与经济性目标需要建立在城市综合管廊全寿命周期安全与经济性评估基础之上，并考虑机器人替代人工巡检的经济收益与数据获取质量对安全指标的提升作用，从而为巡检模式、在线监测系统与运行管理模式的优化提供数据支撑。

在经济性评估上，可以采用式(6-1)～式(6-4)估算全寿命周期机器人投入成本。

$$M_1 = M_{1E} + M_{1S} \tag{6-1}$$

$$M_{1S} = (N_d S_{1d} + N_p S_{1p} + N_c S_{1c}) \tag{6-2}$$

$$M_2 = \sum_{i=0}^{[\frac{m}{n}]-1} (1+k_1)^i (M_{2d} + M_{2s}) + \sum_{i=0}^{m-1} (1+k_2)^i L_2 M_{2p} \tag{6-3}$$

$$M = M_1 + M_2 \tag{6-4}$$

式中，M表示机器人成本；M_1和M_2表示建造和全寿命周期运维阶段机器人成本；N为建造阶段服务承包合同金额；S_1为合同费用占比；下标E表示设备部分，S表示服务部分，d表示设计阶段，p表示采购阶段，c表示建造阶段，$2p$表示人工；n表示机器人平均寿命；m表示综合管廊设计预计运维寿命；k_1和k_2分别表示设备与人工成本平均增长因子；L_1表示人工作业所需人员数量；L_2表示机器人作业所需人员数量。

根据作业机器人功能及效率分别评估替代人工作业的有效性k（$0<k\leqslant 1$）和替代人工作业数量$l=L_1-L_2$，$k=L_2/L_1$，考虑人工成本的增长，m年机器人获得的总收益如式(6-5)：

$$M_3 = \sum_{i=0}^{m-1} (1+k_2)^i (1-k) L_1 M_{2p} \tag{6-5}$$

用p表征投资回收期，计算公式如式(6-6)：

$$p = \frac{mM}{M_3}（年） \tag{6-6}$$

由于机器人作业对安全上的收益无法用经济性指标进行评估，以机器人替代人工作业带来的人员安全风险降低以及系统安全性能提升为评估依据，采用如下定量模型评价机器人的安全效益。

$$q = k_3 q_1 + k_4 q_2 \tag{6-7}$$

式中，k_3、k_4是权重系统，且属于$[0, 1]$；q_1是人员安全风险减少率；q_2是安全指标提升率；可详见式(6-8)、式(6-9)

$$q_1 = 1 - \frac{q_{1e}}{q_{1p}} \tag{6-8}$$

$$q_2 = \frac{q_{2e}}{q_{2p}} - 1 \tag{6-9}$$

若q_1和q_2为负值说明机器人作业既不能减少人员安全风险，也不能提升系统的安全水平，显然在实际应用中q_1和q_2都为正才能带来显著的安全效益。q_{1p}与q_{1e}来自经验数据，可以通过统计估算每年的安全事故数量来计算，分别表示人和机器人作业的统计安全指标。若初始无经验数据，可用机器人替代人工作业的有效性k来估算，此时$q_1=1-k$。q_{2p}是人工作业情况下系统安全评估值，q_{2e}是机器人作业系统的安全评估值，它与作业机器人的功能和使用策略相关。q_{2p}与q_{2e}由系统的定量安全评估模型计算确定。

根据机器人投入成本、投资回收期及安全效益定量评价综合管廊作业机器人经济性。确定机器人作业项目期望的投入成本M_0、投资回收期p_0以及安全效益q_0，计算归一化的投入成本P_1，投资回收期P_2和安全效益P_3，可详见式（6-10）：

$$P_1 = M_0/M，P_2 = p_0/p，P_3 = q/q_0 \tag{6-10}$$

则机器人的经济性评价指标$P = f_1/P_1 + f_2/P_2 + f_3P_3 = \sum_{i=1}^{3} f_iP_i$，其中$0 < f_i \leqslant 1$，为权重值。若$P > P_0$，$P_0$为期望指标，表示机器人作业有较大的经济性，超过了预期的经济性目标，反之表明作业机器人的经济性较差。

此外，通过确定机器人对城市综合管廊安全目标的作用，来评估和优化运行系统安全目标和系统设计，降低冗余的监测功能，可以进一步降低在线监控系统的运维成本，例如降低固定式摄像头的数量。

6.3.3 维修策略优化

维修是城市综合管廊运营管理之中除运行监控外最重要的活动，维修策略和质量直接关系到城市综合管廊的安全和经济性。企业用于设施维修的成本巨大，一般占到总支出的15%～70%。因此，随着企业面临降低生产成本的压力，在确保安全的条件下尽可能减少维修费用是企业实现可持续发展的重要途径之一，也是城市综合管廊智慧运维需要实现的重要目标。

维修一般分为事后维修和预防性维修，其中预防性维修又可以分为定期维修和视情维修。定期维修也是计划性维修，是目前应用广泛的一种维修方式。目前，城市综合管廊的日常维修主要采用计划性维修，通常分为大修和小修，大修的周期比小修的周期长。这种维修方式虽然可以节省维修成本，提升系统的可靠性和可用度，但是容易忽视系统的差异，导致盲目维修或过度维修。由于视情维修是根据系统实际劣化程度（健康状态）来安排维修，能够避免不必要的维修工作实现精准维修，随着大数据分析等技术的进步，这种维修方式能够避免计划性维修的不足，并进一步提升维修活动的经济性与安全性水平，得到了快速的发展。图6-20给出了城市综合管廊维修策略优化的过程。

城市综合管廊的安全与经济性目标决定了维修策略及其优化，智慧城市综合管廊运维策略是建立在信息基础设施基础之上的，采用数据与知识融合的方法进行维修策略的建模和动态优化。由于智慧城市综合管廊提供了数据与服务融合的基础，维修建模与目标优化成了维修策略优化的关键。

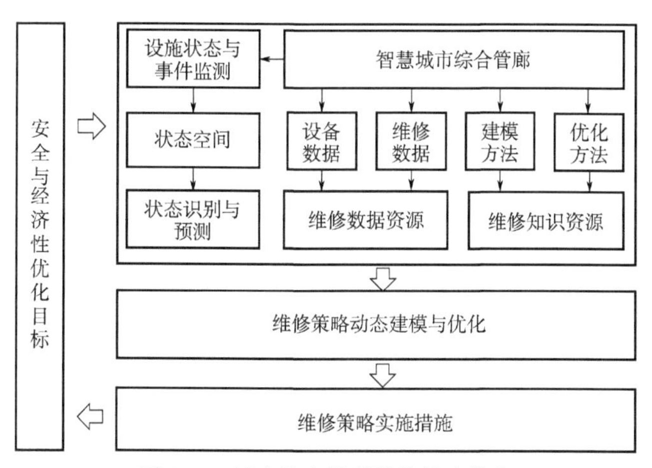

图 6-20　城市综合管廊维修策略优化

维修建模的过程实质上是维修策略建模，建模过程也是数据与知识融合的过程。从 20 世纪 60 年代开始，人们基于预防性维修理念提出了数以百计的维修策略。由于设备故障与事故的发生具有随机性，多数维修策略都是根据运行时间或设备失效情况进行维修决策，视情维修或者精准维修的策略很少。常用的策略包括寿命更换策略、成批更换、故障限制、维修限制、视情维修等。这些策略方法的构建是建立在可靠性分析、安全分析以及不同的建模理论基础之上的，例如马尔科夫链、概率论、Gamma、Poisson 过程等。单一维修策略难以满足智慧运维的技术要求，随着元学习与大数据分析技术的发展，对不同的维修策略进行知识融合处理，构建复杂维修模型是解决维修策略优化的重要技术手段，图 6-21 给出了城市综合管廊维修策略与优化的过程和方法。

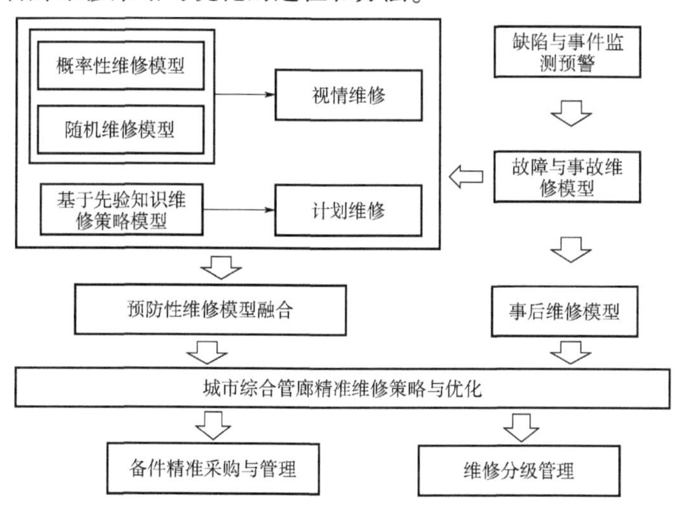

图 6-21　城市综合管廊维修策略与优化方法

由于城市综合管廊是由管廊、管线以及附属设施构成的复杂系统，复杂系统的维修策略优化本质上是多目标综合优化，维修策略的建模和复杂系统的可靠性与安全分析密切相关。维修策略的优化不仅仅关系到设施的维修，还关系到运维管理活动，例如大修计划的安排和组织，备件采购和管理，维修策略培训等，其中备件的采购和管理是维修策略实施过程中除了维修本身之外可以大幅度提升运维经济性的环节。

由于城市综合管廊全寿命周期内维修活动的复杂性，单一维修策略往往具有一定的局限性，难以适应精准维修策略的需求。因此，必须从安全和经济性角度，对维修策略进行融合分析，发挥不同维修策略的作用，从而实现降低运维成本，提升城市综合管廊设施安全水平的目的，此外对设施故障或事件进行分级管理，依据可靠性与安全分析结果，从故障或事件的后果来优化维修管理的效能，并根据设施状态监测、故障模式识别与预测数据采取不同的维修策略来优化维修管理活动，从而降低维修成本。

第7章 智慧城市综合管廊技术应用研究

与城市综合管廊发展一样，不同地域和经济发展水平的城市面临的智慧城市综合管廊建设目标可能差异较大。城市综合管廊运营单位应根据城市的规划、建设和技术现状，围绕制约城市综合管廊安全与经济效益相关的关键问题，开展顶层设计，构建智慧城市综合管廊技术架构体系，结合智慧城市发展需求和现状确定智慧城市综合管廊的具体建设方案，积极探索与城市经济和技术水平相适应的智慧城市综合管廊运营模式，避免信息基础设施的重复建设，降低城市综合管廊全寿命周期成本，确保管廊与管线的安全运行，维护投资者和公众的利益。

7.1 智慧城市综合管廊建设需求与现状

7.1.1 智慧城市综合管廊建设需求

为了解决我国城市面临的安全、资源、环境等可持续发展问题，国家部委先后出台了一系列法规和标准，大力推动智慧城市与城市综合管廊的建设。随着大规模的城市综合管廊逐渐进入运营阶段，安全要求高、投资高、收费难等关系城市综合管廊可持续发展的问题也逐渐暴露出来了，城市综合管廊发展面临如下的问题。

1）不同建设时期和地域的城市综合管廊信息化建设水平差异较大，尤其是早期修建的一些城市综合管廊，缺少标准的指导，普遍采用人工方式运维，信息化程度低，难以全面检测管廊本体以及管线设备的实时状态，降低人员与设施安全运行风险。

2）管廊各监控子系统相互独立，缺乏联动和统一管理，且不同地区的综合管廊之间信息孤立，难以统筹管理。

3）采用传统的运维管理方式，信息化程度不高，无法实现全寿命周期数据的归集并构建数据资源支持环境，缺乏智能化的辅助工具和数据与服务融合驱动的技术手段，难以实现设施的精准管理与外部单位的高效应急联动，无法提升城市综合管廊的安全与应急管理水平并降低管理成本。

4）不同主体之间的利益、标准和信息化需求不同，沟通协调复杂导致城市综合管廊全寿命周期设施管理相关的标准体系难以建立和完善，数据接口与技术标准难以统一，无法形成市级的统一管理平台，不利于政府应急监管、运营服务模式治理等可持续发展机制的完善。

为了确保城市生命线安全，维护投资者和公众利益，降低城市综合管廊运维成本，国家制定了《城市地下综合管廊运行维护及安全技术标准》（GB 51354—2019），并发布了全国城市市政基础设施规划建设“十三五”规划，明确提出地级及以上城市的城市基础设施监管平台需要全覆盖。人工智能、机器人、大数据等信息技术的发展催生了城市发展和运营的新模式，也推动着基础设施监管技术的进步。随着我国综合管廊的规模不断增大和智慧城市的发展，传统运营模式难以适应大规模城市综合管廊高效安全运营的需要，智慧城市综合管廊建设需求也日益迫切。

智慧城市综合管廊是一项系统而复杂的工程，通过人工智能、机器人等信息技术将管廊、管线、环境及附属设施运行监控管理业务与数据进行融合，实现城市综合管廊全寿命周期综合管理，不仅可以提高综合管廊的安全运维管理水平，更有助于在传统建设领域内加快应用、推广信息领域的新成果，为基础设施建设以及长期运维转变发展观念，调整发展模式，实现人才、技术、信息、资金等创新资源的合理配置注入新能量，同时成为激发整合建设领域内创新发展的新动力，从而促进城市综合管廊运营模式的降本增效，进一步维护投资者和公众的利益，推动城市综合管廊的可持续发展。

7.1.2 智慧城市综合管廊的建设与发展现状

智慧城市综合管廊的建设与发展不是孤立的存在，它是城市社会分工、经济与技术发展到一定程度的产物，是城市治理过程中的一部分，需要结合智慧城市的发展状况进行建设。智慧城市自 2010 年提出，已经有 200 多个城市启动了智慧城市战略，主要是运用物联网、云计算、互联网等信息技术构建的一种新型的城市治理和社会发展模式。2015 年底国家提出了“新型智慧城市”概念，要分级分类建设新型示范性智慧城市，到 2020 年新型智慧城市建设取得显著成效，并逐步建立了以人为本、因城施策、融合共享、协同发展、共同参与、绿色发展、创新驱动的发展原则和标准体系。这与我国城市综合管廊发展的阶段与目标是相互协调的，都是为了解决我国城市发展过程中面临的一系列城市治理问题，可以说，智慧城市综合管廊实质上就是智慧城市的组成部分。

与智慧城市的发展一样，智慧城市综合管廊并不仅是一个技术层面的议题，也是一个复杂的制度变化的过程，蕴含着社会治理技术的政治性，离不开城市的经济、政治、社会发展现状约束。这也反映出智慧城市综合管廊建设的复杂性，强调的是数据与服务的治理，是一种将政府、投资者、公众、管廊与管线单位联结起来的独特的伙伴关系，以城市综合管廊的安全、经济运维为目标，专注于运营、维护、应急以及管理等技术、服务与数据融合方面的研究，也是政府、投资者、公众、管廊以及管线单位监管与设施运营管理模式转型的过程，需要根据城市综合管廊以及城市经济与治理实际情况动态地进行建设，无法给出具体统一的模式和要求，也不能照抄照搬。

智慧城市综合管廊的建设与发展现状与一个国家和地区城市的经济、技术、社会发展水平密切相关。在信息技术、智慧城市和城市综合管廊发展的带动下，人们开始运用物联网、人工智能技术构建城市综合管廊运维管理系统，对城市综合管廊运行过程进行全方位管控，围绕城市综合管廊运维管理业务，提出了综合管廊智慧运维管理系统总体架构（图 7-1），实现综合管廊运维管理的集约化、规范化、科学化，从而提高管廊抗风险能力，降低管廊运维成本。

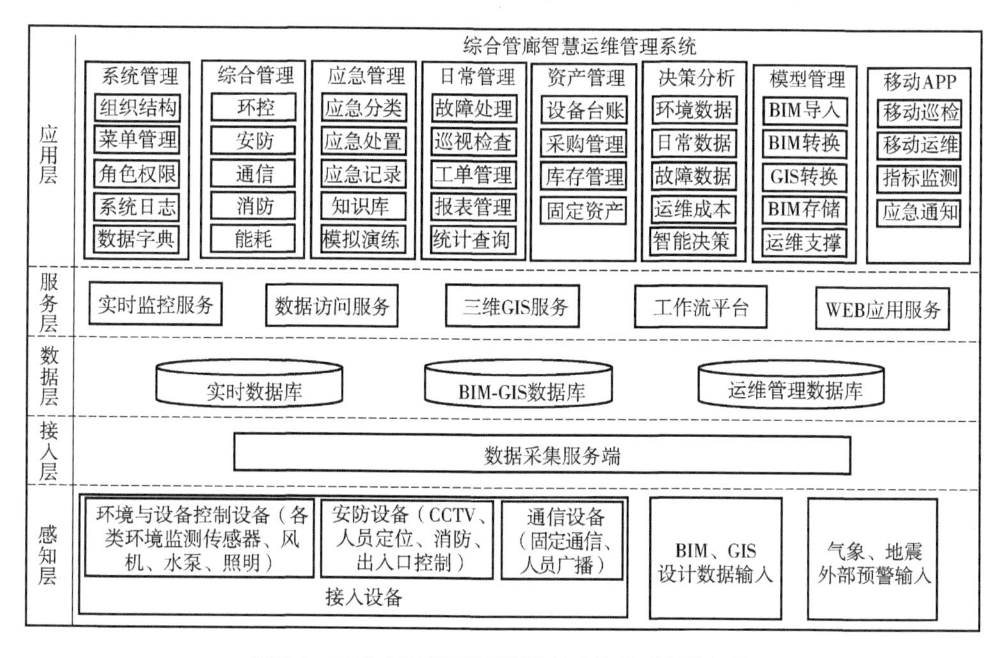

图 7-1　综合管廊智慧运维管理系统典型总体架构

此外，为了基于数据融合来实现城市综合管廊安全运营和管控，人们也采用了面向时空信息的多源异构数据集成、联动与融合构架模型，对业务进行融合分析，并对数据进行管理、决策和分析，实现对城市综合管廊的安全运营与智慧管控，如图7-2所示。

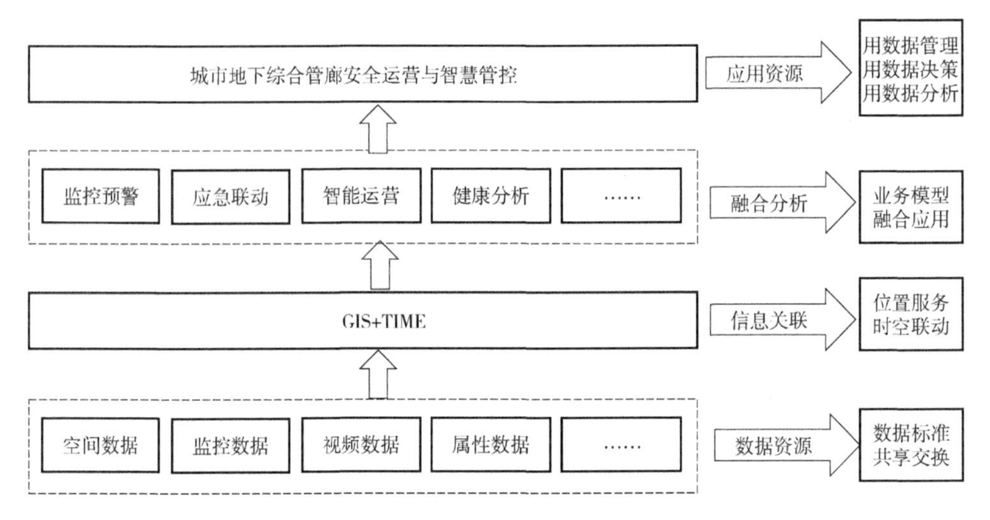

图7-2　面向时空信息的多源异构数据融合构架模型

随着城市综合管廊建设规模的不断增大，管廊公司管理的城市综合管廊数量也在不断增多，然而城市综合管廊地域分布的分散性和地下有限空间应急管理的复杂性使得城市综合管廊平台的管理层级不断拓展，图7-3给出了市级指挥监控中心、公司级总监控中心、现场维护站三个层级，重点突出了应急处置以及现场服务和数据、服务管理任务，将城市综合管廊的业务范围扩大到政府应急指挥层面。

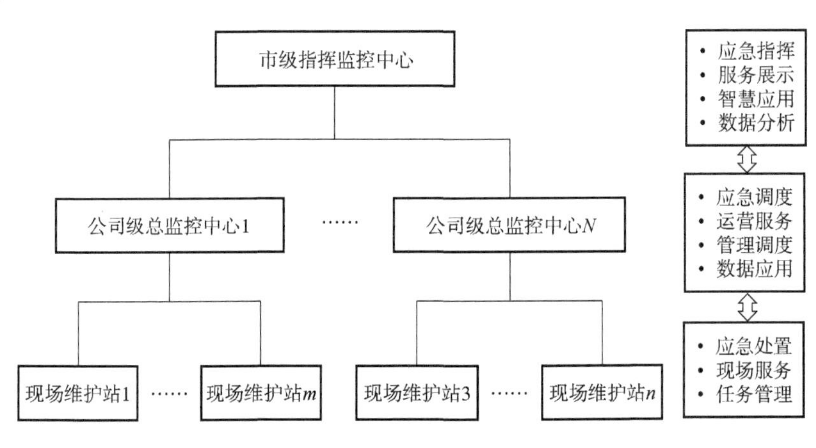

图7-3　智慧平台管理层级架构

为了增强城市综合管廊全寿命周期成本管控，降低运营阶段的管理成本和安全风险，BIM和GIS技术也逐渐在城市综合管廊运营管控平台得到应用。人们开始利用 BIM、GIS 结合云计算、物联网和大数据技术，开展城市综合管廊综合管控、智慧运维、智慧运营、智慧应急和大数据分析与可视化业务的应用。图 7-4 给出了 BIM 与 GIS 数据集成与模型转换的流程。此外，在城市综合管廊设计与建造阶段利用 BIM 模型实现一体化的管理，提前通过模拟与可视化的方法来指导设计、建造和运维管理，能够降低设计、建造阶段的技术风险和管理成本。

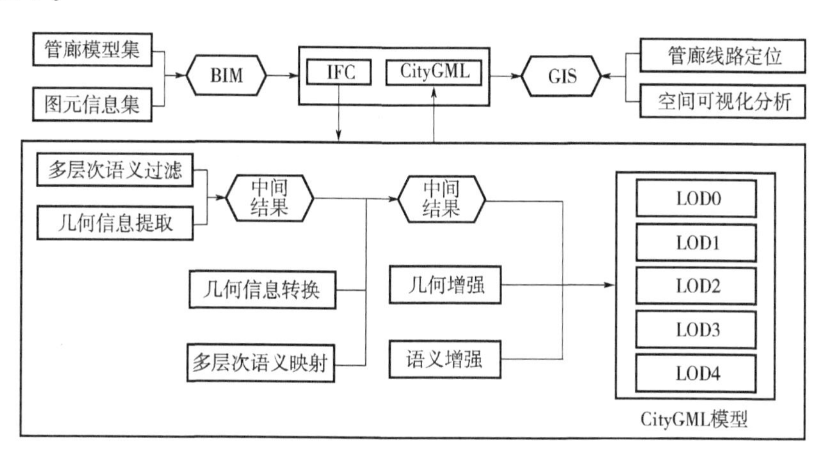

图 7-4　BIM 与 GIS 数据模型融合转换

现有智慧城市综合管廊的建设主要偏重于城市综合管廊的建设过程管理和运维管理中的问题，在顶层设计上缺乏城市治理和智慧城市建设与运营的系统性的考虑，相对独立，未能从城市现状以及城市综合管廊利益相关方和城市治理的角度进行综合性考虑，从典型综合管廊智慧运维管理架构的服务与数据的融合角度来看，现有的智慧城市综合管廊的建设和运营过程未能充分与智慧城市相互融合发展，也不能系统性地统筹兼顾政府、投资者与公众的利益，未能充分利用智慧城市在信息技术设施、数据与服务融合方面的技术成果，尤其是通信和存储计算资源的共享。

7.2　深圳市智慧城市综合管廊顶层设计

7.2.1　深圳市综合管廊建设现状

综合管廊作为一种地下基础设施，是一种建设投资巨大、管理成本高昂的基础设施，对于城市或地区经济要求高。在经济层面，深圳市已经具有巨大的经济总量，能够在一定程度上满足投资城市地下综合管廊的经济基础，而对于综合管廊信息化管理系统的投资也在政府财政负担范围内。

受制于城市土地资源的限制和管线事故与维修造成的马路拉链现象对城市生产生活的影响，为提高管线安全与城市防灾水平，深圳市在2005年就开始建设第一条“大梅沙—盐田坳干线综合管廊”，是较早开展城市综合管廊建设的城市之一。第一条城市综合管廊的建设让城市管理者认识到综合管廊对城市建设发展的重要性，另一方面也为城市市政管线统筹布局、未来综合管廊建设和运维奠定了基础。因此，在深圳市后续的道路建设中，又在光明新区、前海片区分别建设了综合管廊，这些管廊对避免道路反复开挖、保证管线正常运行、改善城市环境都发挥了重要作用。根据《深圳市地下综合管廊工程规划（2016—2030）》，近期（至2020年）全市力争建成综合管廊100km，开工建设综合管廊300km（含已建成规模）；远期（2021—2030年）全市力争建成综合管廊500km；远景（2031年以后）全市力争建成综合管廊900km。

随着城市综合管廊的大规模集中建设并逐渐投入运营，深圳市城市综合管廊面临的问题也日益突出，主要体现在如下几个方面：

1）信息化与智能化程度低，无法满足设施安全与高效运维要求。早期规划设计与建设的综合管廊信息化与智能化水平低，普遍采用传统的人工巡检方式，难以全面检测到管线设备设施的实时状态。各监控子系统相互独立，缺乏联动和统一管理。运营管理依赖纸质报表，难以实现数据归集，缺乏信息化辅助工具，无法满足大规模综合管廊投运后安全高效运营管理目标要求。

2）数据分散在不同主体和系统中，难以支撑全寿命周期设施管理的要求。管廊建设、运营以及管线运营主体之间信息孤立，缺乏信息化联动机制，而且不同综合管廊之间的信息也缺乏共享，导致形成信息孤岛，难以将不同来源、不同专题的数据进行结构化整理和归类，无法利用大数据技术发现各类数据之间的联系和规律，形成跨平台、跨区域的应用，构建数据驱动的全寿命周期设施运维管理方式。

3）传统服务方式导致协调管理难度大、收费难与应急处置能力不足，经济与社会效益风险高。综合管廊是城市社会化分工的产物，城市分工的进步对城市综合管廊服务方式的转变要求高。传统服务方式依靠人工处理复杂数据与服务，增加了管理和协调的接口和复杂度，且服务缺乏信息化的管理手段，使得城市综合管廊服务治理困难，难以降低管理成本改善生产关系，导致收费难成为制约城市综合管廊可持续发展的关键因素。此外，由于主体和系统之间缺少联动服务机制，在应对突发事件和严重事故时，信息化的联动机制与服务的缺失将严重影响城市综合管廊的应急处置与防灾减灾能力，使得城市综合管廊面临巨大的经济与社会风险。

4）与智慧城市的发展融合不够，未能充分利用智慧城市相关的信息技术设施资源，支撑智慧城市的发展。深圳市城市综合管廊处在信息化向智慧化转变的时代，BIM技术、计算机与网络技术的应用尚未深入，而智慧城市已经在如火如荼地进行建设，智慧城市综合管廊的发展与智慧城市构建的信息技术设施以及数据与服务支撑环境需要相互协调，才能充分利用已有智慧城市资源来构建经济高效的智慧城市综合管廊，避免在信息技术设施上的重复建设，支撑智慧城市在管廊及管线运营监管、防灾减灾、应急处置等领域的发展与完善。

为了推动城市治理与提升城市综合管廊的智慧化水平，深圳市政府出台了多项政策、标准、规范等完善和推动深圳市智慧城市与地下综合管廊建设和发展，高度重视地下城市综合管廊信息化管理系统建设，在《深圳市新型智慧城市建设工作方案（2016—2020)》中明确提出，推进地上地下空间一体化的智慧化管理体系建设，提升空间位置感知能力，集成给水、雨水、污水、电力、电信、燃气、地铁、综合管廊等地下市政基础设施数据，建成全市综合管网信息库和统一管线信息平台，为市政工程审批、地下管线管理提供基础信息服务。智慧城市综合管廊已然成为深圳市智慧城市建设的重要组成部分和建设内容。

7.2.2 深圳市智慧城市综合管廊需求分析

城市综合管廊关系到政府、投资者、公众、管廊和管线单位等多个主体，智慧城市综合管廊的建设必须要考虑各主体的需求，从不同主体的需求出发，合理确定建设目标，从而平衡各方利益，为智慧城市综合管廊的可持续发展奠定基础。

1. 政府、投资者与公众

政府作为城市综合管廊建设的主导者，也代表着投资者与公众的利益，不仅监督城市综合管廊规划、建设、运营过程，也是城市综合管廊资金的主要提供者，有责任降低城市综合管廊的经济和社会成本，提升城市综合管廊的应急防灾能力，保障投资者与公众的利益。此外，投资者和公众也以独立的身份，通过政府、管廊与管线单位披露或共享的信息参与到城市综合管廊规划、设计、建造与运营全寿命周期过程的监督活动。因此，政府的需求主要体现在如下两个方面：

1）支撑城市综合管廊的投资、建设和运营规划，完善城市综合管廊运营模式和价格动态管控机制。

2）事故的监测预警与应急响应，包括跨部门和平台的应急指挥、应急联动、应急决策、应急救援和灾后评估等。

由于公众的生产生活与城市综合管廊的安全运行息息相关，尤其是运维成本和事故状态可能影响公众生产生活成本。此外，公众为政府提供了财政收入，也有权监督城市综合管廊建设、运维、退役等全寿命周期设施管理活动。投资者参与城市综合管廊的建设与运营是为了补充财政投入的不足，并获取稳定的收益，也有权监督城市综合管廊的财务收支数据和运行事件情况。表 7-1 给出了政府、公众与投资者的主要业务和数据需求。

表 7-1　政府、公众与投资者的需求

需求方		业务需求	数据需求
需求来源	相关部门		
政府	国土资源规划	城市综合管廊与管线地下空间建设与开发规划	BIM、GIS 时空数据、地区经济与地质环境数据
	发展改革委	财政资金定额与评估	规划、设计、建设、运营、退役全寿命周期成本数据
	公共安全监管应急	风险监控与管理	设施与环境安全状态与风险源评估数据
		事故应急与救援	设施与环境状态、应急资源、业务流程状态与评估数据；BIM、GIS 时空数据
公众		成本与运行事故监督	年度成本数据和事故状态与评估数据
投资者		经济与运行事件监督	定期财务数据和事件状态与评估数据

2. 管线运营单位

深圳市城市综合管廊管线单位主要来自水务、燃气、通信、电力运营单位。线路巡检、维护与应急抢修是管线单位的主要业务需求。由于水务、燃气和电力管线传输高能物质，管线泄漏可能会造成严重事故，因此，管线泄漏状态的监测是管线单位重要的监控业务内容。此外，城市综合管廊环境、设施与运营状态会影响管线巡检、维护与应急抢修等业务的开展，并可能威胁人员与线路的安全，因此监测现场环境与相关设施的状态也是管线单位运行监控的主要业务。表 7-2

给出了管线运营单位的主要业务和数据需求。

表 7-2　管线运营单位的需求

需求方	业务需求	数据需求
水务	线路巡检	在线监测与巡检数据
	管线泄漏与通风、排水设施监测联动	环境温湿度、沼气气体与集水坑、排水设施状态在线监控数据
	施工维护与应急抢修	设施与环境监测、维修计划与施工数据
燃气	线路监测巡检	在线监测与巡检数据
	气体泄漏与阀门、通风消防设施监测联动	环境泄漏气体与隔离阀门、消防设施状态监控数据
	施工维护与应急抢修	设施与环境监测、维修计划与施工数据
通信	线路巡检	在线监测与巡检数据
	施工维护与应急抢修	设施与环境监测、维修计划与施工数据
电力	线路巡检	在线监测与巡检数据
	绝缘、漏电与消防设施监测联动	绝缘监测与消防监控数据
	施工维护与应急抢修	设施与环境监测、维修计划与施工数据

3. 管廊设计、建造与运营单位

管廊设计单位是智慧城市综合管廊的设计者和引领者，为城市综合管廊提供基础数据，包括各种在线监控设施、BIM 数据模型等，它的需求主要是确定智慧城市综合管廊的目标、设计指标、约束以及相关的标准规范等支撑环境，用于开展智慧城市综合管廊设计与验证业务，为智慧城市综合管廊提供设计基准数据。

管廊建造单位主要是围绕采购、施工、安装与调试业务，利用相关文件、BIM 等数据开展综合管廊建造过程的进度、安全、质量与成本优化，并为运营阶段提供设施运行基准数据。

管廊运营单位作为智慧城市综合管廊运营的主体单位，是智慧城市综合管廊最大受益者，也是主要推动者。它的需求主要是围绕安全与经济性目标，利用各种数据开展运行监控、现场巡检、应急、维修和运营管理等业务的融合与优化，实现城市综合管廊的安全经济运行，降低城市综合管廊运维成本。

城市综合管廊全寿命周期业务与数据需求是构建智慧城市综合管廊的基础，表 7-3 从城市综合管廊设计、建造和运营的角度，给出了城市综合管廊全寿命周期的主要业务和数据需求。

表 7-3　管廊设计、建造与运营单位的需求

需求方	业务需求	数据需求
设计	设计与验证	设计指标与约束、标准规范支撑环境数据
建造	采购	采购文件、成本与采购管理数据
	土建施工	施工文件、BIM 数据与施工管理数据
	设备安装	安装文件、BIM 数据与安装管理数据
	调试	调试文件与调试管理数据
运营	运行监控	在线环境与设施监控数据、运行规程文件、运行管理数据、BIM 与 GIS 数据、管线运行与联动数据
	现场巡检	管廊本体与管线巡检规程文件、巡检管理数据、GIS 数据
	应急抢险	管廊应急规程、管廊与管线应急管理和联动数据
	维修退役	管线与管廊本体设施维修和退役程序文件、管线与管廊维修和退役管理数据
	运营管理	人员、能耗、文件、资产、项目等业务管控数据，政府监管、管线入廊费用与成本管控数据

7.2.3 深圳市智慧城市综合管廊总体设计

1. 总体原则与目标

根据《国务院办公厅关于加强城市地下管线建设管理的指导意见》和《智慧城市顶层设计指南》（GB/T 36333—2018），从加强城市地下管线建设运维管理，统筹地下管线规划建设、管理维护、应急防灾等全过程，提高智能化监控管理水平，确保管廊安全经济运行，结合深圳市城市综合管廊现状与智慧城市技术发展现状，考虑政府、投资者、公众、管线与管廊相关单位等多元主体需求，以目标、问题和需求为导向，围绕跨部门、跨平台、跨领域、跨层级的资源统筹、数据共享、业务协同，从体制机制和技术应用两个方面进行创新，提出如下智慧城市综合管廊总体建设原则。

1）以人为本：降低地下空间人员作业风险和劳动强度，为投资者和公众创造价值。

2）融合共享：以数据、服务、技术的融合构建跨部门、跨系统、跨业务、跨层级、跨地域的协同管理和服务为目标，整合城市综合管廊运行监控、设施

维修、应急保障、管线运行、安全管理等核心业务，建立信息互联共享的机制。

3）创新驱动：综合运用人工智能、物联网、云计算、时空大数据等技术，围绕智慧城市管廊核心目标，构建具有开放性、兼容性和可扩展性的信息管理平台，实现多源异构数据的融合分析和跨系统、跨平台联动控制，构建数据驱动的设施管理模式。

4）绿色发展：考虑城市资源承载能力与智慧城市建设现状，提升城市综合管廊安全与经济效益，避免信息基础设施重复建设，实现可持续发展。

安全与经济运行是智慧城市综合管廊的核心目标，也是实现城市综合管廊可持续发展的关键，围绕城市综合管廊各主体需求和总体原则，形成如下主要建设目标与内容。

1）以统一管理平台为基础，利用物联网、5G 通信网络、云计算等智慧城市技术，整合综合管廊设施管理系统（包括智能巡检机器人、环境与设备监控报警系统、安防系统、通信系统、视频监控系统、ERP 系统等）以及政府、管线单位的信息化系统，构建跨平台、跨层级、跨业务与跨地域的智慧城市综合管廊信息技术设施与智慧管控平台。

2）以数据融合治理为目标，利用大数据、多源异构数据的融合分析技术，基于 BIM、GIS 时空数据模型建立全寿命周期城市综合管廊管理业务数据，利用智能分析技术实现不同主体平台的信息融合与知识发现，提升政府、管廊与管线单位等主体决策能力，增强设施管理的监测预警、应急保障与经济性水平。

3）以服务融合治理为目标，以政府、管线单位、管廊单位的业务需求为主要导向，基于信息技术设施和数据融合治理，建立覆盖全市的市、区、现场三级管理体系，围绕管廊单位的设施运营管理，管线单位的生产管理以及政府监管与应急救援业务，开展多元主体服务的治理，优化相关业务流程和联动机制，降低城市综合管廊、管线以及政府运营管理与应急保障管理成本，提升城市综合管廊全寿命周期设施管理的经济性水平。

2. 总体架构

根据智慧城市综合管廊总体目标、原则和建设内容，结合智慧城市总体框架，构建如图 7-5 所示的深圳市智慧城市综合管廊总体架构。整个智慧城市综合管廊是建立在信息基础设施之上的，信息基础设施包括现场环境与设施监控以及分布在现场、区域监控中心以及管线运营单位和智慧城市信息技术设施的各种通信网络、服务器（包括云服务器）等硬件。数据资源包括各种图形、文件、应

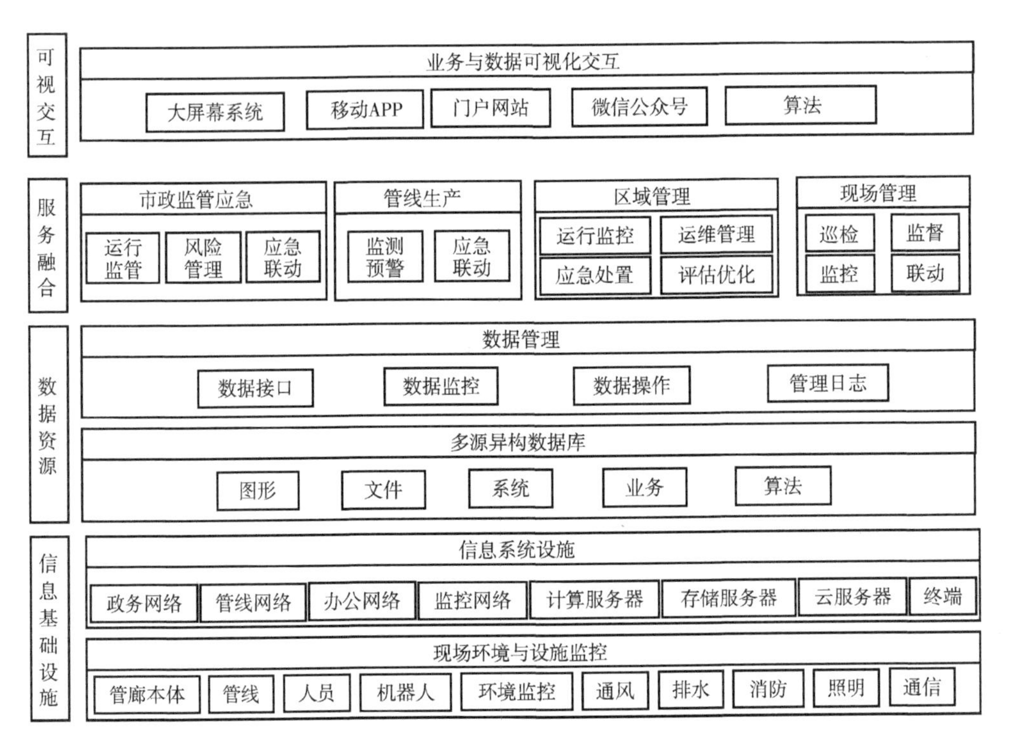

图 7-5　深圳市智慧城市综合管廊总体架构

用系统、业务和算法的数据，这些数据通过多源异构的方式进行集成和数据管理，具体包括 BIM、GIS 时空图形数据，巡检视频和图片文件数据，系统用户权限与日志数据，监控、维修、应急、运营管理服务数据，以及支持各种数据与服务融合的智能分析算法数据等。服务融合主要是针对不同主体的需求，根据业务流程及数据资源进行服务优化，具体包括市政监管、管线生产、区域与现场管理业务。业务与数据可视化交互，这部分内容实质上可以看作是智慧城市综合管廊信息基础设施的一部分，主要用于实现各个主体之间的业务服务，这些可视化交互包括利用监控中心的大屏幕系统、门户网站以及集成在各种移动端的 APP 和信息互动平台。

采用现场、区域监控的模式，各主体主要通过区域监控中心进行业务与数据的处理，一些实时性要求较高的数据，可以通过现场集控中心直接传输到管线生产系统。图 7-6 给出了整体系统的逻辑架构。显然，这是一种分布式的系统，支持采用多种网络架构实现，例如云平台、专用网络和公共无线网络。随着物联网技术的发展，云计算与云存储技术将会越来越多地替代现场的服务器资源，为建立开放式、动态发展的智慧城市综合管廊提供技术支撑。

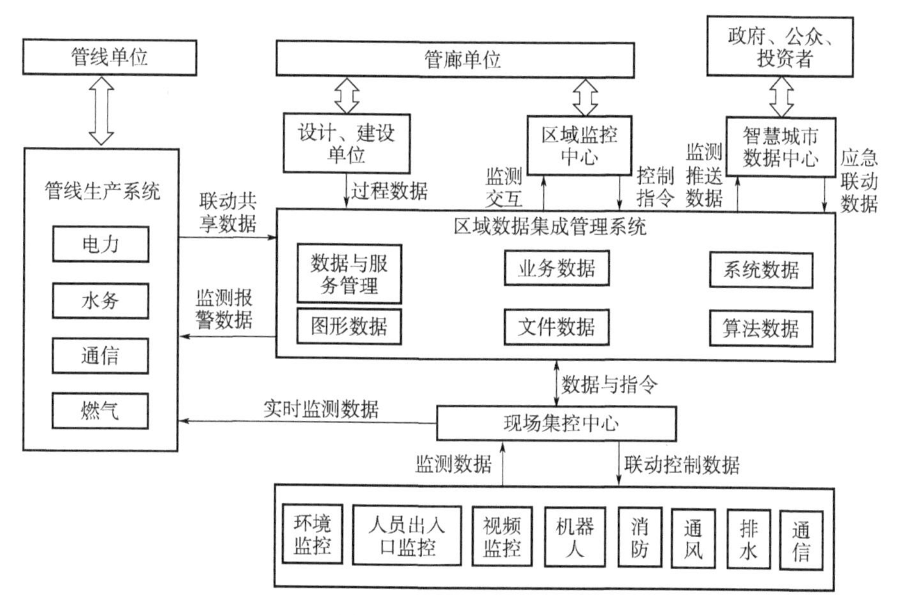

图 7-6　系统逻辑架构

7.3　深圳市智慧城市综合管廊技术方案

7.3.1　信息基础设施与支撑环境

信息基础设施、数据资源、软件资源与支撑环境构成了智慧城市综合管廊的信息技术基础。信息基础设施主要包括各种计算、存储与通信资源，是实现智慧城市综合管廊各种信息技术的硬件平台。数据资源包括时空大数据、业务数据等支撑智慧城市数据与服务融合的各种数据，这些数据可能来自不同的系统和数据模型。软件资源包括实现数据与服务融合、数据可视化与交互以及智能分析等算法和基于信息技术基础设施、数据资源的各种开发、维护、管理软件。信息安全与标准体系是智慧城市综合管廊重要的支撑环境，信息安全是确保信息共享与交互的基本保障，而标准体系构成了智慧城市综合管廊可持续发展的基础，为数据与服务治理提供标准支撑，减少重复建设和数据与服务融合共享的障碍。

1. 信息基础设施

智慧城市综合管廊的信息基础设施平台需要 7×24 小时不间断运行，系统内网络、主机、存储设备、软件系统等具有高可靠性设计，核心路由和交换设备配置双台，采用动态路由协议，网络设备与网络链路应有冗余备份。核心网络设备的电源模块、风扇、处理引擎、核心板卡等采用冗余配置。网络在单台设备故障时能够实现非人工干预的自愈；核心主机设备采用双机热备、互备或者多机负载分担，单台主机故障时，其他主机能够承担全部业务，双机做 HA 时，应能快速实现故障切换，不影响在线业务，服务器设备电源、风扇等采用冗余配置。

磁盘阵列采用光纤阵列，采用 DAS 或者 NAS 存储模式，配置双控制器，存储核心数据或经常访问数据的阵列采用 Raid0 + 1 方式，其他非核心数据或备份数据可采用 Raid5 方式，磁盘阵列在配置硬盘时应考虑备份盘，硬盘转速在 10000r/min 或以上，单盘容量在 1.8GB 以上，阵列的可扩展容量应是当前配置容量的 2 倍以上。数据可联机备份、联机恢复，恢复的数据必须保持其完整性和一致性，要求脱机备份的历史数据保存 1 年；操作系统软件具有强大的系统资源管理能力，能够根据任务情况合理分配系统资源，当系统负荷过大时不会因为资源耗尽而发生宕机。

软件系统具有容错能力，当单个进程处理过程中出现错误时不影响整机的运行，软件系统支持在线升级功能，在不关机不中断业务的情况下实现自动或者手动升级，应用系统具备自动或手动恢复措施，以便在发生错误时能够快速地恢复正常运行；网络系统支持访问控制等安全功能。与外部系统的连接设置防火墙，并定义完备的安全策略，系统应具备访问权限的识别和控制功能，提供多级密码口令或使用硬件钥匙等保护措施，对各种管理员必须授予不同级别的管理权限，要保证只有授权的人员或系统才可以访问某种功能，获取业务数据，有非法访问或系统安全性受到破坏时必须告警，任何远程登录用户的口令均必须具有有效期，有效期满则自行作废；系统应提供日志记录功能，以便及时掌握系统安全状态；操作系统应符合 C2 级以上安全标准；提供完整的操作系统监控、报警和故障处理能力；操作系统的配置直接影响系统的安全，应定期对文件、账户、组、口令的配置进行检测，以保证操作系统的坚固程度；应定期对可执行程序作完整性检查，以防止被恶意修改；能够监控应用程序的运行情况；日志中要求采用错误标识代码准确标识错误点。系统应具有安全审计功能。

系统除了支持本地的操作维护外，还支持远程操作维护，同时具有严格的加密措施，防止非法接入和控制。系统提供完善的告警功能，对硬件异常、软件异常、负荷异常应有告警提示，告警提示可发布到综合网管系统。系统的维护测试功能应能自动化，绝大部分的维护测试能通过人-机接口启动自动进行。系统提供图形化的操作维护界面。

智慧管廊平台的总数据量包括平台管理系统和应用系统自身占据空间及各数

据采集点采集到的各类上传数据，主要包括传感器数据、巡检数据。其中各管廊视频监控数据都存储在管廊数据采集点本地，不用上传，只需调取。服务器（生产 VM，包括 OS 及 APP）总占据空间估算为 7×100GB=700GB（包括快照等所占空间）。5 年的总数据量预估为 162.87TB，配置 300TB 存储总容量。

数据中心每日承接各数据采集点总共 130GB 的数据上传量，同时还承担对外的 WEB 访问等服务（建议办公网络上网与其分开），因此其互联网出口带宽至少需要 246.52Mbps，主数据中心采用千兆光纤上网线路，备份数据中心采用 300Mbps 光纤上网线路。

根据深圳市智慧城市建设规划和现状，尽可能利用智慧城市相关的信息基础设施构建智慧城市综合管廊。采用如图 7-7 所示的基于云服务的信息基础设施平台，云平台数据中心作为主数据中心，区域监控中心作为备份数据中心，现场监控中心的数据通过 VPN 连接到云平台。

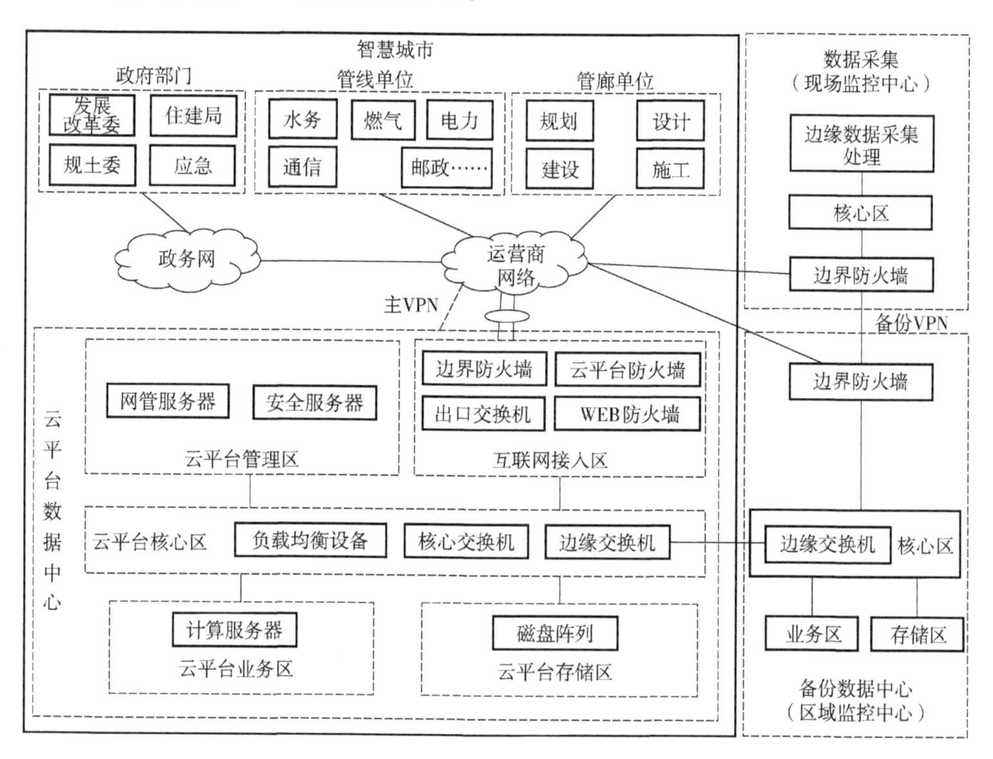

图 7-7　信息基础设施网络架构

智慧城市的云平台可以作为管廊对外业务融合以及市级监控中心云平台设施。区域监控中心主要部署管廊公司私有云平台，实现数据的容灾备份，并由云服务统一管理平台进行管理。云服务统一管理平台提供 IaaS 服务和部分 PaaS 服务。用户可访问云服务统一门户，申请云服务。云服务统一管理平台，对云资源、云安全、云运营、云服务、云服务质量、统一自助服务进行可视化管理。

云平台数据中心作为云平台的主体主要分为云平台管理区、互联网接入区、云平台核心区、云平台业务区和云平台存储区五个部分。

云平台管理区主要部署云管理平台、虚拟化管理平台、VCFC 等，主要实现数据中心统一管理。采用多台 2 路物理服务器部署云管理平台、虚拟化管理平台、SDN 控制器等管理软件，通过对云管理平台、虚拟化管理平台等软件的部署，实现对底层资源的合理管控，保障业务运行的可靠性、可用性，合理地分配资源，通过自动化的运维管理，提升用户 IT 人员的运维管理效率。

互联网接入区主要部署安全接入设备，包含云平台防火墙、出口交换机、边界防火墙、IPS、WAF 等。互联网接入区是云平台对外的边界区域和接入汇聚点，对网络异构连接、安全性和可管理性有着较高的要求。边界安全防护需满足信息安全等级保护对三级系统的防护标准，同时采取有效措施及基于行为的实时监控手段，保证云数据中心网络和数据的安全。在互联网出口部署入侵防御设备、防火墙、接入交换机等设备。

云平台核心区部署云平台核心交换机、负载均衡设备，实现数据中心内部网络互通和安全防护。核心交换机的主要功能是完成各业务分区、互联网之间数据流量的高速转发，是广域/局域纵向流量与服务功能分区间横向流量的交汇点。核心交换机必须具备高速转发的能力，同时还需要有很强的扩展能力，以便应对业务的增长需求。负载均衡设备实现虚拟化环境下针对关键业务的动态资源扩展功能。

云平台业务区主要部署虚拟化服务器和业务汇聚交换机，承载业务系统，用于部署承载业务应用的物理机架服务器。

云平台存储区主要部署光纤交换机及高性能存储设备，为业务应用系统、数据库提供存储服务，部署 NAS 存储设备，用于存放视频监控数据，承载云平台数据和虚拟机的光纤通道磁盘阵列柜，支持存储虚拟存储。

这五个区域分别承担云平台一个方面的功能和任务，而在云管理体系中它们又可以在逻辑上切分/组合成多个 VPC（Vitual Private Cloud，虚拟专有云），分别部署不同部门或安全级别的应用和数据。

构成智慧城市综合管廊的信息基础设施，除了各种计算与存储资源外，还包括将各种资源进行连接的网络。图 7-8 给出了基于云平台的核心网络的连接拓扑，采用两台防火墙（云核心防火墙）作为云网边界，通过为不同租户创建独立的虚拟防火墙实现对云内资源访问的安全防护。云部署业务资源为租户提供服务。在云核心防火墙上方部署两台交换机，作为云出口汇聚交换机，实现云与互联网互通。云内根据服务器/设备用途，分为云平台管理区、业务系统区。

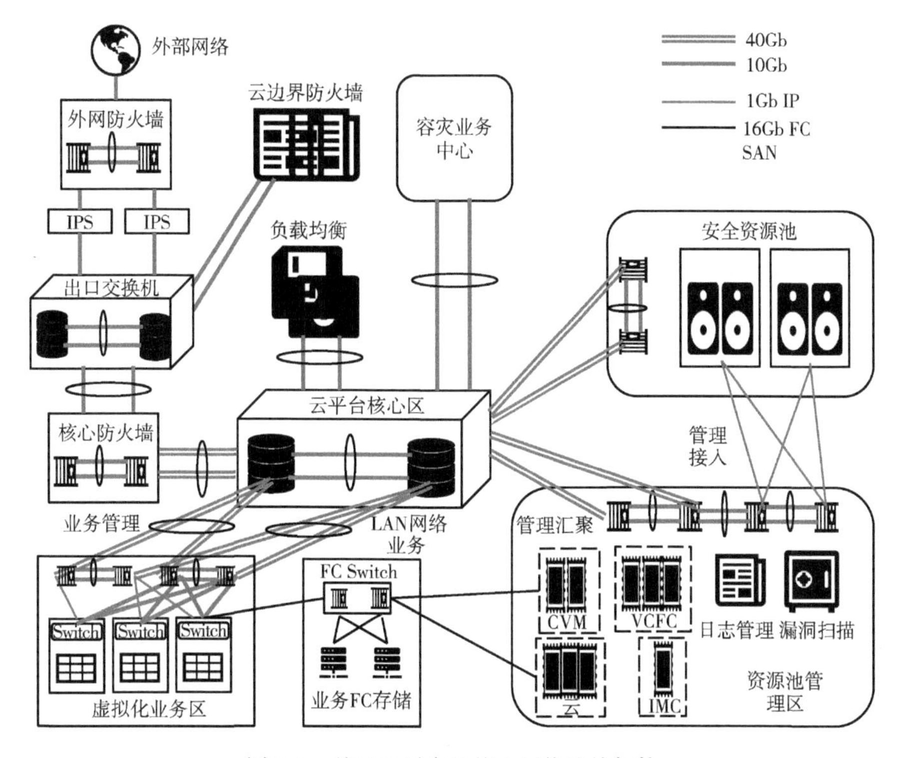

图 7-8　基于云平台的核心网络连接拓扑

网络管理平台是云平台管理的核心内容，关系到信息基础设施的运维。网络管理平台为用户提供了实用、易用的网络管理功能，在网络资源的集中管理基础上，实现拓扑、故障、性能、配置、安全等管理功能，不仅提供功能，更通过流程向导的方式告诉用户如何使用功能满足业务需求，为用户提供了网络精细化管理最佳的工具软件。对于设备数量较多、分布地域较广并且又相对较为集中的网络，平台提供分级管理的功能，有利于对整个网络进行清晰分权管理和负载分担。平台除了涵盖网络管理功能外，还是其他业务管理组件的承载平台，共同实现了管理的深入融合联动。主要包括首页个性化定制及大屏显示、全面的信息基础资源管理、灵活的拓扑功能、智能的告警管理、易用的性能管理、强大的配置管理、丰富的 VLAN 管理、实用的 IP/MAC 管理、专业的虚拟化网络管理、丰富的报表管理、专业的网络分级分权管理、IT 资源深度管理的承载平台。

2. 数据资源

数据资源由内部数据和外部数据组成，内部数据主要由主数据资源、业务数据资源及其支撑环境组成，如图 7-9 所示。主数据资源包括信息基础设施以及相关领域知识的基本数据，如管廊基本信息、企业信息和人员信息等。业务数据资源主要是与业务相关的一些数据，包括环境及消防监控数据、设备监控数据、视频监控数据、人员及安防数据、结构及临近施工数据、报警数据、巡检数据、维修数据、保养数据、应急指挥数据、库存数据、合同数据、廊内施工数据等。

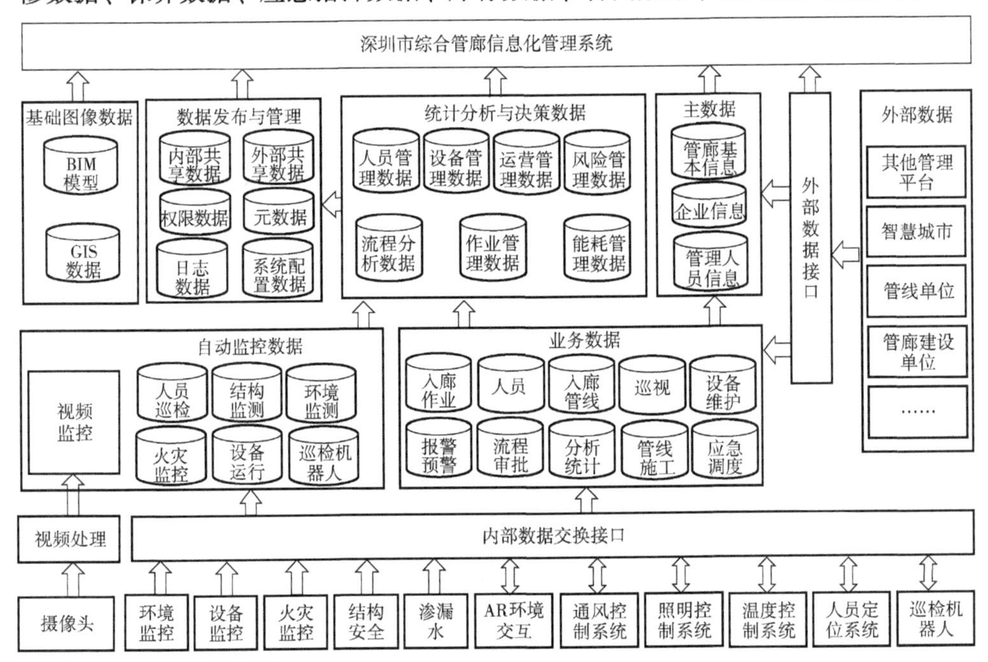

图 7-9 数据资源架构图

主数据建模是主数据被有效利用的前提条件，主数据建模包括标准建模、属性配置管理（属性及元数据）、编码规则、查重策略配置、关联关系配置和数据模型查询。数据的标准化管理则是主数据被有效利用的重要技术手段，包括主数据的申请与校验、修改申请、审批管理、综合查询。

主数据的流程管理通过可视化的配置实现，灵活地支持数据申请、审核和发布过程实现。并提供可视化的流程进度图在各角色用户的操作界面，使用户能够跟踪数据的进度和状态，从而保证数据获取的及时性。此外，数据清洗可针对历史数据进行全面的信息匹配映射，支持手动和自动清洗。提供数据完善功能，可根据规则自动补充相关属性字段的信息。支持数据自动查重，支持数据合并并可生成映射关系表。可定义数据清洗规则、校验规则，支持定义各种逻辑条件等。

主数据的集成服务管理具备自动接收和手动接收功能，支持灵活定义接收目标、规则、频率等，并能根据自定义的接收规则自动向源或者目标系统进行主数据接收，能自动创建日志，动态监控接收情况。支持接收、分发结果的查询，对不能正常接收或分发的主数据进行提示或警告，支持对接收和分发过程的手工干预。具备统一标准的集成模式，能提供经过验证的、成熟的数据交换接口，能实现基于数据库、WebService 服务以及管廊数据服务总线（ESB）的集成方式，可以实时地与其他业务系统实现数据交换。

主数据的管理能够实现标准查询功能和模糊查询功能。根据用户需求，实现各种统计报表的开发，供用户查询分析。同时提供开放功能供用户自定义报表，用于个性化的查询分析，能够灵活定义数据的统计规则与统计条件，授权用户进行数据的统计，提供列表式与图形化的统计结果展示，提供开放功能供用户自行编制定义报表，支持定义各种报表与自定义填报表格进行逐级的数据填报，对自定义的报表进行权限授权控制，支持 Excel 工作表数据导入，支持报表打印并原样导出 Excel、CSV 格式工作表，提供数据综合查询与统计报表工具，能够自定义综合查询和统计报表，各种指标数据可以报表、曲线、图形等多种形式呈现。

集成开发元数据可视化分类录入功能，支持用户快速录入元数据和批量导入或导出、存储、关联和查询分析。此外，通过数据字典管理工具，按照统一的标准实现监管平台的字典规范，通过集中管理的方式服务管廊工程建设。数据字典管理模块负责实现数据字典定义、数据字典查询、数据字典统计、数据字典在线审核、数据字典导入导出、数据字典备份等功能，并能对数据字典进行备份，发布各种数据资源。

业务数据建模及历史数据管理由数据设计、数据建模、历史数据处理与管理等组成。其中数据设计包括数据逻辑设计和数据模型设计；数据建模则包括结构化数据建模、非结构化数据建模、元数据管理、数据字典管理等；历史数据处理与管理则包括历史数据的收集、整理、导入，遗留系统数据迁移，数据清洗整合，数据仓库管理等。

业务数据的数据结构包括基础层、汇总层、报表层。基础层用于存放来自各系统、外部系统等数据源的数据，这些业务数据将进行整合、组织、重构和存放。根据管控平台的统计系统需求，基础层模型包括环境及消防监控数据、设备监控数据、视频监控数据、人员及安防数据、结构及临近施工数据、报警数据、巡检数据、维修数据、保养数据、应急指挥数据、库存数据、合同数据、廊内施工数据等。汇总层模型的设计需要考虑汇总的粒度问题，汇总的粒度不同，能够回答的业务问题也不一样，由于系统数据庞大繁杂，一般汇总是按年月进行汇总数据，另外工程建设一般按项目为主线进行，也需要以项目和单位维度进行汇总。汇总层是在基础层的基础上进行，通过定时的方式汇总，主要目的是方便后期的统计类报表展示等。汇总层模型包括能耗汇总、运行状态汇总、故障汇总、报警汇总、廊内施工汇总、临近施工汇总、审批进度汇总、物资设备汇总、供应商汇总、关键人员汇总等。报表层用于存放大数据监控系统中固定报表统计数据，同时也是灵活查询的数据源。这些数据是根据报表业务规则，从基础层和汇总层统计而出，主要包括内容有：设备健康评估、廊体结构评估、能耗分析、施工风险评估、管线入廊费用分析等。

为满足决策分析的需要，系统需要将各种数据来源的数据围绕决策主题存储到数据仓库中，以提高数据查询、聚集的效率。数据仓库建模采用自上而下的三级建模方式，即概念建模、逻辑建模、物理建模。概念建模可采用信息打包法，逻辑建模以星形建模方法和雪花建模方法为主，物理建模以3NF和星形建模方式为主。概念建模主要表达决策的主题、分析主题的角度、各个角度需要分析的属性信息、决策中层次的信息粒度，及决策主题的评估等。概念逻辑建模中将分析模型描述成一个可以实现的模式，根据这个模式可以实现存储到实际的数据存储器里。星形模型比较适合数据仓库的要求，在星形模型的基础上扩展出雪花模型。物理建模就是将逻辑模型转换成实际存储的模型。对于数据仓库来讲，实际存储的模式一般包括两种：关系模型和多维模型。多维模型按照多维来存储数据可以提供很快的查询速度，但是在大容量的情况下性能会下降，主要是多维存储需要大量的存储空间，而且在多维存储框架中索引不是很好建立。所以多维存储结构一般应用在数据量不是很大的，保存聚集数据的数据集市和OLAP服务器中。数据仓库一般需要保存基本粒度的数据，所以一般采用关系模型。数据仓库中保存了分析需要的海量数据，分析时主要是在大量的数据中查询所需要的部分。所以物理模型中如何才能提供更快的查询速度是设计的关键。

业务数据是执行智慧管廊综合管理平台的全过程业务活动中所产生的过程数据。这些数据由各个业务管理系统产生，主要包括两方面数据：一是业务自身数据，如：人员数据、设备监控数据、资产数据等；二是业务管理数据，主要是业务过程中的管理数据。业务数据主要包括：巡检计划数据、巡检排班数据、巡检报告数据、保养计划数据、保养排班数据、保养报告数据、维修排班数据、维修报告数据、维修审查数据、专检申请审批数据、专检进度数据、专检验收数据、大中修申请审批数据、大中修进度数据、大中修验收数据、库存使用流程数据、物料采购流程数据、人员入廊登记数据、廊内施工申请审核数据、安全验收数据、管线入廊业务数据、管线更新改造业务数据、应急调度数据、考勤数据、合同数据、权限数据等。以上这些数据不仅仅是传统的表单数据，还需要与建筑BIM模型相关联，建立起以BIM为核心的全过程业务数据。

统计分析数据是对业务数据按照相应的规则进行重新组合、计算、编排之后具有统计、对比、分析、可视化等功能的数据，主要包括：项目统计分析数据、合同统计分析数据、能耗统计分析数据、管线入廊费用统计分析数据、人员统计分析数据、报警统计分析数据、进度统计分析数据、变更统计分析数据、资产统计分析数据、设备分析数据、备品备件统计分析数据、报批报建统计分析数据、廊内施工统计分析数据、临近施工统计分析数据、专业检测统计分析数据、大中修统计分析数据、管线入廊统计分析数据、管线更新改造统计分析数据、档案统计分析数据、供应商统计分析数据、竣工统计分析数据、巡检统计分析数据、维修保养统计分析数据等。以上这些统计分析数据不仅仅是传统的报表数据，还需要与建筑 BIM 模型相关联，以 BIM 为核心实现业务数据的统计分析。

流程建模对管廊项目建设过程中所有涉及的相关流程进行建模，主要包括项目类型、业务、人员类别、物资设备类别、管线等不同的业务流程以及审批流程，对这些流程进行梳理、建模、配置，实现系统的业务流转，主要包括：日常巡检流程：巡检计划流程、巡检排班流程、巡检任务分配流程、巡检权限设置流程等；保养管理流程：保养计划流程、保养排班流程、保养任务分配流程、保养权限设置流程等；维修管理流程：维修保修流程、维修申请流程、维修计划审批流程、维修审批流程等；专业检测管理流程：专业检测项目申请流程、专检项目审批流程、专检项目验收等；大中修管理流程：大中修项目申请流程、大中修项目审批流程、大中修项目验收等；库存管理流程：物资入库流程、物资出库流程、物料使用申请流程、物料使用审核流程、物料采购申请流程等；入廊人员登记流程：施工人员登记流程、参观人员登记流程、其他人员登记流程等；临近施工管理流程：临近施工申请流程、临近施工受理流程、临近施工审批流程、临近施工安全评估流程等；从业人员管理流程：人员实名制采集流程、人员考勤流程、人员报表审批流程等；管线入廊管理流程：管线入廊申请流程、管线入廊受理流程、管线入廊审批流程、管线入廊项目验收流程等；管线更新改造流程：管线更新改造申请流程、管线更新改造受理流程、管线更新改造审批流程、管线更新改造项目验收流程等；合同管理流程：合同签订审批流程、合同变更审批流程、合同废弃审批流程、合同查看审批流程等；物资采购流程：物资采购申请流程、物资采购审批流程、供应商管理流程、物资登记流程等；竣工管理流程：竣工验收流程、竣工移交流程、竣工档案审批流程、竣工模型审批流程等；文档管理流程：文档上传流程、文档下载流程、文档查看流程、文档管理流程等。

3. 软件资源

为支持基于智慧城市综合管廊管理平台的建设，需要相应的软件支撑，包括平台业务软件、应用集成组件、GIS/BIM 相应支撑组件、基础支撑组件以及移动应用支撑组件等，图 7-10 给出了深圳市智慧城市综合管廊的软件资源架构，显然软件资源架构是建立在数据与业务的基础上的，是以实现城市综合管廊全寿命周期设施管理中的数据与服务的可视化和交互为核心目标。

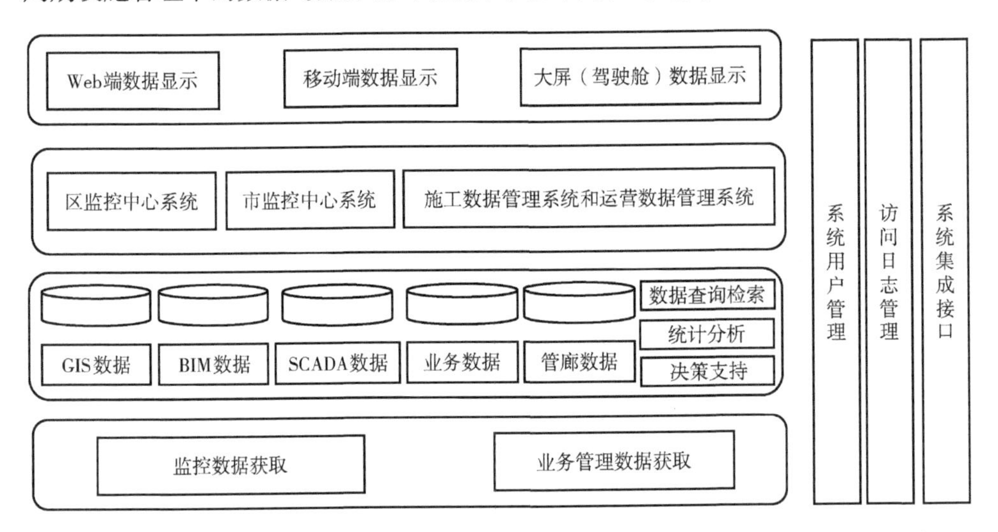

图 7-10　软件资源架构

平台业务软件包括 Kafka 消息队列、Zookeeper 服务配置中心、一致性保证、Redis 缓存数据库、MySQL 关系数据库、InfluxDB 时序数据库、Nginx Web 服务器/反向代理服务器及电子邮件（IMAP/POP3）代理服务器、FastDFS 分布式文件系统、Web GIS 服务。平台应用集成组件包括单点登录、统一认证、用户身份管理、账号同步、登入登出管理、用户锁定。

企业服务总线（ESB）是整个平台的集成枢纽，负责各系统数据的规范和流转，各系统在 ESB 上首先对自己的数据接口进行封装，然后在 ESB 进行服务的注册，ESB 整理数据的流转流程，对数据进行转换、映射，路由，直接分发数据或者发布自己的服务，融合了数据和服务接入、任务流程定制、任务调度、数据处理、数据可靠传输等综合功能的集成方案。ESB 需要提供通信管理、服务封装管理、消息过滤、消息丰富与裁剪、消息转换等基本软件功能。

接口治理体系贯穿着整个生命周期，用于开发时的配置部署，运行时的统一监控，帮助实现全生命周期的运行状态管理。配置管理中心提供基于 Web 方式的管理界面，为分布式 ESB 平台提供了集中的可视化管理操作平台。在配置管理中心中，登录系统的用户分为两种角色，分别为系统管理员和平台管理员。按照角色权限的不同，系统管理员和平台管理员登录系统后导航栏中显示的内容不同，可以进行的操作也不同。在配置管理中心中，系统管理员拥有所有的权限，系统管理员可对配置管理中心中存在的所有域、主机、服务节点进行管理并可为平台管理员授权相关权限；平台管理员仅具有对已授权的域、主机、服务节点的管理权限。此外，支持 Active Directory 域 LDAP 的身份同步，达到统一身份认证的管理需求，确保用户账号的唯一性、安全性。为实现配置管理，需要提供适配器节点管理、消息代理节点管理、服务部署、服务日志配置、服务监控中心、主机监控、常规监控、概要报告、安全审计等支撑软件。

集成开发平台是一款基于 IDEA 平台的企业级整合开发工具，它提供了规范的模板化集成开发模式，帮助用户快速完成对平台所需业务对象信息的配置，并轻松地完成服务平台所需要的开发、配置和集成工作。在其强有力的支持下，即便是没有整合开发技能的人员，也能够快速地完成从业务信息模型到平台部署文件的转换、编译、打包、部署等工作。通过图形化工具使得服务从建模 - 组装 - 优化的全过程得以实现。通过完全的图形化建模界面以及大量预定义的服务模板，可以帮助开发人员快速、准确地进行服务封装、服务集成等开发工作。集成开发平台由服务封装工具和数据建模工具两部分组成，主要包括数据建模工具、资源适配工具、消息代理工具、服务部署工具、集成测试工具、统一权限管理、报表工具、人脸识别组件等支撑软件。

4. 信息安全

根据《网络安全法》第二十一条和第七十六条第（三）款的规定，智慧城市综合管廊的信息安全等级为三级。另一方面，智慧管廊管理平台存储和运行有涉密数据，如根据深圳市住房城乡建设工作国家秘密范围的规定，城市电力电信、给水排水等管线信息属于国家秘密信息。按照涉密信息系统分级保护的管理规定和技术标准，其分级保护定级应定为秘密级，对应信息安全等级保护第三级。在信息安全系统设计上需要考虑物理安全、网络安全、主机安全、应用安全、数据安全和分区设计。图 7-11 给出了三级安全系统的安全保护架构。

为了确保计算资源的环境安全，采用物理实体隔离、加固等方式进行实体防护，并进行主机与应用身份鉴别和审计、应用资源监控、数据库安全审计、主机病毒防护和客体安全重用等防护。

区域边界的安全主要从边界访问的控制、入侵防范两方面构建，主要采用 Web 防火墙、入侵防护系统（IPS）等技术，能检测防范的攻击类型包括蠕虫/病毒、木马、后门、DoS/DDoS 攻击、探测/扫描、间谍软件、网络钓鱼、利用漏洞攻击、SQL 注入攻击、缓冲区溢出攻击、协议异常、IDS/IPS 逃逸攻击等，支持 P2P、IM、视频等网络滥用协议的检测识别，可支持的网络滥用协议至少包括迅

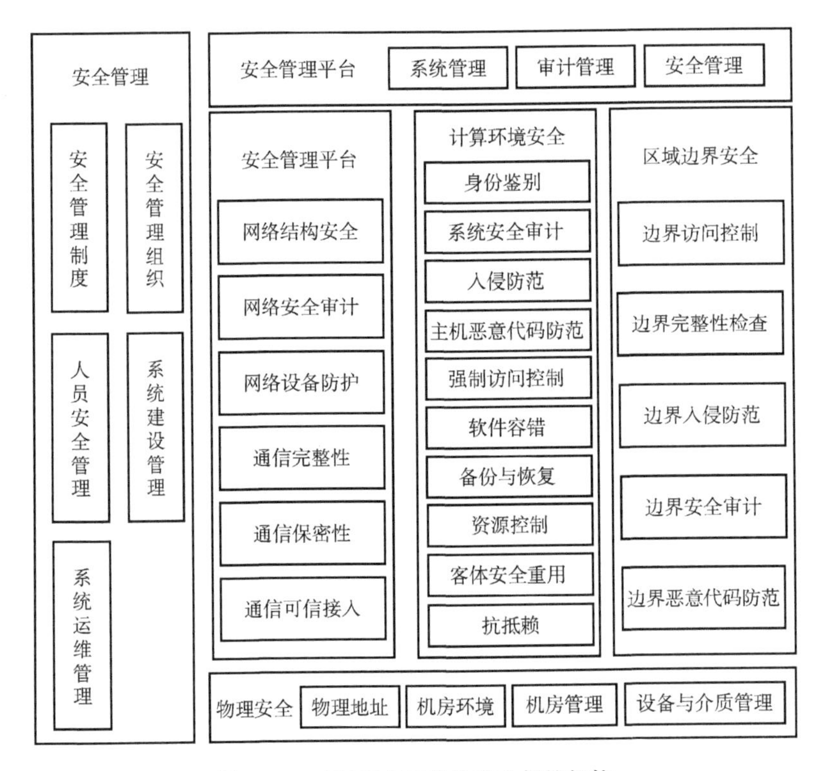

图 7-11　三级安全系统的安全保护架构

雷、BT、eDonkey/eMule、Kugoo 下载协议、多进程下载协议（网络快车、网络蚂蚁）等 P2P 应用，MSN、QQ、ICQ 等 IM 应用，PPLive、PPStream、HTTP 下载视频文件、沸点电视、QQLive 等网络视频应用；可在识别的基础上对这些应用流量进行阻断或限流。

通信网络的安全主要通过网络设备防护、通信完整性与保密性得到保障。网络设备的防护主要包括：对登录网络设备的用户进行身份鉴别，用户名必须唯一；对网络设备的管理员登录地址进行限制；身份鉴别信息具有不易被冒用的特点，口令设置需 3 种以上字符、长度不少于 8 位，并定期更换；具有登录失败处理功能，失败后采取结束会话、限制非法登录次数和当网络登录连接超时自动退出等措施；启用 SSH 等管理方式，加密管理数据，防止被网络窃听。对于鉴别手段，三级安全等级要求采用两种或两种以上组合的鉴别技术，因此需采用 USBkey + 密码进行身份鉴别，保证对网络设备进行管理维护的合法性。通信的完整性与保密性主要包括校验码技术、消息鉴别码、密码校验函数、散列函数、数字签名等。

云端安全系统的设计主要是将云数据中心网络分为业务网络系统和管理网络

系统，这两套网络系统由不同的物理设备组成，有效分离业务流量和管理流量，从而保证云平台各系统安全稳定运行。在云平台中，引入 SDN、Vxlan、NFV 和服务链技术，并以 NFV 方式提供各种安全服务（例如：vFW、vIPS 和 vLB 等），通过云平台进行统一调度，使得用户可以依据自身需求申请安全服务，自定义业务应用系统安全架构及安全访问策略，这些访问控制策略能够为虚拟机迁移过程提供防护。同时可以将虚拟机的流量从宿主机中引出，使流量得到有效的监控。为了保证不同用户间的安全隔离，以及用户对自身业务系统的安全访问，云平台提供了端到端（租户客户端到业务服务端）的 VPC（Vitual Private Cloud，虚拟专有云）。在启用安全服务链功能并具备 SDN 和 NFV 支持的云平台安全架构中，安全设备始终旁挂在网络中。云端主机安全性设计主要考虑以下三个方面的内容：资源池合规性、数据库系统安全以及资源控制和调度安全性。

5. 标准体系

根据我国的标准体系，应建立国家标准、地方标准、行业标准和企业或团体标准相互配合和支撑的智慧城市综合管廊标准体系，如图 7-12 所示。国家标准主要解决智慧城市综管廊安全相关的标准化问题，如信息安全以及设计、施工、运营过程的相关安全规定和技术要求。地区标准主要是结合地域城市的技术现状和发展规划，根据城市综合管廊以及智慧城市建设情况，建立合适的智慧城市综合管廊建设、运营与安全应急相关的管理和技术规范。行业标准主要是围绕智慧城市综合管廊相关的基础通用标准需求（如术语）和规划、设计、建造、运营以及应急全过程设施管理与技术标准，也包括各种系统测试与验证技术、质量及可靠性方面的要求。企业或团体标准主要是规范智慧城市综合管廊相关系统与部件设计、制造、测试和验证技术与管理方面的要求。此外，标准体系也需要与智慧城市以及其他信息技术相关的标准进行协调，利用成熟的标准降低信息技术开发的难度和成本，避免接口不统一和重复建设导致的浪费。

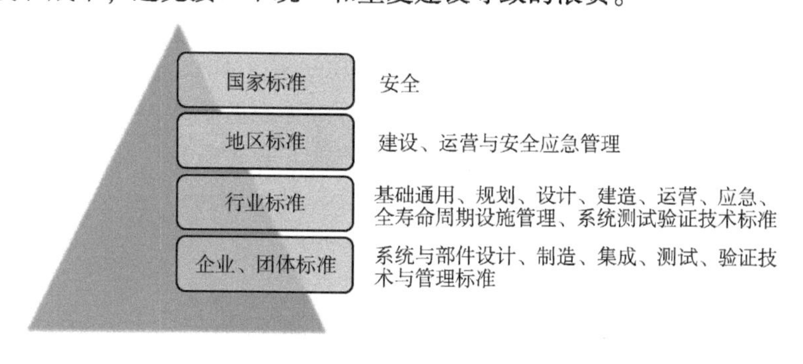

图 7-12　智慧城市综合管廊标准体系

针对当前智慧城市综合管廊标准缺失以及深圳市城市综合管廊相关标准规范情况，建议加强城市综合管廊数据与服务治理、全寿命周期设施管理技术以及安全方面标准建设，着重建设如图 7-13 所示的技术标准体系。

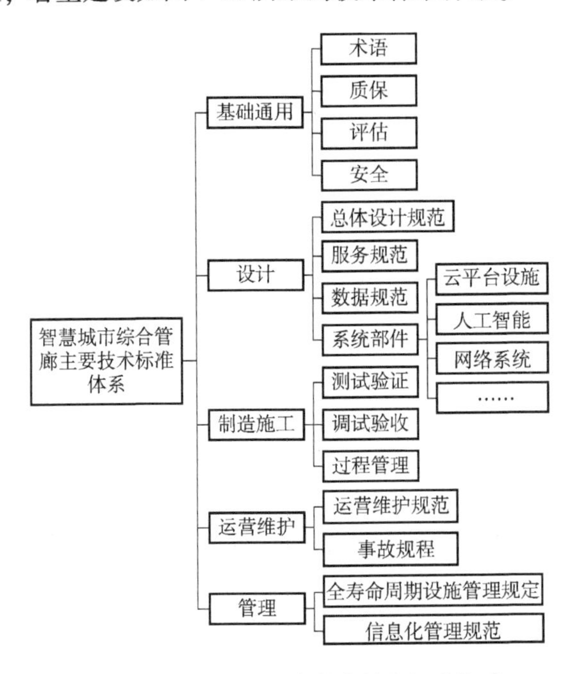

图 7-13　智慧城市综合管廊技术标准体系

目前智慧城市综合管廊相关的标准及体系尚未形成，现有的标准主要围绕城市综合管廊的建设和运营方面，智慧城市综合管廊相关的一些技术标准内容分散在智慧城市以及信息技术等领域，标准体系和标准层次之间缺少相互协调与互相补充。因此，现阶段应以行业、企业或团体标准为主快速进行智慧城市综合管廊标准体系的建设和迭代，国家标准偏重于安全、质量等方面，地方标准则偏重于全寿命周期设施管理规范和安全方面的规定。

由于数据与服务治理是智慧城市综合管廊的核心目标，因此围绕数据与服务治理方面的技术标准也是智慧城市综合管廊标准体系的重要内容。这些标准包括数据接口规范、BIM 与 GIS 数据规范、数据建模、数据管理、服务管理、服务建模等，构成了智慧城市综合管廊智慧运维的核心技术标准。

7.3.2　综合运行监控系统

在当前深圳市未来的管廊运营管理模式架构中，管廊运行监控与应急指挥的职责将统一集中至市级监控中心，分散在全市各区的所有班组均仅作为业务执行机构。在这一大背景下，市级监控中心作为全市管廊信息的汇总与运行决策中心将主要面临三个难题：运行监控信息的合理展示、运行监控事件的快速处置、管廊应急抢险的集中指挥。传统的运行监控模式面临这种海量信息汇总处置的应用场景将失效，建立“智慧管廊综合运行监控系统”的目标是希望通过信息化的信息归纳与辅助决策手段，在有限监控资源条件下，实现全市综合管廊的平稳运行。

系统建设的总体架构主要包含轻量化 BIM + GIS 基础数据框架、设备采集与控制驱动、业务数据存储中心以及综合运行监控系统。其中，轻量化 BIM + GIS 基础数据框架是实现业务显示与交互的前端平台，设备采集与控制驱动是系统实现对底层设备控制的中间件、业务数据存储中心是系统的数据来源。综合管廊综合运行监控系统总体架构如图 7-14 所示。

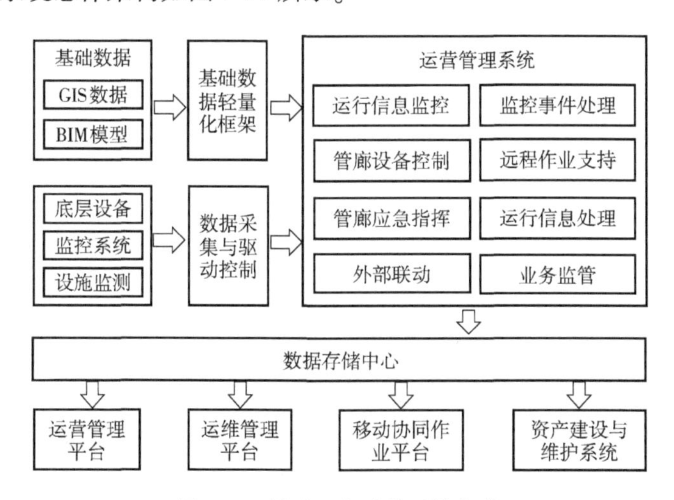

图 7-14　综合运行监控系统架构

综合运行监控系统主要包含运行信息监控、监控事件处理、管廊设备控制、远程作业支持、管廊应急指挥、运行信息处理与业务监督、外部信息联动七个子系统。运行信息监控子系统基于 BIM、GIS、数据驾驶舱、虚拟现实等数据展示技术将环境、结构、设备、机电、消防、安防、人员作业、报警等关键性实时监控数据与统计分析数据投射至监控大屏、WEB 端或虚拟现实头显设备，实现对管廊监控人员注意力的合理引导；监控事件处理子系统通过建立可配置化的事件分级分类模型、事件处置优先级模型、事件处置流程引擎，实现对各类事件的预处理与自动化处理，并且能够通过预设系统运行模式，调整事件处置自动化程度，通过数据与模型关联分析为人工处理提供辅助决策分析工具；管廊设备控制子系统实现对巡检机器人、通风系统、排水系统、供

（配）电系统、照明系统、安防系统、消防系统、广播通信系统、标识系统和网络系统的运行控制；远程作业支持子系统主要包括管廊内部人员入廊授权、作业过程监控、人员通信、作业远程支持等功能；管廊应急指挥子系统主要包括应急演练、应急指挥、应急分析、应急资源调度、外部应急联动功能；运行信息处理与业务监督子系统主要实现对运行监控、事件处置、设备控制、远程作业支持的分析与监督；外部信息联动子系统实现上级主管部门、管线单位、外部行政单位数据接口与交换。

1. 设施运行信息监控与事件处理

运行信息监控主要包括 GIS 一张图管理、数据驾驶舱（大屏幕）、区域运行状态监控等功能，支持虚拟现实技术、监控信息显示配置管理。

GIS 一张图管理可以以二维电子地图或卫星影像图作为底图，通过采用添加图层的形式展示地下综合管廊已建、在建情况及中远期总体规划，以及地下综合管廊入廊管线、空间资源、管廊结构、设备状态、环境状态、人员状态、危险源、报警信息、应急等总体情况。

数据驾驶舱是基于联机分析处理（OALP）技术，通过重点信息突出显示、总体信息对比统计、报警信息滚动的方式实现各专业监控人员掌握动态的管廊内总体运行信息、管廊内环境与消防监控信息、设备及机电运行信息、人员及安防信息、管廊内结构及邻近施工信息、网络及控制系统信息。监控人员通过对关注区域的筛选，在数据驾驶舱内实现对关键数据的统计与显示。允许各专业监控人员对数据驾驶舱内的显示模块进行删减、排序、选择样式。

区域运行状态监控以二维平面矢量图或轻量化三维 BIM 模型作为监控展示框架，对管廊内局部环境、设备、视频安防、消防、网络、状态进行实时监控。可以应用虚拟现实头显设备，基于轻量化 BIM + GIS 展示架构，对管廊外部进行空间虚拟巡查，允许按固定路线漫游。主要查询临近施工工程与运营期廊体结构的空间关系、新卫星图影像展示的管廊周边情况等。应用虚拟现实头显设备，基于轻量化 BIM 展示架构，对管廊内部进行空间虚拟巡查。主要查询当前各类子系统的运行情况，了解管廊内部各舱室及出入口部的空间关系。应用虚拟现实头显设备，基于全景球影像框架，对管廊外部实景状况进行 360°查看。通过对全景场景的选择实现在管廊走向上的移动巡查。应用虚拟现实头显设备，与管廊内部球机实施影像联动，实现对管廊内部的实景巡查。通过 VR 设备方向转动驱动球机转动，实现第一视角的实时查看。

监控信息显示配置管理包括：配置 GIS 一张图各专题图的交互模式、显示风格、统计分析展示内容以及投屏尺寸与分辨率；配置数据驾驶舱的页面内容、交互深度与模式、显示风格、统计分析展示内容以及投屏尺寸与分辨率；配置实时监控页面的交互模式、显示风格、辅助分析内容以及投屏尺寸与分辨率；配置虚拟现实监控系统的交互模式、显示风格、漫游方式、标记功能以及设备尺寸与分辨率。

监控事件处理系统包括事件预处理、报警事件管理、事件处置模型配置、优先级管理、流程与处置模式配置。

事件的预处理包括对所有管廊内外所有多源异构的报警信息进行结构化分解，统一事件对象属性格式，形成事件预处理池，并将事件的各项属性输入事件分类模型，模型驱动引擎将会对事件进行分类，包括数据异常、设备异常、人员异常等，将事件的各项属性输入该类型事件的分级模型，模型驱动引擎对事件的报警等级进行分类。根据不同的事件类型与事件报警等级，排序引擎对事件处置的优先级进行分析，分析中包含了所有处置过程中的事件。当新增事件优先级高于正在处理的若干事件的优先级，则会优先处置新增事件。根据事件类型、事件报警等级与时间处理优先级对事件的处置进行分发。符合自动化处置条件的由计算机自行处置；需要人工授权的，则向人工发送授权要求；需要人工处置的，则事件分发进入人工处置流程。报警事件管理包括对报警事件的总览、详情查看、追踪、统计和处置。

报警事件的处置包括自动处置、待处置、人工处置、处置状态挂起、诊断、处置追踪任务。事件处置模型配置包括事件类型管理、事件属性管理、事件分类驱动、事件等级管理、事件阈值管理和分级驱动管理。

处置优先级配置包括优先级模型、优先级映射、优先级原则的配置。事件处置流程配置包括事件处置模型、消息发布、事件验证、事件处置、结果追踪、处置权限配置。事件处置模式配置包括处置模式编辑、模式切换、处置授权管理、岗位分配、人工处置监督管理、处置配置监督管理等。

设备的控制包括巡检机器人、通风系统、排水系统、供配电系统、照明系统、安防系统、消防系统、广播通信系统、标识系统、网络及核心控制系统的控制。这些控制包括实时的运行控制、运行模式与参数的配置、联动控制与模式切换等。

2. 人员作业远程支持系统

人员作业远程支持系统主要包括人员入廊授权、人员作业过程监控、廊内人员通信和作业远程支持。

人员入廊授权包括入廊事项的审核、人员身份核实和入廊授权控制。人员现场入廊申请由移动协同作业系统发起，监控中心值守人员或系统审核入廊申请事由审批状态、事由内容、入廊作业范围、入廊入口位置与人员当前所在位置的一致性。若上述属性全部符合要求，则完成入廊事由审核。由监控中心系统或人员对入廊人员身份进行审核。通过前期人员资料以及人脸资料的录入，与现场入廊人员的脸部照片或三维结构光数据进行比对，若通过比对则完成入廊人员身份审核。完成上述入廊信息审核后，显示门禁控制系统实时控制模块，对逃生口智能井盖或门禁系统进行开启控制。待人员全部进入后，远程关闭入口。

廊内人员作业监控主要包括廊内人员位置监控、作业环境监控、人员行为监控。基于二维平面矢量图或三维 BIM 模型对管廊内的人员位置分布进行监控，人员位置在二维平面矢量图中用图元表达，在三维模型中使用人员模型表达。允许选中某一人员对其作业位置进行实时追踪监控，当其作业范围超出允许范围时进行报警。当人员在管廊内作业时，对管廊内空气环境及照明环境进行控制。通过视频监控系统或管廊机器人系统对廊内作业人员的行为进行监控，监控行为的范围包括防护措施、违规操作、进入未授权区域、违规用火、使用违规工具等。

廊内人员通信包括语音实时通信、视频实时通信、增强现实通信。通过监控中心内语音通信系统与管廊内人员进行语音实时通信，可以选择广播、移动端、固定电话三种语音通信路径。可通过视频监控系统或管廊机器人所携带的摄像设备对管廊内的人员状态、视频状态进行监控。也可通过手持移动端的摄像头和管廊内人员进行面对面通信，或由作业人员将作业画面上传至监控中心。可通过 AR 设备与管廊内作业人员同时进行语音与视频通信。可通过 AR 设备所携带的摄像头获取作业人员主视觉画面，也可将需要的信息或标识标注到作业人员视觉画面中。

作业远程支持系统包括远程资料支持、远程影像支持、远程专家支持，实现向管廊内作业人员传输作业任务相关的资料，允许向手持移动端或者增强现实屏幕上投放，并在作业人员查看资料过程中对资料重点进行标记与讲解；实现向廊内作业人员投射照片、视频、动画等影像信息，或者通过虚拟现实设备在廊内人员的主视角画面上进行作业标记，实现直观的技术支持；实现管廊内人员与远端专家的实时语音与影像通信，由专家在线指导廊内作业人员业务实操。

3. 应急指挥与外部信息联动

应急指挥系统包括应急演练、应急情况汇报、应急智慧与调度和外部应急联动。

应急演练包括应急预案管理、演练模式切换、过程管控和评估。针对不同的应急场景设计不同的演练预案，演练预案编辑内容包含应急险情类型、险情级别、险情发生地点、演练范围，演练进程剧本、演练人员分布、演练物资分布等内容。演练预案内容均在 BIM 三维模型内实现编辑、展示与进程模拟。将应急预案涉及的机电设备系统、消防系统、安防系统、标识系统切换进入应急演练模式，并设定演练模式下的运行参数。演练模式分为两类：

1）系统演练类：底层硬件设备不受影响，将虚拟信号输入监控系统，测试软件系统在应急预案下的响应能力。

2）现场演练类：底层硬件对虚拟的险情做出真实反映，测试软硬件系统及现场人员在应急险情下的响应能力。

对演练过程中的人员行为、物资消耗、设备应急运行、各要素流动等情况进行监控记录，并实现监控中心对应急现场的指挥模拟。将演练过程记录与演练预案模拟进行对比，评估演练是否根据剧本推演。将演练效果与预案模拟效果进行对比，例如时间、资源消耗、人员行动里程等，评估演练预案的合理性以及演练人员的熟练度。

应急情况汇报包括险情情报汇报、抢险现场情报汇总、应急资源情报汇总、外部联动情报汇总，通过情报板展示险情位置、起因、险情相关监控指标情况、险情蔓延情况、险情预测等，了解抢险区域当前环境，展示实现现场应急物资、工具等资源的分布情况、部署完成情况、消耗情况以及调配情况，通报发送情况、险情通报回执、各级主管单位通信连接情况、抢险作业部门联动情况、向外部门求助情况、外部门应急响应情况等。

外部单位信息联动包括与上级主管部门的接口、管线单位接口和外部行政部门的接口。上级部门的接口主要包括与政府管理服务指挥中心（IOC）联动接口、与市住建局联动接口和与市规土委联动接口。

与政府管理服务指挥中心的数据接口主要包含基础信息接口、监控数据接口、值守人员通信接口和应急抢险接口。基础信息包含已建、在建及规划建设管廊结构轮廓的 GIS 地理数据、廊内管线 GIS 数据以及管廊运维 BIM 模型。数据由监控中心向指挥中心进行推送。监控数据接口包含廊内环境、视频、可燃气体、结构健康评级等关键数据的调用接口，由指挥中心决定数据的取用范围；还包含各类监控报警推送接口，由指挥中心确定报警的类型与级别。值守人员通信接口包含监控中心、辖区值守班组及廊内作业人员的联系方式，由监控中心主动向指挥中心推送更新。应急抢险接口内容包含险情位置、起因、类型、级别以及当前抢险推进状况，由监控中心向指挥中心推送；还包括指挥通信接口，允许指挥中心直接向廊内抢险作业人员进行语音或视频指示。

与市住建局的数据接口主要包含基础数据、监控数据和值守人员通信接口。基础信息包含已建、在建及规划建设管廊结构轮廓的 GIS 地理数据、廊内管线

GIS 数据以及管廊运维 BIM 模型。信息由监控中心向住建局推送。监控数据接口包含廊内环境、视频、可燃气体、结构健康评级等关键数据的调用接口，由住建局决定数据的取用范围；还包含各类监控报警推送接口，由住建局确定报警的类型与级别。值守人员通信接口包含监控中心、辖区值守班组及廊内作业人员的联系方式，由住建局主动向指挥中心推送更新。

与市规土委的数据接口主要包含基础数据和监控数据。管廊基础信息包含已建、在建及规划建设管廊结构轮廓的 GIS 地理数据、廊内管线 GIS 数据以及管廊运维 BIM 模型。信息由监控中心向规土委推送。同时，规土委向智慧管廊平台提供 GIS 基础信息，信息包括 GIS 二维电子平面图以及卫星影像图。监控数据接口包含廊内环境、视频、可燃物气体、结构健康评级等关键数据的调用接口，由规土委决定数据的取用范围；还包含各类监控报警推送接口，由规土委确定报警的类型与级别。

与管线单位的数据也包括础信息接口、监控数据接口、值守人员通信接口和应急抢险接口，主要面向通信、水务、燃气和电力单位。基础信息包含管线属性以及管线关键节点的 BIM 模型。数据由管线单位向智慧管廊平台进行推送。监控数据接口包含廊内环境、视频、可燃气体、温感烟感监控、结构健康评级等关键数据的调用接口，管线单位能获取管线相关范围内一定时间的历史数据调用授权；还包含与管线单位相关的各类监控报警推送接口，由管廊单位确定报警的类型与级别。管线单位需向管廊指挥平台推送管线内部运行相关关键指标。值守人员通信接口包含监控中心、辖区值守班组及廊内作业人员的联系方式，由监控中心主动与管线单位各区域监控中心相互同步。应急抢险接口内容包含险情位置、起因、类型、级别以及当前抢险推进状况，由监控中心向管线单位推送；管线单位向管廊指挥平台推送管线单位的应急措施与人员调度信息。

外部行政单位接口包括与公安、交通、消防、急救部门的接口。与公安部门的数据接口包含管廊出入口位置数据：包括逃生口、通风口、物料吊装口等所有可能遭遇人员入侵的出入口的准确位置信息、入侵人员实时位置及影像数据；应急抢险数据：包括当前险情位置、起因、等级、可能造成的影响，便于公安部门组织疏散。与交通部门的数据接口包含管廊 GIS 数据：管廊建设和规划 GIS 数据与城市二维电子地图的合成信息，帮助交通部门管理建设过程中的交通疏导；应急抢险数据：包括当前险情位置、起因、等级、影响的交通设施范围，便于交通管理部门封锁道路。与消防部门的数据接口包含管廊 GIS 数据：管廊建设和规划 GIS 数据与城市二维电子地图的合成信息，帮助消防部门及时赶到险情现场；应急抢险数据：包括当前险情位置、起因、等级、可能造成的火灾类型，便于消防部门准备应急措施。与急救部门的数据接口包含管廊GIS数据：管廊建设和规划GIS数据与城市二维电子地图的合成信息，帮助急救部门及时赶到险情现场；应急抢险数据：包括当前险情位置、起因、等级、可能造成的人员伤亡类型，便于急救部门准备应急措施。

7.3.3 智慧管理系统

1. 运维管理

地下综合管廊使用寿命长达百年。如果把管廊设施视为生命体，那么日常系统化、精细化的保养就能延缓管廊内的设施、设备衰老，减少其“生病”的概率，延长使用寿命。这就为投资建设方节省了日常运维的资金投入。实现综合管廊安全运营，应构建相关的运维智能平台。平台建设是个系统化的研究、实施过程，一般从四个方面展开：一是集中式的绩效管理平台建设，包括智能能源监测、智能照明、智能保安、智能运营等，能实时跟踪整个管廊的重要设备，减少开支、增加效率；二是可持续的管廊内部环境监控技术，包括环境监测、通风系统监测、空气质量监测、施工条件监测等；三是集中式数据库解决方案，包括智能数据存储、提高能效、可持续性、系统可靠性等，可以不间断分析改善管廊条件；四是智能监控仪表盘，可以融合所有监控系统，显示管理人员所需要的信息。通过运维管理系统建设，实现综合管廊在运维过程中的关键业务全覆盖；规范运维管理指标，实现灵活预警；多维度运维、运营、监控数据关联分析，挖掘潜在运维问题；集成运维管理、实名制、备品备件、设备等系统。图7-15给出了智慧城市综合管廊运维管理系统的架构。

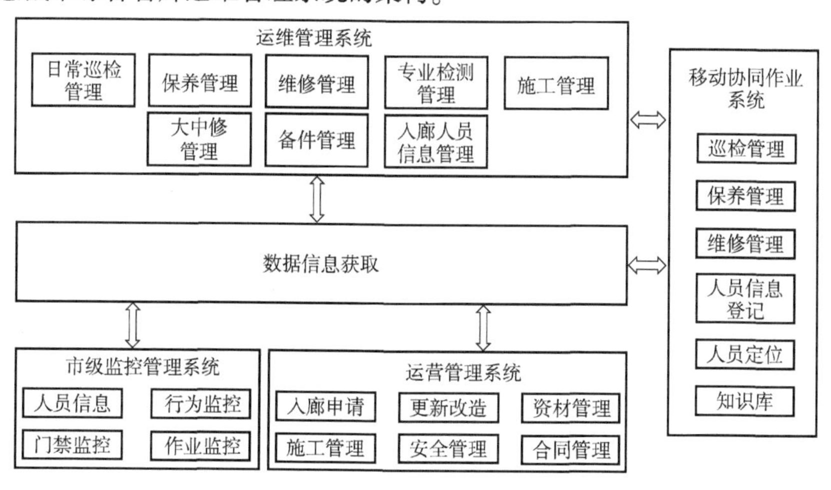

图7-15　运维管理系统架构

运维管理系统包括日常巡检管理、保养管理、维修管理、专业检测管理、大中修管理、库存管理、入廊人员信息管理、廊内及管廊临近施工管理、运维业务流程配置。

日常巡检管理主要对管廊的内部及周边环境定期进行安全检查。包含廊内巡检与廊外巡检，如图 7-16 所示。廊内巡检主要包括对管廊的土建结构、附属设备设施进行检查，发现故障进行上报维修。廊外巡检主要包括管廊安全范围巡检、管廊地面沿线设施巡检，发现故障进行上报维修，发现未申请的临近施工，需马上上报由公司和相关主管单位进行处理。日常巡检主要包括巡检计划管理、排班管理、巡检任务及权限管理、巡检问题管理、巡检知识库等主要功能，通过对巡检项定期巡检，形成报告，追踪问题及时维护，确保管廊的安全运行。巡检排班管理主要针对巡检班组在日常巡检工作中的人员安排管理，包括班组管理、排班信息、班制信息、员工调休记录等。巡检任务及权限管理是根据班组的排班情况将任务安排到个人的管理模块，主要包括人员的具体巡检时间、巡检内容、巡检区域及设定出入门禁、巡检范围等权限。巡检报告主要描述排班名称、巡检日期、巡检人员、任务类型（常规巡检、施工巡检）、巡检范围、人员巡检轨迹、故障设备描述（设备基础信息、故障信息）、故障上报情况等，支持下载或导出，并构建巡检知识库。巡检知识库模块可添加巡检管理规范、管廊安全管理规范、应急预案要求等安全知识供工作人员参考学习。该模块可与移动协同作业端的知识库进行数据传输，可在此处添加内容，同步更新。

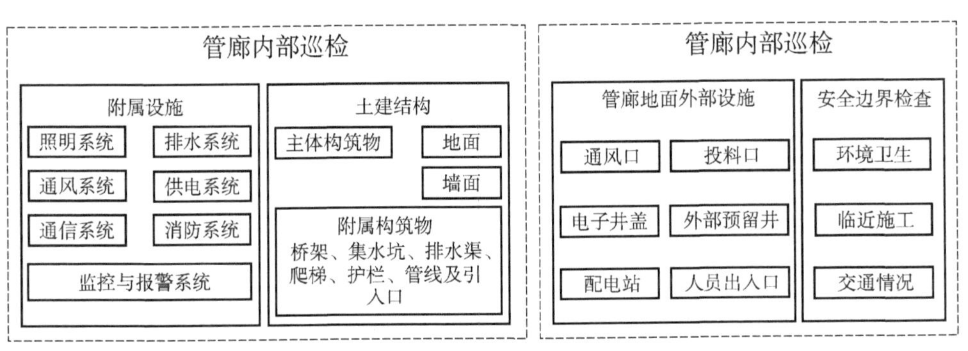

图 7-16　管廊内外巡检业务示意图

保养管理（图 7-17）是对管廊内的附属设备设施进行定期养护的管理模块。由维保人员按照设备的类别、出厂时间、运行状态及数据分析的优化决策等作为参照以周期（年度、季度、月度、周度等）的形式制订保养计划，对保养的内容进行记录。保养管理主要包括对管廊的土建结构、供配电系统、照明系统、消防系统、通风系统、排水系统、监控与报警系统、标识系统的保养管理等。

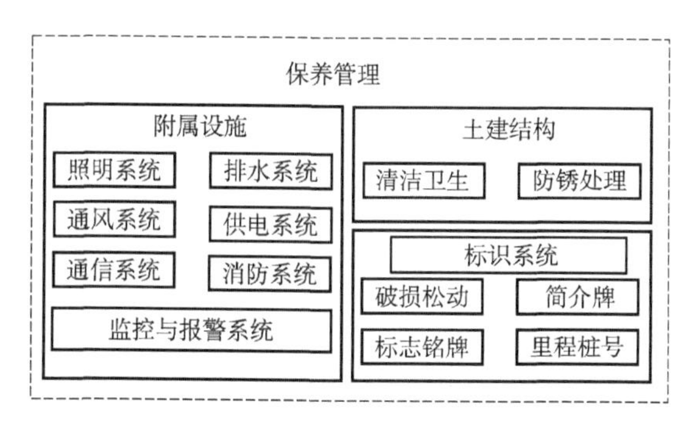

图 7-17　保养管理业务示意图

维修管理是对管廊无法正常运行的设备进行查询、派发任务、记录等的管理模块。由维修负责人将巡检与监控中心发送的问题，以工单的形式分派给班组成员。维修人员按照设备类型、故障情况、以前的维修情况等作为参照进行维修。廊内设备维修主要包括对管廊的土建结构、供配电系统、照明系统、消防系统、通风系统、排水系统、监控与报警系统、标识系统的维修等，根据不同的故障类型采取不同的维修方案。维修管理模块的功能主要包括维修工作分配管理、维修排班管理、维修工单权限管理、维修报告、维修审查及维修知识库等。

专业检测是采用专业设备对综合管廊进行专项技术状况检查、系统性功能试验和性能测试的管理。主要针对管廊土建结构、消防系统、控制与报警系统等。专业检测主要针对经过多次小规模维修，结构裂损或渗漏水等情况反复出现，且影响范围与程度逐步增大，应结合具体情况进行专业检测；经历地震、火灾、洪涝、爆炸等灾害事故后，应进行专业检测；受周边环境影响，管廊结构产生较大位移，或检测显示位移速率异常增加时，应进行专业检测；达到设计使用年限时，进行专业检测等。专业检测平台管理模块的主要功能包括专业检测查询，专业检测项目申请，专业检测项目审核，专业检测项目过程管控，专业检测项目验收等。

综合管廊的大中修一般包括破损结构的修复、消除结构病害、恢复结构物设计标准、保持良好的技术功能状态。主要针对管廊土建结构、供配电系统、消防系统、通风系统、排水系统、控制与报警系统等。土建结构的大中修主要针对综合管廊土建结构专业检测建议大中修；超过设计年限，需要延长使用年限等。供配电系统大中修主要根据设备运行状态数据和分析报告，并参照系统的设计说明和使用手册来安排。消防系统大中修根据专业检测分析报告，并参照系统的设计说明和使用说明手册来安排，消防设备的使用年限一般为 10 ~ 15 年，消防灭火器材的使用年限一般为 5 ~ 10 年。通风系统大中修主要针对风机而言，风机的更换应根据风机的使用寿命来确定，一般取 10 年/次更换频率。排水系统无法满足清除管廊内渗漏水、汛期排涝和应急抽水的要求或达到设备的建议使用年限时，应安排大中修项目。监控与报警系统主要根据系统功能、性能以及系统整体升级改造，并结合设备的建议使用年限进行安排。大中修的平台管理模块主要功能包括大中修查询、大中修项目申请、大中修方案管理、大中修项目审核、大中修项目过程管控、大中修项目验收等。

库存管理主要是对各个专业维修中心的运维工具与备品备件进行统一梳理形成的库房账单，负责运维设备、备品备件的管理调度和应急物资的储备。由管理员按照物资不同类别与位置进行整理录入并对入库出库进行规范化管理。库存管理主要包括对日常巡检、维修、保养等运维所需的设备、工具、车辆及备品备件的管理等。库存管理模块的功能主要包括入库管理、出库管理、查看库存、物料使用情况说明、物料采购申请单等。

入廊人员信息管理针对所有入廊施工项目及非入廊作业的人员信息实名制管理。该模块与移动协同作业端信息登记模块相配合，有梳理、整合、统计、导出等功能。主要针对非管廊公司工作人员入廊的人员信息登录情况管理，包括入廊施工人员管理、入廊参观人员管理、其他入廊人员管理等。

廊内施工管理是针对入廊施工的所有项目的过程管控记录模块，运维部门可根据项目申请入廊的时间、地点、审批流程等对日常巡检、维修、保养、排班等做出调整。廊内施工管理主要对入廊作业的人员、设备、权限及安全验收等进行管理。廊内施工管理主要包括管线入廊施工申请查询、施工报告查询、项目施工过程管控、项目安全验收等。

管廊临近施工管理是针对管廊周围安全范围附近存在地上施工及下穿施工现象的安全管理。运维人员根据日常巡逻对临近施工状态及隐患进行取证与及时上报，防止事故发生对管廊正常运营造成巨大影响。管廊临近施工管理主要包括临近施工项目申请、项目受理、项目审核、项目过程管控、工后安全评估及临近施工项目查询等模块。

运维业务流程配置主要管理运维平台各业务的流程走向与人员组成关系，包括个人在各业务流程中的权限与职责分配，具体包括人员权限绑定设置、项目流程管理设置、人员联系目录管理。

2. 运营管理

运营管理系统是一个基于综合管廊日常运行业务进行管理的系统，各附属子系统、入廊管线会产生大量的结构化和非结构化数据，应就存储机制、处理方式和分析方法进行研究与实现。对平台的功能模块进行流程制度梳理，用以支持功能模块的开发，主要涉及模块包括应急、入廊、合同管理、人力资源管理等。系统建设总体架构主要包括综合管廊运营管理业务统一管理平台、智慧管廊—大数据中心（数据仓库）、监控管理系统和运维管理系统四部分，综合管廊运营系统是实现管廊正常运营的管理、监督、检查与分析，辅助业务人员规避安全风险的关键应用。运营系统总体架构如图 7-18 所示。

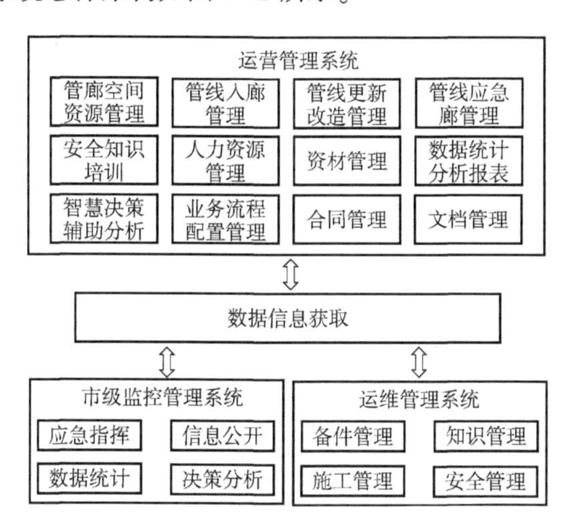

图 7-18　综合管廊运营管理系统总体框架

管廊空间资源管理是管廊运营的主要问题之一，空间的管理决定管线的运行及承载状态，空间调理不清晰会导致管线运营供给不足、管理杂乱、运维困难等，也易导致应急事件时无法准确定位，耽误抢险工作的快速落实。管廊空间资源必须合理地进行规划整理，管廊的管线、附属设备与出入接口均需与管廊 BIM 管理系统挂接，拥有独立的编号或代码。在运营工作中会经常对管廊的资源进行查询管理，对运营的业务合理性进行有效规划，管线空间资源管理主要包括管线空间资源分布管理与附属设备空间资源管理两部分。管线空间资源分布主要展示管线的类型、位置、出入接口、空余接口、空余桥架等信息。附属设备空间资源分布主要展示设备的类型、位置、状态、寿命、维修等信息。

管线入廊管理是对管线单位申请管线入廊的入口，通过入廊申请、受理、审批、签订合同、费用缴纳、施工、验收等一系列功能使管线入廊业务形成闭环，主要包括管线入廊申请、管线入廊项目受理、管线入廊项目审核、管线入廊施工管理、管线入廊项目验收、管线入廊竣工报告、管线入廊费用标准管理。

管线更新改造管理是针对管线运行情况、运行年限等，通过管线单位申请，对已有的管线进行更新或改造的入廊及管廊安全管理。管线更新改造管理主要包括入廊管线情况查询、管线更新改造项目申请、管线更新改造项目受理、管线更新改造项目审核、管线更新改造施工管理、管线更新改造项目验收、项目竣工报告等模块。

管廊运营应急管理以预防为主，防救结合，通过不间断开展各级隐患排查，建立各管廊安全隐患问题清单，制定相应措施方案对隐患点分类、分级进行处置，降低运营过程中的安全风险概率；通过依靠科学、法规等制定应急预案，应急事件发生时做到快速响应，降低人员及财产损失。应急管理包括应急值守、应急预案、应急物资管理、应急演练、应急事件总结等。

安全知识培训主要以文档的形式要求运维人员掌握在综合管廊运营当中的要求及规范、报警规则、入廊作业守则、智慧平台操作守则、移动作业协同技术、运营管理规范等，具体包括：操作手册管理、安全知识管理、运营管理规范管理、专业技术培训管理。

人力资源管理为管廊公司员工建立完整的档案资料，记录管廊公司的人员新进、人员调出、人事变动的情况，员工工资变动、奖惩情况、人事合同等资料，通过对员工分类进行考评，进行相应的奖惩和工资核定。具体功能包括人事档案、甄选录用、考勤管理、培训管理、人事调整、绩效考核、劳务合同、薪酬管理、福利管理等。

资材管理主要负责拟定管廊运营物资管理方案及管理办法，会同有关部门做好运营管理责任制的实施工作。建立管理物资台账，会同公司有关部门定期盘点使用情况，明确物资实物的使用责任人。协助公司有关部门对固定资产租赁、转移、报损、报废进行鉴定和评估工作，办理相关处理报批手续，并会同公司有关部门执行物资采购工作，汇总生产部门物资采购计划、供应商管理、采购执行、参与验收、物资分发、转移物资、协调等，具体包括管廊资产分类及查询、物资盘点计划管理、资产台账管理、物资采购审批、供应商管理、物资登记管理。

通过统计及分析项目所包含的能耗、人员情况、报警信息、资产状态、管线管理、施工管理、临近施工、运营成本等多指标，横向比较及分析管廊的运营情况。支持在人员权限下按名称、报表种类、时间等多种形式的查询检索报表，以多种方式对报表进行分类管理，包括报表类型、报表名称、创建时间等，支持自定义分类规则、新建、修改、删除、模糊搜索等功能。

智慧决策辅助分析管理是一个基于数据标准集成框架及管廊智慧管理平台，集数据分析、设备、结构、能耗、施工风险、入廊费用等涉及运营各方面数据统计、分析等功能于一体的监管辅助应用。决策辅助分析管理将传统的手工填报、电子文件的方式升级为基于统一的数据集成框架及工程业务管理平台的全新综合决策与分析方式，实现架构可参考图7-19。

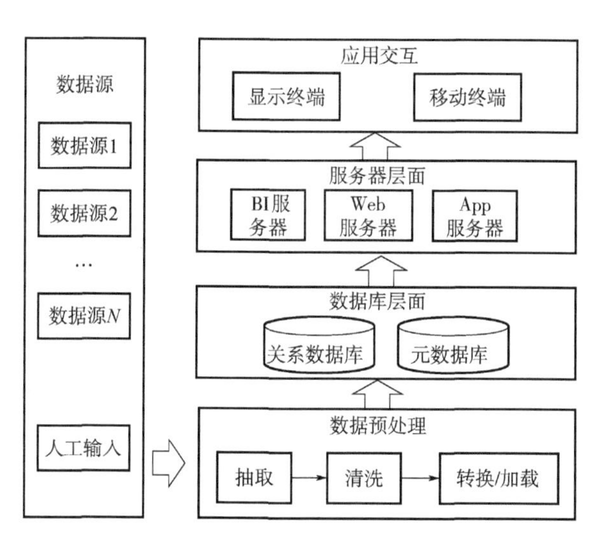

图 7-19　辅助数据分析架构

合同管理包括合同签订、变更、废弃、台账的全寿命周期管理，提供合同填写、合同上传、合同下载、合同导入、合同浏览等功能。

文档管理模块基于知识管理模式，既支持传统以案卷为模式的管理，也支持以知识库为模式的档案管理，同时支持新的单文档案卷管理模式。对公司规章制度等文档进行整理、文档类别（标准文件、规章制度、产品服务）管理、内部文档管理（文档查看、文档大图标显示模式、树形显示模式、新建文档、文档搜索）等。文档管理包括卷宗管理、应急案卷管理、内部文件管理、归档文件管理、外来文件管理等部分，支持档案著录、文件自动归档、主题词自动标引、档案信息统计、档案检索、打印输出等功能。

运营业务流程配置主要管理运营平台各业务的流程走向与人员组成关系，包括个人在各业务流程中的权限与职责分配，主要包括人员权限绑定设置、项目流程管理设置和人员联系目录管理。

3. 数字资产管理

城市基础设施建设与运营管理的智能化是智慧城市的根基，当城市基础设施达到一定的规模后，其建设与运营的数据将具有大数据的特征，成为一种具有潜在价值的数字资产。有效地梳理基础设施数据的逻辑起点、价值形态、应用模式，便能够使其成为企业或社会经济领域辅助决策的基石，从而为企业与社会带来巨大的经济利益，对数字资产进行应用与管理的能力将成为企业与社会的重要竞争力。

管廊是城市重要的基础设施之一。智慧管廊管理平台在为深圳市管廊运维与运营业务提供信息化工具的同时，也为管廊建设与运营数据科学高效的应用与管理提供支撑。BIM是建筑信息模型（Building Information Modeling）的缩写，是近年来建筑行业快速发展的一项信息技术，其本质是基于面向对象的思想建立一套基础设施与资产的数字孪生模型。以BIM、物联网、移动互联、大数据为核心技术，建立基于BIM智能建设信息管理与建设过程BIM咨询管理两大子系统，最终以BIM为载体形成数字资产的建设运营一体化交付运维，模式建立覆盖工程建设全过程的信息化管理体系，形成基础的信息化数据与模型仓库，主要包括建设过程信息管理、BIM应用与全过程咨询管理、数字资产移交管理。

智能建设子系统将采集和汇聚设施建设期的重要信息，并无缝传递至管廊运维阶段，通过建设期和运维阶段信息的衔接，提升对建筑设施的管理水平，延长设施的使用年限。同时为建设期的管理提供三维可视化的交互平台，提供项目的三维模型漫游和交互、重要信息集中展示和查询、设计管理和施工管理等功能，包括信息总览、模型漫游、设计管理、进度管理、文档管理等功能模块。

BIM应用与全过程咨询管理包括模型的审核管理、模型会签归档流程、施工阶段模型归档流程、模型变更修改流程、模型与图纸变更联动检查。BIM咨询管理项目部按照标准要求对BIM模型进行审核，对审核通过的模型进行归档和提资，开放给下一流程的参与单位进行BIM模型接力沿用。各BIM参与方在不同阶段完成不同要求的BIM模型，BIM咨询管理组会同总体设计、监理单位等对此阶段的模型进行审核，不满足要求则退回到相应设计参与方处予以修改完善；满足标准要求的模型则进入会签归档流程。施工阶段的施工深化BIM模型由各施工单位完成，在通过BIM咨询、施工监理、施工总包的模型审查后，由BIM咨询单位牵头发起会签流程，制作模型光盘和会签单并先行签字。会签单先由全部相关专业的专项施工分包审查，有意见的填写会签意见单，无意见则签字确认；之后提交施工监理审查，并填写会签单或会签意见单；后提交施工总包审定，填写会签单或会签意见单。全体通过会签后，由BIM咨询组进行模型平台备份、刻盘，提交业主进行归档。BIM模型创建单位对变更一般具有消极抵触心理，往往在图纸变更后不愿费力修改模型，导致模型与图纸脱节。为保证BIM模型与设计图纸变更的一致性，各模型创建单位须每月按时填报《BIM模型与设计图纸变更联动记录》，对该月内发生的图纸变更须如实上报BIM咨询组。BIM咨询组会每月向设计总体和施工总包单位提交此记录，请他们确认所提交的变更上报是否与实际情况一致、有无缺漏，严查模型变更滞后的情况。

数字资产移交管理包括交付验收管理、全信息BIM模型轻量化管理、数字资产交付。对工程建设过程所有文档的集中管理，包含设计文档和施工文档及通知类文档。当工程竣工时，形成以 BIM 为索引的完整工程资料库，实现竣工数字化交付。设计文档模块实现设计变更结果文件的上传，并可与模型关联。为确保平台运行效率，需要对最终交付的 BIM 模型根据不同应用场景需求进行轻量化处理，同时也需要对不同版本的全信息模型进行跟踪管理，提供不同版本模型的下载地址，记录模型变更内容、变更操作人、变更时间等，并可对过程版本进行查询。结合综合管廊运维管理的要求，根据 BIM 咨询章节中的技术要求，在平台中结合模型对各类设施设备进行编码维护。系统可结合编码规则对错误编码、重复编码进行自动提示，确保实际操作过程中编码与设施设备的一一对应。对每个单独的设施设备自动生成物联网标识，物联网标识可以是二维码或 RFID 芯片 ID 号，具体视实际应用场景而定。用户可对物联网标识进行增删改查等功能，可结合市级运维的需求对每个设施设备的编码进行调整更新，可将设备二维码下载打印，或结合硬件设备将标识信息写入 RFID 芯片。

4. 移动协同管理

城市综合管廊在地域分布的分散性和长距离特性使得人员、单位的协同管理必不可少，这些协同管理离不开移动信息技术的支持，为此构建了基于移动技术的协同管理框架，主要包括移动门户基础、移动设计中心、移动集成中心、移动管理中心，综合运行监控、运维管理以及运营管理等，这些应用和基础都需遵循移动应用标准体系和移动应用安全体系建立，其中移动设计中心和移动管理中心为外购的标准集成组件，具体如图 7-20 所示。

移动协同管理系统主要功能包括运行信息总览、移动端廊内运维协同作业管理、管廊运营事务处理、移动端基础功能模块、移动端协同数据集成中心。

运行信息总览包括管廊各种运行信息的监控总览、运行数据的详细情况、运行数据的统计与分析。管廊监控信息总览包括了管廊建设规划总览、廊内空间资源总览、廊外环境状态总览、廊内环境状态总览、管廊结构状态总览、管廊设备状态总览、管廊能耗状态总览、管廊人员作业总览、管廊报警信息总览、管廊应急抢险总览。运行数据详情包括环境数据详情、设备数据详情、结构状态详情、能耗数据详情、安防监控详情、视频监控详情、消防监控详情、网络状态详情、人员定位数据详情、事件处置详情、应急抢险详情。数据统计分析包括建设规划统计分析、廊内空间资源统计分析、管廊结构状态统计分析、入廊管线统计分析、环境数据统计分析、设备数据统计分析、能耗数据统计分析、安防数据统计分析、消防监控数据统计分析、网络数据统计分析、人员定位数据统计分析、事件处置数据统计分析、应急抢险数据统计分析。

移动端廊内运维协同作业管理是 Web 端系统的一个扩展和必要补充，应用

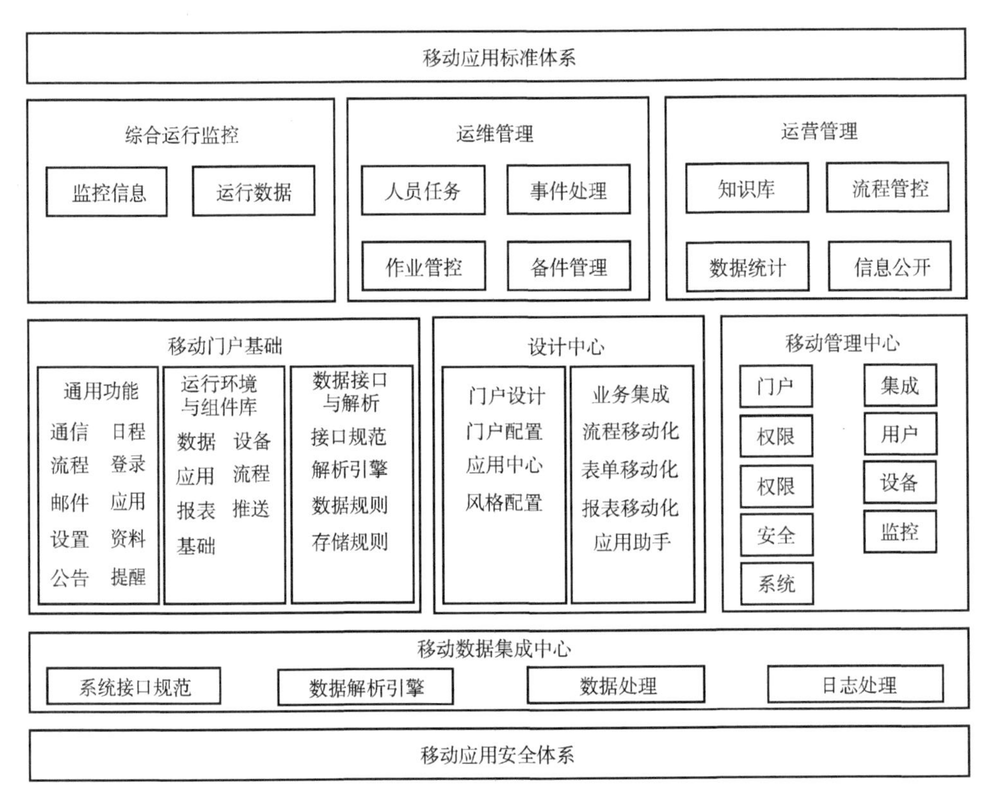

图 7-20　移动协同作业系统框图

于廊内作业、移动办公、数据采集等，包含巡检、维修、保养、外部单位管线运维、定位、信息查看、人员登记、计划管理、知识库、通知公告、库存管理等功能。移动端廊内运维协同作业管理部分弥补了系统在移动办公、管廊现场管理数据采集、作业过程精细管理、人员安全方面的不足，具有重大的应用价值。值班人员可以利用移动端进行联络、报警、安排任务。利用移动端开展设备运维管理，进行设备基础信息查询、设备维保状态信息查询、二维码扫描管理、巡检管理、维修管理、保养管理、故障上报管理。利用移动端开展库存管理和定位管理，包括库存查看和物资设备申领以及人员、车辆、管廊及设施的定位和导航，开展入廊管线辅助管理、信息登记、事件处置作业、设备现场控制与应急抢险作业。

管廊运营事务处理包括知识库的管理、流程审批、数据统计、信息公开。知识库包括设备养护知识库、巡检知识库、设备维修知识库、专业技术知识库、安全操作手册、安全管理规范、应急预案。数据统计包括能耗统计、人员情况统计、报警统计、资产状态统计、管线管理统计、廊内施工统计、临近施工统计、管廊运营统计。信息公开包括电子公告、规章制度、政策法规、意见箱。

移动端基础功能模块包括通用管理功能、运行环境，组件库、数据接口和解析服务，通用管理功能包括通讯录、即时通信、日程、工作圈、通知公告、功能号、资料库、邮件、待办中心、提醒中心、应用中心、单点登录、个性门户。运行环境和组件库是为了支持移动端运行所需配置的环境及组件。此处主要用于管理这些组件的存储位置及调用方法等。包括应用构件、数据组件、设备组件、基础组件、流程构件、报表构件、H5 构件、推送服务等。数据接口和解析服务是为了支持移动端运行所需配置的数据接口和解析服务。主要包括接口规范、解析引擎、数据规则和存储规则等。

移动协同数据集成中心对接后台系统时，需要把各种业务数据高度抽象并建立规则，譬如流程数据、报表数据。这些规则整合在各个业务构件之中。移动集成带来的好处就是系统解耦，如果后台系统发生业务变化，但是业务规则并没有变化，移动端不需要任何改变，所需要的工作不需要移动开发，只需要重新调整一下集成中心与后台的结构或者适配器即可响应业务变化。移动协同数据集成中心主要包括系统接口规范、数据解析引擎、数据处理、日志处理等功能，其中系统接口主要有综合运行监控系统接口、运维管理系统接口、运营管理系统接口、应急管理接口、安全知识培训接口、人力资源管理接口、资材管理接口、数据统计与报表管理接口、公开信息管理接口、权限管理接口、管廊建设信息系统接口、OA 系统接口。

参考文献

[1] 中华人民共和国住房和城乡建设部．城镇综合管廊监控与报警系统工程技术标准：GB/T 51274—2017［S］．北京：中国计划出版社，2017.

[2] 华奎元．城市基础设施管理概论［M］．北京：中国建筑工业出版社，1989.

[3] 李树平．地下综合管道概述［J］．地下空间，1999，19（2）：136-141.

[4] 关嘉文．城市地下管线综合管廊应用研究［D］．广州：广州大学，2018.

[5] 胡海柯，吴荣兴，邱耀，等．浅析当前城市地下共同沟的建设问题［J］．地下空间与工程学报，2017，13（1）：11-15.

[6] 钱七虎，陈晓强．国内外地下综合管线廊道发展的现状、问题及对策［J］．地下空间与工程学报，2017，3（2）：191-194.

[7] 中华人民共和国住房和城乡建设部，中华人民共和国国家质量监督检验检疫总局．城市综合管廊工程技术规范：GB 50838—2015.［S］．北京：中国计划出版社，2015.

[8] 郑立宁，杨超，王建．城市地下综合管廊运维管理［M］．北京：中国建筑工业出版社，2017.

[9] 焦鹏程，范恒搏，杨超，等．智慧管廊建设标准研究［J］．技术与市场，2019（3）：34-36.

[10] 曹吉鸣，缪莉莉．设施管理概论［M］．北京：中国建筑工业出版社，2011.

[11] 易宏，梁晓峰．范可靠性工程理论与实践［M］．上海：上海交通大学出版社，2017.

[12] 马明泽，曹勇，尹志刚，等．核电厂概率安全分析及其应用［M］．北京：原子能出版社，2010.

[13] 钟义信．机器知行学原理：人工智能的统一理论［M］．北京：北京邮电大学出版社，2014.

[14] 陈海虹．机器学习原理及应用［M］．成都：电子科技大学出版社，2017.

[15] 霍雨佳．大数据科学［M］．成都：电子科技大学出版社，2017.

[16] 唐超，马全明，王思锴，等．基于 GIS-BIM 的城市综合管廊智能运维管理平台研究与设计［J］．北京测绘，2017（2）：18-23.

[17] 朱雪明．国家标准 GB/T 51274—2017《城镇综合管廊监控与报警系统工程技术标准》解读［J］．现代建筑电气，2018（5）：78-81.

[18] 王霞，沈静娟，陈玲娟，等．智能巡检机器人在综合管廊智慧运维管理中的研究与应用［J］．自动化应用，2018（10）：68-69.

[19] 刘伟，王银斌，刘国强，等．机器人智能巡检技术在城市综合管廊中的应用［J］．给水排水，2019（2）：122-128.

[20] 腾云，陈双，邓洁清，等．智能巡检机器人系统在苏通 GIL 综合管廊工程中的应用［J］．高电压技术，2019（2）：393-401.

［21］孙国华．关于智能机器人巡检系统在综合管廊中的运用分析［J］．建材与装饰，2019（8）：194-195.

［22］谢军，吴晓维，汪胜．智能机器人巡检系统在综合管廊中的应用研究［J］．电气自动化，2018（2）：105-107.

［23］刘学功，王霞，吴培敏．基于机器人技术综合管廊安全运营探讨［J］．中国市政工程，2016（10）：104-106，122.

［24］裴文良，周明静，李军伟．综合管廊智能巡检机器人的设计［J］．制造业自动化，2017（1）：91-93.

［25］鲁浩．综合管廊巡检机器人控制系统设计与实现［D］．南京：东南大学，2018.

［26］吴锴，左兆陆，窦少校．我国轨道式巡检机器人研究及发展现状［J］．软件，2018（11）：80-83.

［27］中华人民共和国住房和城乡建设部．城市地下综合管廊运行维护及安全技术标准：GB 51354—2019［S］．北京：中国计划出版社，2019.

［28］中华人民共和国住房和城乡建设部．城镇燃气管网泄漏检测技术规程：CJJ/T 215—2014［S］．北京：中国建筑工业出版社，2014.

［29］中华人民共和国住房和城乡建设部．城镇供水管网运行、维护及安全技术规程：CJJ 207—2013［S］．北京：中国建筑工业出版社，2013.

［30］中华人民共和国住房和城乡建设部．城镇排水管渠与泵站运行、维护及安全技术规程：CJJ 68—2016［S］．北京：中国建筑工业出版社，2017.

［31］中华人民共和国住房和城乡建设部．城镇燃气设施运行、维护和抢修安全技术规程：CJJ 51—2016［S］．北京：中国建筑工业出版社，2016.

［32］中华人民共和国住房和城乡建设部．城镇排水管道维护安全技术规程：CJJ 6—2009［S］. 北京：中国建筑工业出版社，2009.

［33］国家能源局．电缆隧道机器人巡检技术导则：DL/T 1636—2016［S］．北京：中国标准出版社，2016.

［34］蒋美蓉，孙尚业，金丰年．地下工程混凝土衬砌检测技术应用探讨［J］．地下空间与工程学报，2007，3（8）：1412-1416.

［35］蒋雅君，任荣，许阳，等．城市综合管廊结构养护体系构建探讨［J］．地下空间与工程学报，2019，15（3）：949-953.

［36］杨党锋，刘晓东，苏锋，等．城市地下综合管廊智慧运维管理研究与应用［J］．土木建筑工程信息技术，2017，9（6）：28-33.

［37］MOHAN A，POOBAL S. Crack Detection Using Image Processing：a Critical Review and Analysis［J］. Alexandria Eng. J.，2016.

［38］ZHAO L，CHEN S. Information Monitoring Technology for Support Structure of Railway Tunnel During Operation［J］. Sdhm Struct. Durab. Heal. Monit.，2018.

［39］ARMADA M，P G，JIM M A，et al. Application of Clawar Machines［J］. Int. J. Rob. Res.，

2003, 22 (3): 251-264.
[40] SHAPIRO A, RIMON E, SHOVAL S. Immobilization-based Control of Spider-like Robots in Tunnel Environments [J]. Int. J. Rob. Res., 2001.
[41] MASCARICH F, KHATTAK S, PAPACHRISTOS C, et al. A Multi-modal Mapping Unit for Autonomous Exploration and Mapping of Underground Tunnels [C] //Ieee Aerosp. Conf. Proc., 2018.
[42] OZASLAN T, TAYLOR C J, KUMAR V, et al. Autonomous Navigation and Mapping for Inspection of Penstocks and Tunnels with Mavs [J]. Ieee Robot. Autom. Lett., 2017.
[43] MONTERO R, MENENDEZ E, VICTORES J G, et al. Intelligent Robotic System for Autonomous Crack Detection and Caracterization in Concrete Tunnels [J]. 2017 Ieee Int. Conf. Auton. Robot Syst. Compet. Icarsc 2017, 2017: 316-321.
[44] RAZAK A A, ABDULLAH A H, KAMARUDIN K, et al. Development of Mobile Robot in Confined Space Application [C] //Proc. -2017 Ieee 13th Int. Colloq. Signal Process. Its Appl. Cspa 2017, 2017.
[45] SEET G, YEO S H, LAW W C, et al. Design of Tunnel Inspection Robot for Large Diameter Sewers [C] //Procedia Comput. Sci., 2018.
[46] YU S N, JANG J H, HAN C S. Auto Inspection System Using a Mobile Robot for Detecting Concrete Cracks in a Tunnel [J]. Autom. Constr., 2007.
[47] LIU X, GONG W X. Discussion of Common Tunnel Safety Operation Based on Robot Technology [J]. China Munic. Eng., 2016, 1 (188): 104-107.
[48] 黄文欢. 建筑信息模型化技术在综合管廊设计施工全过程中的应用 [J]. 建筑技术开发, 2019 (7): 68-70.
[49] JENKINS M D, BUGGY T, MORISON G. An Imaging System for Visual Inspection and Structural Condition Monitoring of Railway Tunnels [C] //2017 Ieee Work. Environ. Energy, Struct. Monit. Syst. Eesms 2017-Proc., 2017.
[50] STENT S, GIRERD C, LONG P, et al. A Low-cost Robotic System for the Efficient Visual Inspection of Tunnels [C] //Int. Symp. Autom. Robot. Constr., 2015.
[51] KERSHAW K, BERTONE C, FORKEL-WIRTH D, et al. Remotely Operated Train for Inspection and Measurement in Cern's Lhc Tunnel [J]. Technology, 2009: 2902-2904.
[52] FU Z, CHEN Z, ZHENG C, et al. A Cable-tunnel Inspecting Robot for Dangerous Environment [J]. Int. J. Adv. Robot. Syst., 2008.
[53] TANG S, CHEN S, LIU Q, et al. A Small Tracked Robot for Cable Tunnel Inspection [C] //Lect. Notes Electr. Eng., 2011.
[54] ZOU M, BAI H, WANG Y, et al. Mechanical Design of a Self-adaptive Transformable Tracked Robot for Cable Tunnel Inspection [C] //2016 Ieee Int. Conf. Mechatronics Autom. Ieee Icma 2016, 2016.

[55] RUBINSTEIN A, EREZ T. Autonomous Robot for Tunnel Mapping [C] //2016 Ieee Int. Conf. Sci. Electr. Eng. Icsee 2016, 2017.

[56] LAW W, CHEN I, YEO S, et al. A Study of In-pipe Robots for Maintenance of Large-diameter Sewerage Tunnel [C] //2015 Iftomm World Congr. Proceedings, Iftomm 2015, 2015.

[57] LI Z, WANG Q Z, LI J, et al. A New Approach to Classification of Devices and Its Application to Classification of In-pipe Robots [J] . Proc. 2016 Ieee 11th Conf. Ind. Electron. Appl. Iciea 2016, 2016: 1426-1431.

[58] ATTARD L, DEBONO C J, Valentino G, et al. Tunnel Inspection Using Photogrammetric Techniques and Image Processing: a Review [Z] . 2018.

[59] ATTARD L, DEBONO C J, VALENTINO G, et al. Vision-based Change Detection for Inspection of Tunnel Liners [J] . Autom. Constr. , 2018, 91 (March): 142-154.

[60] HUANG H W, LI Q T, ZHANG D M. Deep Learning Based Image Recognition for Crack and Leakage Defects of Metro Shield Tunnel [J] . Tunn. Undergr. Sp. Technol. , 2018, 77 (March): 166-176.

[61] HUANG H, SUN Y, XUE Y, et al. Inspection Equipment Study for Subway Tunnel Defects By Grey-scale Image Processing [J] . Adv. Eng. Informatics, 2017, 32: 188-201.

[62] BHARATHI D. A Survey on Image Mosaicing Techniques [J] . Int. J. Pharm. Technol. , 2016, 8 (4): 19368-19377.

[63] SUMAN S, RASTOGI U, TIWARI R. Image Stitching Algorithms-a Review [J]. Circ. Comput. Sci. , 2016, 1 (2): 14-18.

[64] ATTARD L, DEBONO C J, VALENTINO G, et al. Image Mosaicing of Tunnel Wall Images Using High Level Features [J] . Int. Symp. Image Signal Process. Anal. Ispa, 2017 (Ispa): 141-146.

[65] LOUPOS K, DOULAMIS A D, STENTOUMIS C, et al. Autonomous Robotic System for Tunnel Structural Inspection and Assessment [J] . Int. J. Intell. Robot. Appl. , 2017.

[66] BAHADORI-JAHROMI A, ROTIMI A, ROXAN A. Sustainable Conditional Tunnel Inspection: London Underground, Uk [J] . Infrastruct. Asset Manag. , 2018.

[67] 沈卫. 国外地面无人系统发展综述 [J] . 现代军事, 2016 (11): 47-52.

[68] 张涛, 李清, 张长水, 等. 智能无人自主系统的发展趋势 [J] . 无人系统技术, 2018 (1): 11-22.

[69] 李昀泽. 基于激光雷达的室内机器人 SLAM 研究 [D] . 广州: 华南理工大学, 2016.

[70] 周彦, 李雅芳, 王冬丽, 等. 视觉同时定位与地图创建综述 [J] . 智能系统学报, 2018 (1): 97-106.

[71] 霍玉晶, 陈千颂, 潘志文. 脉冲激光雷达的时间间隔测量综述 [J] . 激光与红外, 2001 (3): 136-139.

[72] 周俞辰. 基于激光三角测距法的激光雷达原理综述 [J] . 电子技术与软件工程, 2016

(19)：94-95.
[73] 梁明杰，闵华清，罗荣华．基于图优化的同时定位与地图创建综述［J］．机器人，2013 (4)：500-512.
[74] 高明镜，郭杭，漆钰晖．基于视觉的机器人组合导航方法综述［C］//卫星导航定位与北斗系统应用2018——深化北斗应用 促进产业发展，2018：114-118.
[75] 赵洋，刘国良，田国会，等．基于深度学习的视觉SLAM综述［J］．机器人，2017 (6)：889-896.
[76] 黄虎，黄鹏，钟山，等．基于激光雷达和高德地图的移动机器人平台设计［J］．自动化与仪表，2019 (8)：34-38.
[77] 杨晟．遥自主移动机器人关键技术研究［D］．哈尔滨：哈尔滨工程大学，2011.
[78] 李成进，王芳．智能移动机器人导航控制技术综述［J］．导航定位与授时，2016 (5)：22-26.
[79] 吴晓明．基于计算机视觉的机器人导航综述［J］．实验科学与技术，2007 (5)：25-28.
[80] 梁泉．基于强化学习的移动机器人自主导航研究［D］．南京：南京农业大学，2012.
[81] 何友，陆大琻，彭应宁．多传感器数据融合算法综述［J］．火力与指挥控制，1996 (1)：12-21.
[82] 杨华，林卉．数据融合的研究综述［J］．矿山测量，2005 (3)：24-28.
[83] 郭志勇．基于模型驱动的异构数据集成平台研究与实现［D］．长春：吉林大学，2007.
[84] 李玉翠．多源异构数据集成技术研究［D］．西安：西安电子科技大学，2009.
[85] 梁艳．云计算背景下的云数据存储技术分析［J］．无线互联科技，2019 (11)：145-146.
[86] 朱敏．计算机云计算的数据存储与分析［J］．中国新通信，201921 (11)：62.
[87] 王军，苏剑波，席裕庚．多传感器融合综述［J］．数据采集与处理，2004 (1)：72-77.
[88] 崔硕，姜洪亮，戎辉，等．多传感器信息融合技术综述［J］．汽车电器，2018 (9)：41-43.
[89] 范新南，苏丽媛，郭建甲．多传感器信息融合综述［J］．河海大学常州分校学报，2005 (1)：1-4，9.
[90] 赵继军，魏忠诚，李志华，等．无线传感器网络中多类型数据融合研究综述［J］．计算机应用研究，2012 (8)：2811-2816.
[91] 罗俊海，杨阳．基于数据融合的目标检测方法综述［J］．控制与决策，2019 (1)：1-15.
[92] 徐雅薇，谢晓竹．多传感器图像融合方法及应用综述［J］．四川兵工学报，2015 (10)：116-119.
[93] 李娟，李甦，李斯娜，等．多传感器数据融合技术综述［J］．云南大学学报（自然科学版），2008 (2)：241-246.
[94] 赵小川，罗庆生，韩宝玲．机器人多传感器信息融合研究综述［J］．传感器与微系统，2008 (8)：1-4，11.
[95] 王强，沈涛，郭超．多传感器信息融合技术在机器人系统中的应用研究［J］．科技风，

2019（24）：8.
［96］杨玥，张胜军，康琪．基于电网运维数据的智能预警系统设计［J］．内蒙古电力技术，2017（4）：20-23.
［97］杜珊．基于大数据的在线监测系统在城市轨道交通中的应用［J］．城市轨道交通研究，2018（2）：30-33.
［98］邹岳琳，沈佳，陈奎印．大数据环境下的技改大修项目管理［J］．电子技术与软件工程，2018（24）：146.
［99］李云松，任艳君．智能诊断技术发展综述［J］．四川兵工学报，2010（4）：122-125.
［100］李志国，钟将．数据科学在国内管理学研究中的应用综述［J］．计算机科学，2018（9）：38-45.
［101］任超群．基于大数据的项目管理创新研究［J］．计算机产品与流通，2019（6）：76-77.
［102］吴彦军，丘斌，王占峰，等．大数据技术在工业经济统计与预测中的应用［J］．网信军民融合，2018（4）：72-75.
［103］邓和智．大数据环境下财务诊断形式研究［D］．南宁：广西大学，2017.
［104］任磊，杜一，马帅，等．大数据可视分析综述［J］．软件学报，2014（9）：1909-1936.
［105］左圆圆，王媛媛，蒋珊珊，等．数据可视化分析综述［J］．科技与创新，2019（11）：82-83.
［106］宋雅璇，刘榕，陈侃．“BIM+”技术在综合管廊运维管理阶段应用研究［J］．工程管理学报，2019（3）：81-86.
［107］朱记伟，郑思龙，刘建林，等．基于 BIM 技术的城市综合管廊工程协同设计应用［J］．给水排水，2016（11）：131-135.
［108］彭威．综合管廊项目前期策划阶段 BIM 应用分析［J］．价值工程，2018（29）：8-10.
［109］孔锐．城市地下综合管廊建设与 BIM 技术应用［J］．工程建设，2017（6）：89-91.
［110］孟柯，伍嘉，杜创，等．基于 BIM 的综合管廊智能运维管理平台研究［J］．隧道与轨道交通，2018（3）：10-14，55.
［111］姜天凌，李芳芳，苏杰，等．BIM 在市政综合管廊设计中的应用［J］．中国给水排水，2015（12）：65-67.
［112］王能林，汪小东，张欣，等．BIM 技术在市政综合管廊建设运营中的应用探究［J］．建筑施工，2016（10）：1486-1488.
［113］娄建岭，曹泽明，平晓林，等．BIM 在综合管廊全生命周期中的应用［J］．市政技术，2019（1）：157-160.
［114］周志光，石晨，史林松，等．地理空间数据可视分析综述［J］．计算机辅助设计与图形学学报，2018（5）：747-763.
［115］周果林，胡伟，熊剑．基于 BIM+GIS 的城市地下综合管廊运维管理平台架构研究与应用［J］．智能建筑与智慧城市，2018（1）：64-68，74.
［116］马军，张石磊，王莎莎．基于 BIM 和 GIS 技术在管廊全生命周期的应用［J］．智能建

筑与智慧城市，2018（12）：47-49.
[117] 陈萌．BIM 和 GIS 技术在地下综合管廊中的综合应用［J］．山西建筑，2017（19）：251-252.
[118] 李曙光，陈改新，鲁一晖．基于数字图像处理的混凝土微裂纹定量分析技术［J］．建筑材料学报，2013（6）：1072-1077.
[119] ZAKERI H，NEJAD F M，FAHIMIFAR A. Image Based Techniques for Crack Detection，Classification and Quantification in Asphalt Pavement：a Review［J］．Arch. Comput. Methods Eng.，2017，24（4）：935-977.
[120] KOCH C，GEORGIEVA K，KASIREDDY V，et al. A Review on Computer Vision Based Defect Detection and Condition Assessment of Concrete and Asphalt Civil Infrastructure［J］. Adv. Eng. Informatics，2015，29（2）：196-210.
[121] 韩茜茜，耿世勇，李恒毅．基于机器视觉的缺陷检测应用综述［J］．电工技术，2019（14）：117-118，132.
[122] 汤勃，孔建益，伍世虔．机器视觉表面缺陷检测综述［J］．中国图象图形学报，2017（12）：1640-1663.
[123] 张琦，张荣梅，陈彬．基于深度学习的图像识别技术研究综述［J］．河北省科学院学报，2019（3）：28-36.
[124] 罗元，王薄宇，陈旭．基于深度学习的目标检测技术的研究综述［J］．半导体光电，2020（1）：1-10.
[125] DUNG C V，ANH L D. Autonomous Concrete Crack Detection Using Deep Fully Convolutional Neural Network［J］．Autom. Constr.，2019，99（October 2018）：52-58.
[126] 李俊伟．自主巡逻机器人行进避障及火灾预警研究［D］．呼和浩特：内蒙古工业大学，2017.
[127] 李军锋．基于深度学习的电力设备图像识别及应用研究［D］．广州：广东工业大学，2018.
[128] MUHAMMAD K，AHMAD J，BAIK S W. Early Fire Detection Using Convolutional Neural Networks During Surveillance for Effective Disaster Management［J］．Neurocomputing，2018，288：30-42.
[129] JULIAN C P，JORGE C E，VICENTE C. Criticality and threat analysis on utility tunnels for planning security policies of utilities in urban underground space［J］．Expert Systems with Applications，2013，11（40）：4707-4714.
[130] 黑颖顿．基于图像识别的市容违章行为自动识别关键技术研究［D］．杭州：浙江大学，2013.
[131] 王晓佳．基于数据分析的预测理论与方法研究［D］．合肥：合肥工业大学，2012.
[132] 于竹君．核动力设备状态趋势预测方法研究［D］．哈尔滨：哈尔滨工程大学，2007.
[133] 胡桥，何正嘉，訾艳阳，等．一种新的机电设备状态趋势智能混合预测模型［J］．机械

强度，2005（4）：425-431.
［134］张晓阳．面向复杂系统生命周期的故障诊断技术研究［D］．南京：南京理工大学，2005.
［135］马笑潇．智能故障诊断中的机器学习新理论及其应用研究［D］．重庆：重庆大学，2002.
［136］郭超众．基于马尔可夫模型的寿命预测技术研究［D］．哈尔滨：哈尔滨工业大学，2009.
［137］刘凤新，徐伟鑫．基于大数据的维修保障研究［C］//第三十一届中国（天津）2017’IT、网络、信息技术、电子、仪器仪表创新学术会议论文集．2017：16-19.
［138］何彭君．事故预测模型的建立与应用［C］//安全责任与素养提升的实践研究——2017安全科学与工程技术研讨会论文集．2017：73-76.
［139］杜红兵，秦鹏慧．美国通用航空飞行事故短期预测的时序外推分析模型［J］．安全与环境学报，2011，11（3）：209-212.
［140］杜红兵，张永来，夏征义．国有煤矿重大事故率短期预测的时序外推分析法［J］．煤矿安全，1998（11）：45-47.
［141］徐日华，张晓明，陈亚峰，等．基于ARIMA与LOESS的安全生产事故时序预测研究［J］．北京石油化工学院学报，2017，25（3）：43-47.
［142］郝志杰，李莉，荣娟．数据治理在解决“一张表”问题中的实践［J］．实验室研究与探索，2019，38（12）：261-265，307.
［143］王才有，李包罗．信息集成共享与信息标准化［J］．中国数字医学，2012，7（5）：2-5.
［144］庞宏源．综合管廊环境与设备智能化监控系统［J］．山西建筑，2020，46（2）：192-194.
［145］沈志广，张海庭，郑运召，等．隧道电力电缆监控系统智能联动的方案研究与设计［J］．现代建筑电气，2019，10（9）：9-12，18.
［146］梅鲁海．城市综合管廊监测监控中的信息智能体和消息主动触发技术［J］．中国市政工程，2017（3）：13-15，120.
［147］宋晓刚，张敏，郑少东．地下综合管廊智能互联运营监控系统研究［J］．建筑经济，2019，40（3）：42-44.
［148］商冬凡，苗雷强，赵一凡，等．基于全寿命周期的地下综合管廊风险分析及防控措施研究［J］．中国水运（下半月），2019（2）：249-250.
［149］李芊，段雯，许高强．基于DEMATEL的综合管廊运维管理风险因素研究［J］．隧道建设（中英文），2019（1）：31-39.
［150］陈登峰，赵婷，肖海燕．综合管廊环境安全性模糊综合评价研究［J］．地下空间与工程学报，2018（S2）：906-912.
［151］刘玉梅．地下综合管廊项目运营风险评价研究［D］．青岛：青岛理工大学，2018.
［152］郭佳奇，钱源，王珍珍，等．城市地下综合管廊常见运维灾害及对策研究［J］．灾害

学，2019（1）：27-33.

[153] 朱嘉．城市综合管廊安全风险辨识及评价体系研究［D］．重庆：重庆交通大学，2017.

[154] 张文．威布尔分布下复杂系统可靠性与全寿命周期费用综合建模［D］．成都：电子科技大学，2016.

[155] 胡聪．基于代理模型的多学科时变可靠性设计优化方法研究［D］．成都：电子科技大学，2018.

[156] 蒋琛，邱浩波，高亮．随机不确定性下的可靠性设计优化研究进展［J］．中国机械工程，2020，31（2）：1-16.

[157] 李伟．基于时变不确定分析的多学科设计优化方法研究［D］．成都：电子科技大学，2017.

[158] 张晓东，赵建斌，安海．基于退化数据的小样本时变可靠性评估方法［J］．强度与环境，2017，44（6）：57-64.

[159] 章静，李亚荻．城市综合管廊的经济问题及对策建议［J］．安徽建筑，2016（3）：314-315.

[160] 潘梁．城市地下综合管廊全生命周期投资回报研究［D］．镇江：江苏大学，2017.

[161] 田强，薛国州，田建波，等．城市地下综合管廊经济效益研究［J］．地下空间与工程学报，2015（S2）：373-377.

[162] 陈勇燕．BIM 技术在城市综合管廊建设中的应用现状［J］．江西建材，2018（7）：12-13.

[163] 徐悦之．综合管廊运营成本结构分析［J］．城市建设理论研究（电子版），2018（23）：44-45.

[164] 王树强．太原市晋源东区综合管廊运营维护成本估算分析［J］．山西建筑，2017（21）：249-251.

[165] 潘梁．地下综合管廊全生命周期成本构成及分摊［J］．城乡建设，2018（4）：46-48.

[166] 张涛，丁宁，蔡晓坚，等．综合管廊巡检机器人综述［J］．地下空间与工程学报，2019，15（S2）：522-533.

[167] 陈雍君，宁楠，汪雯娟，等．地下综合管廊入廊收费定价模式研究［J］．建筑经济，2017（9）：23-28.

[168] 梁骞，刘应明，何瑶，等．综合管廊技术经济评价体系及方法［J］．城乡建设，2017（19）：7-11.

[169] 岑仪梅，王军武．综合管廊 PPP 项目全生命周期绩效评价体系研究［J］．建筑经济，2019（5）：54-58.

[170] 国家市场监督管理总局，国家标准化管理委员会．智慧城市 顶层设计指南：GB/T 36333—2018［S］．北京：中国标准出版社，2018.

[171] 中华人民共和国国家质量监督检验检疫总局，中国国家标准化管理委员会．智慧城市 时空基础设施 基本规定：GB/T 35776—2017［S］．北京：中国标准出版社，2017.

[172] 中华人民共和国国家质量监督检验检疫总局，中国国家标准化管理委员会．信息技术

SOA 技术实现规范 第 1 部分：服务描述：GB/T 32419. 1—2015 [S]. 北京：中国标准出版社，2015.

[173] 中华人民共和国国家质量监督检验检疫总局，中国国家标准化管理委员会. 信息技术 SOA 技术实现规范 第 2 部分：服务注册与发现：GB/T 32419. 2—2016 [S]. 北京：中国标准出版社，2016.

[174] 中华人民共和国国家质量监督检验检疫总局，中国国家标准化管理委员会. 信息技术 SOA 技术实现规范 第 3 部分：服务管理：GB/T 32419. 3—2016 [S]. 北京：中国标准出版社，2016.

[175] 王凌，郑恩辉，李运堂，等. 维修决策建模和优化技术综述 [J]. 机械科学与技术，2010，29 (1)：133-140.

[176] 曹余. 以智慧破解城市发展难题 [J]. 智能建筑与城市信息，2014 (3)：9-27.

[177] 张红卫，刘堂丽，彭革非. 从标准化视角解析智慧城市顶层设计 [J]. 信息技术与标准化，2019 (8)：19-24.

[178] 阿尔伯特・梅耶尔，曼努埃尔・佩德罗. 治理智慧城市：智慧城市治理的文献回顾 [J]. 谢嘉婷，译. 治理研究，2020 (2)：90-99.

[179] 台启民，史金栋，曹蕊，等. 综合管廊智慧运维管理系统的研究及应用 [J]. 工程建设标准化，2018 (5)：14-19.

[180] 刘桥喜，熊伟，孙光辉，等. 面向多源数据集成的城市地下综合管廊安全运营与智慧管控研究 [J]. 地理信息世界，2019，26 (1)：37-40.

[181] 陈冰洁，娇成文，琚秋月. 创新型的智慧化城市地下综合管廊应用 [J]. 智能建筑，2018 (12)：50-53.